AMUNICJA
I JEJ ELABORACJA

Książkę tę dedykuję
Koleżankom i Kolegom
uprawiającym strzelectwo sportowe

Jerzy A. Ejsmont

AMUNICJA I JEJ ELABORACJA

PRAKTYCZNY PORADNIK

WYDANIE 3 (UAKTUALNIONE I ROZSZERZONE)

PWN

Projekt okładki i stron tytułowych: **Przemysław Spiechowski**
Ilustracja na okładce: **Ejla/iStock**
Wydawca: **Adam Filutowski**
Koordynator ds. redakcji: **Adam Kowalski**
Redakcja **Paweł Wielopolski**
Korekta **Grzegorz Antoszek**
Produkcja: **Mariola Grzywacka**
Dział reklamy **Magdalena Bystrzycka** (magdalena.lewocka@pwn.pl
Urszula Obrycka (urszula.obrycka@pwn.pl)
Dział marketingu **marketing.pwn@pwn.pl**
Skład i łamanie: **Marta Jeczeń-Bańkowska**

ISBN 978-83-01-24214-5

Wydanie III [uaktualnione i rozszerzone] (II wyd. PWN)
Warszawa 2025

Wydawnictwo Naukowe PWN SA
02-460 Warszawa, ul. Gottlieba Daimlera 2
tel. 22 69 54 321; faks 22 69 54 288
infolinia 801 33 33 88
e-mail: pwn@pwn.com.pl; reklama@pwn.pl
www.pwn.pl
Druk i oprawa: OSDW Azymut Sp. z o.o

Spis treści

Wstęp

Pierwsze wydanie książki *Amunicja i jej elaboracja* z 2009 r. spotkało się z życzliwym przyjęciem przez Czytelników, co poskutkowało kilkoma wznowieniami. Trzeba jednak stwierdzić, że w ciągu ostatnich 15 lat sytuacja w zakresie dostępu do broni, możliwości udziału w różnego typu zawodach strzeleckich, a przede wszystkim w zakresie wiedzy o broni i amunicji bardzo się zmieniła. Nie ma już większych problemów z zakupem komponentów i narzędzi niezbędnych do samodzielnej elaboracji amunicji, co przez wiele lat było dużą bolączką w Polsce. Poziom wiedzy i umiejętności praktycznych wielu „reloaderów" jest bardzo wysoki i jest oczywiste, że elaborację traktują oni jako wyzwanie i dążą nieustannie do osiągnięcia doskonałości. Trzecie wydanie książki *Amunicja i jej elaboracja* zostało zaktualizowane w zakresie prezentacji nowego sprzętu oraz uzupełnione o informacje przydatne do opracowywania optymalnych parametrów elaboracji.

Dzięki uprzejmości firm produkujących narzędzia do elaboracji i komponenty mogłem wzbogacić książkę zdjęciami, których samodzielne wykonanie byłoby utrudnione. Szczególnie dużo pomocy otrzymałem od trzech firm: Lapua, VihtaVuori oraz INCORSA, które zezwoliły na publikowanie fragmentów swoich tabel elaboracyjnych. W książce znajduje się również dużo materiałów otrzymanych od firmy GGG (Giraitės Ginkluotės Gamykla) z Litwy, która jest producentem bardzo dobrej amunicji karabinowej i która zgodziła się, aby udokumentować proces produkcji łusek i pocisków. Dziękuję wszystkim, w kraju i za granicą, którzy udostępnili mi materiały i z którymi mogłem przedyskutować problemy przedstawione w książce.

Na szczęście od czasu pierwszego wydania książki wiele zmieniło się w zakresie dostępności narzędzi i komponentów do elaboracji amunicji. Jest to o tyle ważne, że handel i transport prochu oraz spłonek są obwarowane licznymi ograniczeniami i istnienie wyspecjalizowanych, koncesjonowanych podmiotów gospodarczych jest niezbędne, aby w sposób wygodny i zgodny z obowiązującym prawem zaopatrywać reloaderów. Elaboracja amunicji przestała być sztuką uprawianą jedynie przez wtajemniczonych i stała się dość powszechną praktyką wśród myśliwych i sportowców.

Jerzy A. Ejsmont

1

Elaborację czas zacząć

Tematem tej książki jest amunicja strzelecka i jej samodzielna elaboracja, czyli tzw. reloading. W myśl obowiązujących w Polsce przepisów samodzielna elaboracja amunicji **na własne potrzeby** jest dozwolona dla osób mających pozwolenie na broń sportową, myśliwską lub kolekcjonerską[1]. Skoro więc można to legalnie robić, to trzeba się zastanowić czy warto, a jeśli tak, to poznać podstawowe zasady zapewniające uzyskanie amunicji bezpiecznej i spełniającej założone wymagania.

Zasadniczo istnieją trzy powody, dla których we własnym zakresie elaboruje się amunicję strzelecką. Pierwszy powód ma charakter ekonomiczny. Jednym z najdroższych elementów naboju pistoletowego lub karabinowego jest jego łuska. Można ją jednak zwykle wykorzystać kilka razy, co pozwala w sposób istotny zmniejszyć koszty strzelania. Po co więc ją wyrzucać i kupować nową? Jeśli jeszcze sami odlejemy ołowiane pociski, to w konsekwencji koszt samodzielnego wyprodukowania jednego naboju może obniżyć się nawet poniżej poziomu 50% ceny naboju fabrycznego. W przypadku bardzo drogiej amunicji, takiej jak .338 Lapua Magnum, może to być nawet mniej niż 30% ceny detalicznej! Aspekt ekonomiczny jest szczególnie istotny dla strzelców pistoletowych, gdyż zużywają oni stosunkowo dużo amunicji. Jako ciekawostkę można podać, że Eric Grauffel, mistrz świata w strzelaniu z pistoletu w klasie OPEN według regulaminów IPSC, codziennie zużywa około 300 nabojów na treningi i zawody. Przy takim zużyciu amunicji zmniejszenie jej kosztów o połowę wydaje się być bardzo wskazane.

Drugim powodem samodzielnego elaborowania amunicji jest chęć uzyskania maksymalnej precyzji (potocznie „celności") posiadanej broni. Ten aspekt jest szczególnie istotny dla użytkowników karabinów i sztucerów. Niemal w każdym przypadku istnieje możliwość podniesienia precyzji broni długiej przez bardzo staranny dobór amunicji. Wielu osobom trudno jest uwierzyć, że w warunkach domowych można zrobić amunicję lepszą niż wytwarzaną przez renomowanych

[1] Ustawa o Broni i Amunicji z dnia 21 maja 1999 r. wraz ze zmianami, art. 10.

producentów, ale tak właśnie jest. Producenci amunicji uzyskują bardzo wysoką jakość produktów, ale nie są w stanie dopasować amunicji do konkretnego egzemplarza broni, bo każdy jest trochę inny. Natomiast osoba samodzielnie elaborująca amunicję może ją zoptymalizować do swojej broni i warunków strzelania, jakie dla posiadacza broni są najbardziej istotne.

Trzecim powodem samodzielnej elaboracji amunicji może być brak na rynku amunicji fabrycznej. Zdarza się to zarówno w przypadku wielu starych i bardzo mało popularnych kalibrów, jak i w przypadku amunicji specjalnej, np. do karabinów wykorzystywanych w konkurencjach sportowych typu benchrest. Elaborowanie takiej amunicji może być bardzo trudne, ponieważ często brakuje odpowiednich łusek, ale i z tym można sobie poradzić. Istnieją metody domowego wytwarzania łusek przez modyfikację łusek ogólnodostępnych.

Łuski te są skracane, przeprofilowywane i poddawane tzw. kształtowaniu ogniowemu, w którym przybierają kształt komory nabojowej innej niż ta, do której zostały pierwotnie wykonane. Tego typu zabiegi nie będą jednak omawiane w tej książce, bo umiejętności potrzebnych do bezpiecznego modyfikowania łusek nie można zdobyć po przeczytaniu jednego podręcznika. Poza tym w warunkach polskich nie jest to istotny problem, gdyż broń wymagająca modyfikacji łusek praktycznie u nas nie występuje.

Czy elaborowanie amunicji jest bezpieczne? Odpowiedź brzmi: „Tak, ale...". Rozwijając ją, trzeba powiedzieć, że aby elaborowanie było bezpieczne, konieczne jest rygorystyczne spełnienie wielu warunków i pełna świadomość tego, co się robi. Przy omawianiu poszczególnych etapów elaborowania będą podawane podstawowe zasady bezpieczeństwa, od których nie ma taryfy ulgowej. Zawsze znaczy **zawsze**, a nigdy znaczy **nigdy**! Autor dołożył wszelkich starań, aby przekazać niezbędną do elaboracji wiedzę, ale ani autor, ani wydawnictwo nie biorą odpowiedzialności za skutki wynikłe z samodzielnej elaboracji amunicji. Tego typu oświadczenia znajdą Państwo zresztą we wszystkich zagranicznych podręcznikach zajmujących się elaborowaniem amunicji. Zbyt dużo jest bowiem czynników zależnych od producentów komponentów amunicji, od sposobu ich przechowywania, od osoby wykonującej amunicję, od broni i od warunków jej używania, aby taką odpowiedzialność ponosić.

KARDYNALNĄ ZASADĄ BEZPIECZEŃSTWA JEST TO, ABY PRZYSTĘPOWAĆ DO ELABORACJI TYLKO WTEDY, GDY DOBRZE ROZUMIEMY ZNACZENIE POSZCZEGÓLNYCH OPERACJI I GDY JESTEŚMY W DOBREJ KONDYCJI PSYCHOFIZYCZNEJ (W ŻADNYM PRZYPADKU PO SPOŻYCIU ALKOHOLU LUB W STANIE ZMĘCZENIA).

Ilekroć w tej książce pojawi się określenie „elaboracja", będzie ono dotyczyć zespołu czynności zmierzających do połączenia gotowych składników naboju pistoletowego lub karabinowego w jedną całość. Jednocześnie milczącym założeniem jest to, że proces będzie wykonywany w warunkach domowych, a uzyskany produkt będzie wykorzystany do własnych celów przez osobę dokonującą elaboracji. Trzeba bowiem podkreślić, że **w niektórych przypadkach wykorzystanie samodzielnie elaborowanej amunicji w broni innej niż ta, do której była ona przygotowana, może być niebezpieczne**.

Ustawa o broni i amunicji jednoznacznie wskazuje na to, że samodzielna elaboracja może być dokonywana jedynie „na własny użytek". Przy bardzo literalnej interpretacji ustawy oznacza to, że nawet nie możemy legalnie udostępnić nikomu naszej broni z wytworzoną przez nas amunicją!

2

Komponenty amunicji strzeleckiej

2.1. Łuski

Elaborowanie amunicji ograniczone jest zasadniczo do nabojów centralnego zapłonu, tzn. takich, w których spłonka zawierająca materiał inicjujący znajduje się w osi łuski (patrz rys. 2.1). Łuski nabojów bocznego zapłonu, w których materiał

Rys. 2.1. Budowa nabojów – od lewej: karabinowy nabój centralnego zapłonu kal. .270, pistoletowy nabój centralnego zapłonu kal. .40 S&W, nabój bocznego zapłonu kal. .17 HMR [na podstawie materiałów firmy Hornady][2]

[2] Zdjęcia i rysunki, jeśli nie jest to wskazane inaczej, wykonał autor.

inicjujący znajduje się w kryzie, nie nadają się do powtórnego zastosowania, więc praktycznie nie prowadzi się ich domowej elaboracji. Autor zna z opowiadań „partyzanckie" metody pozwalające na odbudowanie nabojów bocznego zapłonu, ale nie będzie takiej tematyki poruszał na łamach tej książki.

Łuski wykonywane są za pomocą obróbki plastycznej. Poszczególne fazy produkcji łusek w firmie GGG przedstawiono na rys. 2.2–2.7 na przykładzie łuski .308 Winchester. W pierwszej fazie wycinany jest mosiężny krążek o ściśle określonych wymiarach, z którego następnie wytłaczany jest „kubeczek" stanowiący podstawę do dalszych operacji (patrz rys. 2.2). W kolejnych operacjach wytłaczania (patrz rys. 2.3) kubeczek staje się coraz bardziej wysmukły, przy czym część denna pozostaje gruba, a ścianki boczne stają się coraz cieńsze. Po uzyskaniu wystarczającej długości wytłoczki jest ona przycinana. Następne operacje kształtują plastycznie kieszonkę na spłonkę, kryzę oraz szyjkę łuski (patrz rys. 2.4). W kolejnych operacjach za pomocą obróbki skrawaniem wykańczana jest kieszonka na spłonkę, kształtowany jest wtok oraz łuska przycinana jest do długości nominalnej (patrz rys. 2.5). Po tych operacjach łuska jest niemal gotowa. Należy wtedy przeprowadzić kontrolę jakości, zarówno maszynową przez urządzenia sprawdzające

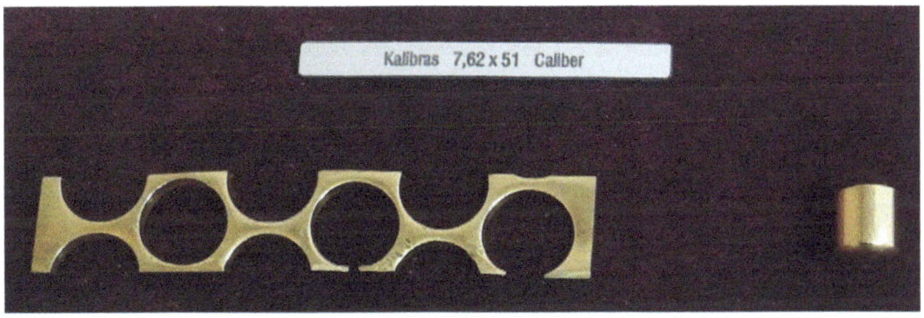

Rys. 2.2. Etapy produkcji łusek karabinowych – wycinanie i wstępne tłoczenie [zdjęcie publikowane za zgodą firmy GGG]

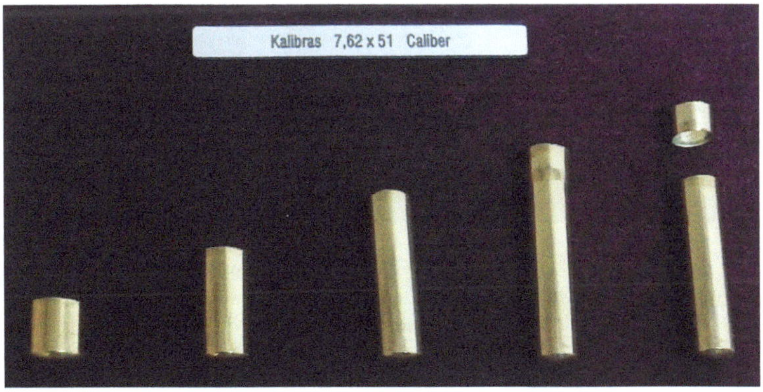

Rys. 2.3. Etapy produkcji łusek karabinowych – wyciąganie ścianek bocznych za pomocą następujących po sobie operacji wytłaczania [zdjęcie publikowane za zgodą firmy GGG]

poszczególne parametry łusek, jak i wizualną przez pracowników, którzy oglądają wszystkie łuski na taśmie produkcyjnej. Po pozytywnym zweryfikowaniu łuski poddawane są odpuszczaniu (wyżarzaniu) części szyjkowej, który to zabieg kształtuje twardość i sprężystość materiału w optymalny dla łuski sposób (patrz rys. 2.6). Rejon, w którym łuska została wyżarzona, zmienia w sposób charakterystyczny kolor.

Rys. 2.4. Etapy produkcji łusek karabinowych – kształtowanie kieszonki na spłonkę, kryzy i szyjki łuski [zdjęcie publikowane za zgodą firmy GGG]

Rys. 2.5. Etapy produkcji łusek karabinowych – ostateczne kształtowanie kieszonki na spłonkę, toczenie wtoku oraz przycinanie łuski na długości wraz z załamywaniem krawędzi [zdjęcie publikowane za zgodą firmy GGG]

Dla przyspieszenia produkcji w poszczególnych maszynach wykonywanych jest kilka operacji naraz na łuskach przesuwających się pomiędzy stanowiskami (patrz rys. 2.7). W trakcie produkcji łuski są kilkakrotnie myte i pokrywane środkiem zmniejszającym tarcie, które występujące podczas obróbki plastycznej. Podobnie wykonywane są również łuski do amunicji bocznego zapłonu (patrz rys. 2.8).

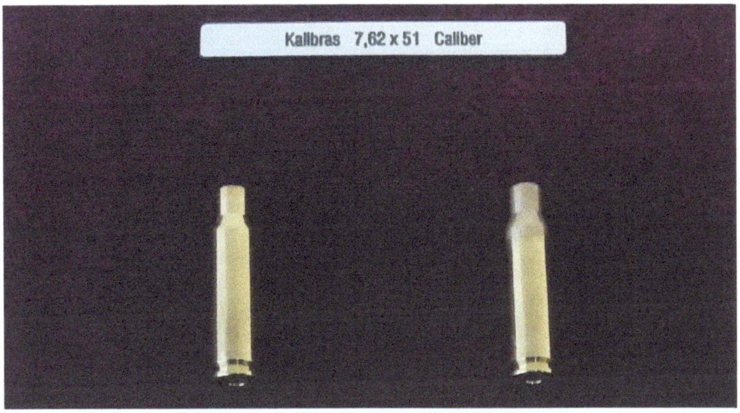

Rys. 2.6. Obróbka cieplna szyjki łuski – wyżarzanie [zdjęcie publikowane za zgodą firmy GGG]

Rys. 2.7. Wielostanowiskowa maszyna do produkcji łusek [zdjęcie publikowane za zgodą firmy GGG]

Rys. 2.8. Taśma mosiężna, z której wykonywane są łuski do amunicji bocznego zapłonu. Na rysunku widoczne są kolejne etapy kształtowania, począwszy od wstępnego wycięcia krążków (z prawej strony), przez coraz głębsze wyciskanie (góra), aż po odcięcie (dół rysunku)

Z punktu widzenia elaboracji ważny jest kształt łuski (patrz rys. 2.9). Inaczej przygotowuje się łuski o kształcie butelkowym, które są typowym rozwiązaniem dla amunicji karabinowej, sporadycznie stosowanym również w amunicji pistoletowej, a inaczej łuski o ściankach cylindrycznych lub stożkowych. Ponadto duże znaczenie ma rodzaj zastosowanej spłonki.

Łuska w broni strzeleckiej pełni dwa zadania: łączy ze sobą wszystkie pozostałe części składowe naboju (proch, spłonkę i pocisk) oraz w trakcie strzału uszczelnia komorę nabojową od strony zamka. To drugie zadanie jest szczególnie istotne z punktu widzenia bezpieczeństwa, gdyż rozerwanie łuski i przedmuch gazów prochowych do komory zamkowej może mieć bardzo poważne, wręcz katastrofalne skutki dla strzelca i dla broni.

Łuski różnią się między sobą wielkością, zarysem ścianek bocznych, kształtem części dennej (stopy) oraz materiałem, z którego są wykonane. Z wyjątkiem łusek do nabojów bocznego zapłonu wszystkie łuski mają bardzo masywną część denną i stosunkowo cienkie ścianki boczne (tułów). Jest to spowodowane tym, że ścianki boczne są dobrze podparte w komorze nabojowej, a część denna musi wytrzymać bardzo wysokie ciśnienie gazów w sytuacji jedynie częściowego podparcia.

Rys. 2.9. Od lewej: naboje o łuskach butelkowych kal. .408 CheyTac, .308 Winchester, .223 Remington, .357 SIG (pistoletowy) oraz naboje o łuskach cylindrycznych kal. .357 Magnum, .38 Special i stożkowych kal. 9 mm Parabellum

Na rysunku 2.10 przedstawiono różne kształty tułowia łuski[3] oraz części dennej. Jak to często bywa w Polsce, brakuje krótkich i jednoznacznych nazw poszczególnych rozwiązań.

Tułów łuski może mieć jeden z trzech podstawowych kształtów: kształt walcowy[4], stożkowy albo butelkowy. Kształt walcowy ułatwia wykonanie komory nabojowej oraz w przypadku zastosowania kryzy wystającej umożliwia niekiedy ładowanie broni nabojami różnych kalibrów (ale mających tę samą średnicę pocisków). Klasycznym przykładem mogą być rewolwery kal. .357 Magnum, z których można strzelać również nabojami kal. .38 Special. Zastosowanie łuski walcowej jest ograniczone z uwagi na to, że pojemność łuski jest w tym przypadku niewielka w stosunku do średnicy pocisku. Łuski takie nadają się więc dobrze do rewolwerów, ale nie do nowoczesnych karabinów i sztucerów.

Łuski stożkowe oraz stożkowe z cylindryczną szyjką mają podobne zastosowanie jak łuski walcowe. Najbardziej popularnym nabojem z taką łuską jest zapewne nabój kal. 9 mm Parabellum. Łuski stożkowe bywają również używane w nabojach karabinowych, szczególnie pochodzących z dawnych lat (o rodowodzie czarnoprochowym), takich jak .577 Nitro Express.

---

[3] Tułowiem łuski nazywane są ścianki boczne od części dennej aż po szyjkę łuski. Szyjka łuski to ta jej część, w której osadzony jest pocisk.

[4] Łuski uznawane za walcowe mają zazwyczaj bardzo niewielką stożkowatość powierzchni, co ułatwia ich wprowadzenie do komory nabojowej. Stożkowatość ta jest jednak niewidoczna gołym okiem.

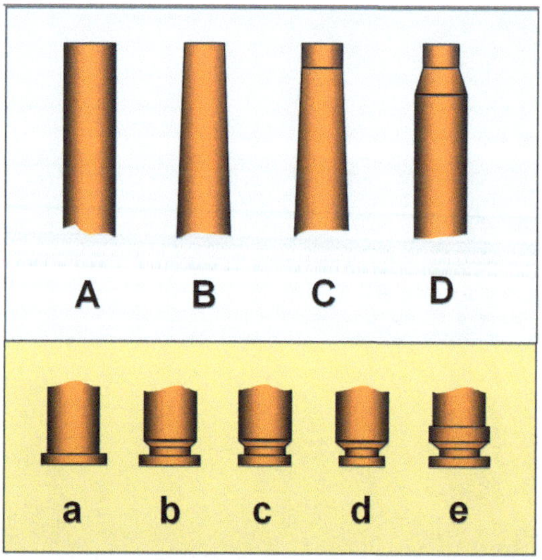

Rys. 2.10. Kształt tułowia i części dennej łusek broni strzeleckiej: **A** – łuska walcowa, **B** – łuska stożkowa, **C** – łuska stożkowa z cylindryczną szyjką, **D** – łuska butelkowa, **a** – dno z kryzą wystającą, **b** – dno z kryzą i wtokiem, **c** – dno z wtokiem (zwykle zwane bezkryzowym lub z kryzą zwykłą), **d** – dno z wtokiem i zmniejszoną kryzą, **e** – dno z pierścieniem wzmacniającym (opasaniem)

Wśród nabojów karabinowych najbardziej popularnym kształtem tułowia łuski jest kształt butelkowy. Kształt butelkowy pozwala na uzyskanie dużej objętości łuski przy stosunkowo małej średnicy pocisku, a dzięki temu na nadanie pociskowi bardzo dużej prędkości w długiej lufie karabinowej. Im bardziej pękata jest łuska butelkowa, tym lepiej (bardziej powtarzalnie) spala się ładunek prochowy. Przykładem takiej pękatej łuski może być łuska kal. 6 mm BR (patrz rys. 2.11). Naboje tego kalibru uważane są za jedne z najcelniejszych wśród dotychczas produkowanych.

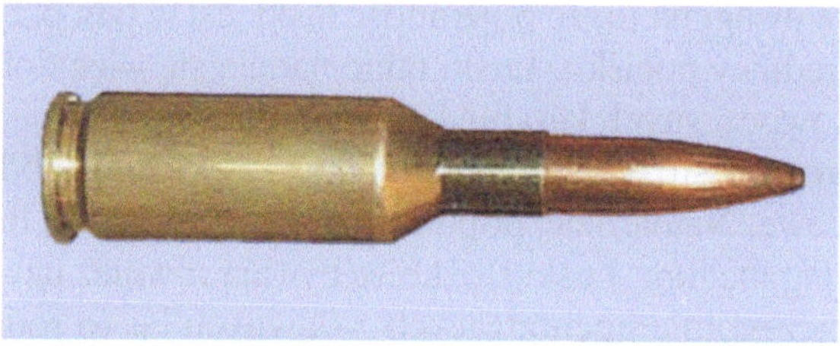

Rys. 2.11. Nabój kal. 6 mm BR z bardzo pękatą łuską

Część denna łuski wykorzystywana jest do umieszczenia spłonki i zabezpieczenia przed wylotem gazów prochowych w kierunku zamka, umożliwienia wyciągnięcia łuski (lub niewystrzelonego naboju) z komory nabojowej, a w łuskach z wystającą kryzą służy też do pozycjonowania naboju w komorze nabojowej. W amunicji strzeleckiej stosuje się następujące rozwiązania części dennej: z kryzą, z kryzą i wtokiem, bezkryzowe, z wtokiem i zmniejszoną kryzą, z pierścieniem wzmacniającym.

Z kryzą (czasem nazywane z kryzą wystającą, ang. *rimmed*) – jest to najstarsze rozwiązanie, które charakteryzuje się tym, że część denna zakończona jest wystającym kołnierzem (kryzą) o średnicy wyraźnie większej niż tułów łuski. Klasycznym przykładem naboju z taką łuską jest nabój kal. 7.62×54R. Niekiedy pomiędzy kryzą a tułowiem wykonywany jest płytki rowek, mający wyeliminować niebezpieczeństwo oparcia łuski w komorze na promieniu przejściowym pomiędzy kryzą a tułowiem, który jest technologicznie nieunikniony (np. kal. .38 Special). Naboje z łuskami z kryzą nadają się bardzo dobrze do rewolwerów i sztucerów z zamkiem baskilowym (łamanym). Znacznie gorzej nadają się do broni zasilanej z magazynków pudełkowych lub z taśmy nabojowej, chociaż i tam są często spotykane (karabin snajperski SVD, karabin maszynowy PK). Ważną cechą nabojów z kryzą jest to, że ich pozycjonowanie w komorze odbywa się właśnie na kryzie, co czyni je mało czułymi na całkowitą długość i kształt łuski.

Z kryzą i wtokiem (ang. *semi-rimmed*) – to rozwiązanie stosuje się rzadko. Kryza ma mniejszą średnicę niż w rozwiązaniu poprzednim, a zawsze oddziela ją od tułowia głęboki rowek – wtok. Popularnym wśród reloaderów nabojem tego typu jest nabój pistoletowy używany w IPSC w klasie OPEN – .38 Super. Wystająca, bardzo niewielka kryza nie przeszkadza zbytnio przy przemieszczaniu się nabojów w magazynku, ale jest wystarczająca do pozycjonowania naboju w komorze. Tym niemniej wielu producentów broni pozycjonuje naboje z kryzą i wtokiem na czołowej krawędzi łuski, co jest rozwiązaniem bardziej pewnym. W takich sytuacjach wtok i kryza służą jedynie do współpracy z pazurem wyrzutnika.

Bezkryzowe (czasem nazywane z wtokiem albo z kryzą zwykłą, ang. *rimless*) – gdzie kołnierz (kryza) ma taką samą średnicę jak tułów łuski w rejonie dennym, od którego oddziela go głęboki rowek – wtok. Typowymi przedstawicielami nabojów z łuskami bezkryzowymi są np. naboje kal. .308 Winchester czy 9 mm Parabellum. Naboje z łuskami bezkryzowymi bardzo dobrze nadają się do broni zasilanej z magazynków pudełkowych, gdyż brak wystającej kryzy ułatwia ich wzajemne przesuwanie i ułożenie w magazynku. Naboje bezkryzowe ze ściankami walcowymi lub stożkowymi ustalane są na krawędzi wylotowej, a butelkowe na stożku znajdującym się pomiędzy tułowiem i szyjką. Naboje bezkryzowe niezbyt dobrze nadają się do klasycznych rewolwerów i do broni baskilowej. W tym miejscu należy wspomnieć, że nawet klasyczne rewolwery ulegają ciągłym udoskonaleniom i od pewnego czasu, szczególnie w sporcie, używane są tzw. klipsy (ang. *clips*), które bardzo przyśpieszają załadowanie bębna i wręcz wymagają, aby stosowana amunicja miała głęboki wtok (patrz rys. 2.12).

Rys. 2.12. Klips do szybkiego ładowania rewolweru wykorzystujący wtok w amunicji 9 mm Parabellum [publikacja za zgodą firmy Double-Alpha Academy B.V.]

Z wtokiem i zmniejszoną kryzą (ang. *rebated rim*) – funkcjonalnie odpowiadają bezkryzowym, ale kołnierz (kryza) ma wyraźnie mniejszą średnicę od średnicy tułowia łuski. Przykładem naboju z taką łuską jest nabój kal. .50 Action Express, który ma średnicę kryzy taką samą jak naboje kal. .44 Magnum. Dzięki temu w broni można zastosować ten sam zamek dla obu kalibrów.

Z pierścieniem wzmacniającym (ang. *belted*) – w dennym rejonie tułowia łuski znajduje się pierścień wzmacniający (zgrubienie) o zwiększonej średnicy. Wtok i kryza wykonane są identycznie jak w naboju bezkryzowym. Dzięki pierścieniowi możliwe jest pewne ustalenie naboju w komorze, a część denna jest poważnie wzmocniona. Typowe naboje z łuskami wzmocnionymi pierścieniem to .375 H&H Magnum i .300 Winchester Magnum.

Znaczna większość łusek do broni strzeleckiej wykonywana jest z mosiądzu. Dzięki temu są one dość odporne na korozję, łatwo wsuwają się do komory i zachowują własności plastyczne wystarczające do wielokrotnej elaboracji. W broni wojskowej stosowana bywa również amunicja ze stalowymi, lakierowanymi łuskami, a niektóre firmy produkują w małych ilościach naboje z łuskami wykonanymi ze stopów aluminium. Do powtórnej elaboracji nadają się jedynie łuski mosiężne, najlepiej niepokryte niklem.

Podczas strzału na łuskę oddziałuje bardzo wysokie ciśnienie i wysoka temperatura gazów prochowych. Tylko dzięki podparciu o komorę nabojową i czoło zamka łuska nie ulega rozerwaniu. Nadmierne ciśnienie, uszkodzenia mechaniczne łuski, nadmierne odchyłki wymiarowe komory nabojowej albo niewłaściwa odległość bazowa[5] oraz zła jakość materiału łuski mogą powodować jej uszkodzenie, a nawet rozerwanie. Przykłady takich uszkodzeń powstałych na skutek złych właściwości materiału łusek przedstawiono na rys. 2.13.

Rys. 2.13. Łuski rozerwane na skutek zbyt małej plastyczności materiału ścianek. Od lewej: łuski kal. .38 Special, 7.62×25 i dwie łuski kal. .40 S&W

Zbyt duża odległość bazowa w komorze nabojowej powoduje silne rozciąganie łuski w rejonie znajdującym się nad częścią denną. Po wzroście ciśnienia wywołanym zapaleniem się prochu ścianki łuski zostają silnie dociśnięte do ścianki komory. Jednocześnie zbyt duża odległość bazowa powoduje, że dno łuski nie jest dociśnięte do czoła zamka. Wysokie ciśnienie stara się jednak przesunąć ku tyłowi część denną, czemu w pierwszej chwili przeciwstawia się jedynie siła tarcia ścianki łuski i komory. Powoduje to bardzo silne rozciąganie łuski, w wyniku czego w rejonie bezpośrednio nad stopką może dojść do popłynięcia materiału i powstania przewężenia (patrz rys. 2.14). Na rysunku 2.15 przedstawiono rozkład odkształceń plastycznych (trwałych) w rejonie dna łuski kal. .243 Winchester, który został obliczony za pomocą metody elementów skończonych [3]. Wyraźnie widoczne jest znaczne, bo aż dziesięcioprocentowe odkształcenie w rejonie przejścia masywnego dna łuski w bardziej elastyczne ścianki boczne (kolor czerwony). W omawianym przykładzie komora miała dużą chropowatość, co dodatkowo zwiększało tarcie łuski o jej ścianki.

[5] Odległość bazowa jest to odległość między powierzchniami ustalającymi nabój w komorze w kierunku osiowym, w języku angielskim nazywana *headspace*. Więcej informacji na ten temat można znaleźć w [2].

Rys. 2.14. Przewężenie ścianki łuski związane z nadmierną odległością bazową

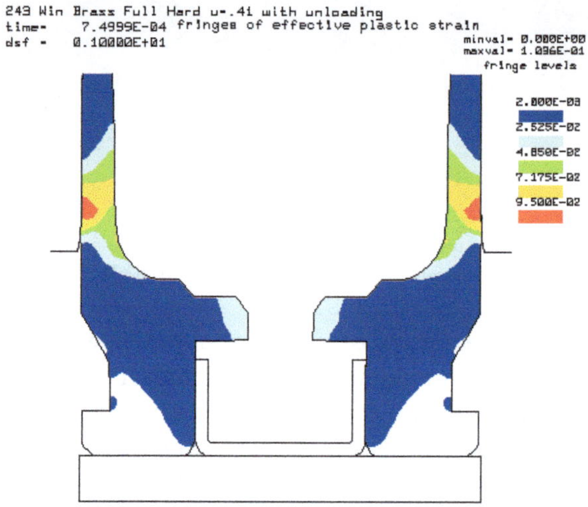

Rys. 2.15. Odkształcenia plastyczne (trwałe) w rejonie dna łuski kal. .243 Winchester. Kolor czerwony symbolizuje odkształcenia powyżej 9,5%, a kolor żółty od 7,2% do 9,5%
Źródło: autor symulacji Al Harral – „Varmint Al", więcej informacji oraz ciekawe animacje można znaleźć na stronie: www.varmintal.com.

Łuska jest jedynym elementem amunicji, który jest wielokrotnie wykorzystywany podczas elaboracji, więc warto poświęcić jej więcej uwagi. Zbyt duża odległość bazowa nie musi bowiem koniecznie być efektem niewłaściwych wymiarów komory nabojowej czy nadmiernego luzu zamka. Może być ona spowodowana również niewłaściwym (zbyt głębokim) formatowaniem łuski podczas elaboracji. Jeśli matryca kalibrująca jest źle wyregulowana i nadmiernie „ściska" łuskę, to w przypadku łusek butelkowych, które bazują w komorze nabojowej na stożkowym przejściu tułowia łuski w szyjkę, pojawi się nadmierna odległość bazowa, gdyż łuska po kalibrowaniu będzie zbyt krótka. W konsekwencji podczas strzału nastąpi znaczne rozciągnięcie tułowia łuski, szczególnie w rejonie przejścia masywnego dna łuski w cienki tułów.

Niektóre kalibry, jak na przykład .408 CheyTac czy .505 Gibbs, są wyjątkowo podatne na występowanie przewężenia związanego z wielokrotnym kalibrowaniem prowadzonym dla pełnej długości łuski (tzw. pełne kalibrowanie). Każdy kolejny strzał rozciąga łuskę, a kalibracja przywraca jej zewnętrzne wymiary pierwotne, ale to nie oznacza, że materiał trafia z powrotem w to samo miejsce. W konsekwencji może pojawić się przewężenie prowadzące do pęknięcia łuski (patrz rys. 2.16).

Rys. 2.16. Łuski kal. .408 CheyTac z pęknięciami tułowia w rejonie części dennej

Na rysunku 2.16 widoczne są łuski trzech producentów, które poddawane były kilkakrotnemu pełnemu kalibrowaniu. Łuska „A" nie wykazuje jakichkolwiek oznak zewnętrznych, które by ją dyskwalifikowały. Jest to łuska wykonana z miękkiego mosiądzu przez firmę nazwaną umownie F1. Pomimo wielokrotnych zabiegów kalibracyjnych na łuskach tej firmy nigdy nie pojawiały się przewężenia, ale problemem było znaczne „rozpłaszczanie" kryzy. Po kilku pełnych kalibracjach (które jednak nigdy nie przywracają wymiarów pierwotnych kryzy) łuski nie nadawały się do dalszego wykorzystania, bo średnica kryzy wzrastała ponad wartość dopuszczalną.

Łuska „B" pochodzi od producenta F2 i pojawia się na niej charakterystyczny, błyszczący pierścień wskazujący na daleko posunięte przewężenie ścianek łuski.

Ponieważ pęknięcie łuski zawsze jest niebezpieczne i może uszkodzić broń oraz strzelca, więc po wykryciu błyszczącego pierścienia **łuskę należy uznać za nienadającą się do dalszej elaboracji!** Łuski „C" i „D" (również wyprodukowane przez producenta F2) mają widoczne pęknięcia, a w przypadku łuski „D" odznacza się ślad wypływu gazów prochowych. Łuska „E" nie tylko wykazuje pęknięcie na niemal całym obwodzie, ale dodatkowo posiada zaklęśnięcie w górnej części tułowia. Oznacza to, że znaczna ilość gazów prochowych w trakcie strzału została wtłoczona pomiędzy łuskę a ścianę komory nabojowej, a gdy ciśnienie w łusce się zmniejszyło, to gazy te, rozprężając się, spowodowały zaklęśnięcia tułowia. Zaklęśnięć tych nie należy mylić z uszkodzeniami łuski wynikającymi z niewłaściwie prowadzonej kalibracji (patrz rozdział 9.3). Łuska „E" wyprodukowana była przez producenta F3 i wyraźnie widać, że ze względu na inny materiał oraz inne odchyłki wymiarowa łuska ta uległa przewężeniu w innym miejscu niż łuski „B", „C", „D" i „F". W łusce „F" (producent F2) nastąpiła pełna separacja części dennej i tułowia łuski. Oczywiście taka sytuacja nie tylko jest groźna dla strzelca, bo część gazów prochowych może być wyrzucona w kierunku jego twarzy, ale dodatkowo bardzo często usunięcie tułowia łuski z komory nabojowej może być niezwykle trudnym zadaniem.

W zależności od konstrukcji broni rozerwanie łuski może spowodować różne konsekwencje. W pistoletach często następuje uszkodzenie szkieletu i magazynka, do którego przedostają się gazy pod wysokim ciśnieniem. W karabinach uwolnione gazy prochowe wraz z drobinkami metalu mogą być wyrzucone w kierunku twarzy strzelca. Niektóre karabiny mają specjalną konstrukcję zamka, która zmniejsza wyrzut gazów ku tyłowi w przypadku rozerwania łuski. Jednym z rozwiązań jest specjalny element, który ma taki sam kształt jak rygle, ale może obracać się w osi zamka (patrz rys. 2.17). Na rysunku przedstawiono zamek z karabinu Savage 110 Elite Precision, w którym element wypełniający przestrzeń pomiędzy oporami ryglowymi po obróceniu zamka został oznaczony strzałką.

Rys. 2.17. Zamek karabinu Savage 110 Elite Precision z elementem wypełniającym po zaryglowaniu przestrzeni pomiędzy oporami ryglowymi

Powyższe przykłady wskazują, że jeśli tylko jest taka możliwość, to zamiast pełnego kalibrowania lepiej jest stosować kalibrowanie szyjkowe. Więcej informacji na ten temat znajduje się w rozdziale 9.1.

2.2. Ładunki miotające

Na początku kilkusetletniej drogi rozwoju broni strzeleckiej jedynym powszechnie używanym materiałem miotającym był proch czarny, zwany dymnym. Proch czarny to mieszanina azotanu potasu (około 75% wagowych), siarki (około 15%) i węgla drzewnego (około 10%). Jakkolwiek lata jego świetności przypadają na okres, gdy nie znano jeszcze nabojów scalonych, to w drugiej połowie XIX w., a nawet w pierwszych latach XX w. proch czarny stosowano również w nabojach zespolonych. Popularne do dziś naboje kal. .38 Special pierwotnie były elaborowane właśnie prochem czarnym (21 granów prochu czarnego i ołowiany pocisk 158-granowy) i z tego powodu pojemność łusek jest duża jak na obecne standardy, bo w tym kalibrze do elaboracji wystarcza obecnie około 5 granów prochu nitrocelulozowego.

Proch czarny ma specyficzne właściwości, które musi znać każdy, kto go używa. Jest to miotający materiał wybuchowy o stosunkowo małej mocy, ale bardzo łatwo zapala się od płomienia lub iskier. Precyzja jego dozowania nie jest zwykle krytyczna. Po spaleniu pozostawia dużą ilość osadów stałych o silnie korodujących właściwościach, które niezbyt dobrze rozpuszczają się w rozpuszczalnikach organicznych, dają się natomiast bardzo efektywnie usuwać wodą z mydłem.

Dla reloadera podstawowym materiałem miotającym jest jednak proch bezdymny. Jego głównym składnikiem jest nitroceluloza (azotan celulozy). Nitroceluloza jest uplastyczniana różnymi rozpuszczalnikami, które silnie wpływają na właściwości produktu końcowego. Użycie lotnych rozpuszczalników, takich jak eter czy alkohole, prowadzi do powstania prochu nitrocelulozowego (ang. *single base powder*), a zastosowanie trudno lotnej nitrogliceryny pozostającej w prochu prowadzi do powstania prochu nitroglicerynowego (ang. *double base powder*). Oprócz składników podstawowych w prochu strzelniczym znajdują się również składniki modyfikujące jego właściwości, takie jak stabilizatory poprawiające trwałość, środki zwiększające wytrzymałość mechaniczną i zapobiegające pyleniu, pokrycia wpływające na prędkość palenia się ziaren prochowych, dodatki zmniejszające błysk płomienia i dodatki utrudniające gromadzenie się ładunków elektrycznych na powierzchni ziaren prochu. Coraz częściej prochy wysokiej jakości mają w swoim składzie również substancje zmniejszające osadzanie się miedzi w przewodzie lufy (ang. *decoppering agent*). Dzięki tym dodatkom przewód lufy ulega znacznie mniejszemu zabrudzeniu, co prowadzi do zmniejszenia rozrzutu oraz zmniejsza różnice prędkości wylotowej. Od kilku lat prochy firmy VihtaVuori mają takie dodatki (na etykiecie znajduje się emblemat „Anti-fouling

– Better for Barrels"), podobnie jak prochy firmy Hodgdon, w których nazwach znajduje się symbol „CFE".

Dla charakterystyki prochu bardzo ważny jest kształt i wielkość jego ziaren. Odpowiednie ukształtowanie ziarna może powodować progresywne spalanie ładunku – proch pali się coraz intensywniej lub spalanie degresywne – intensywność spalania się zmniejsza. Proch bezdymny zawsze pali się powierzchniowo, więc o szybkości palenia w dużym stopniu decyduje wielkość powierzchni ziaren prochowych. Jeśli powierzchnia ta się zmniejsza, co ma miejsce w przypadku kształtów sferycznych, cylindrycznych czy płytkowych, to następuje spowolnienie procesu i proch ma charakterystykę degresywną. Jeśli ziarna prochu mają kanalik, a zewnętrzna powierzchnia (z wyjątkiem kanalików) jest jeszcze dodatkowo pokryta warstewką utrudniającą palenie, to proch ma charakterystykę progresywną, gdyż w miarę wypalania kanalików powiększa się ich przekrój i czynna powierzchnia. Pod koniec palenia (gdy zostaje około 25% niespalonego ziarna) struktura ziarna ulega zazwyczaj rozpadowi i charakterystyka procesu zmienia się na degresywną.

Prochy o charakterze progresywnym lepiej nadają się do broni o długiej lufie, bo nie powodują gwałtownego wzrostu ciśnienia w pierwszej fazie strzału, a jednocześnie zapewniają właściwy napęd pocisku wtedy, gdy znajduje się on już daleko od komory nabojowej. Prochy degresywne lepiej natomiast sprawują się w lufach krótkich, gdyż zmniejsza się ilość niespalonego prochu wyrzucanego z lufy po wylocie pocisku.

Reloader ma zwykle do wyboru kilka rodzajów prochu. Optymalny wybór powinien uwzględniać następujące wskazówki:

- Proch powinien być tak dobrany, aby w miarę możliwości wypełniał całą objętość łuski, pomniejszoną o objętość zajętą przez część denną pocisku. W ten sposób unika się problemów związanych z niepowtarzalnym ułożeniem prochu w łusce w chwili strzału, co ma wpływ na intensywność spalania prochu. Warunek ten nie zawsze może być spełniony, bo spotyka się naboje o rodowodzie „czarnoprochowym", a to z reguły powoduje, że łuska ma zbyt dużą objętość. Kolejną zaletą całkowitego wypełnienia łuski jest to, że nie jest możliwe niezauważone naładowanie podwójnej naważki, bo ona po prostu się nie zmieści. O tym, czym grozi podwojona dawka prochu, mogą świadczyć zdjęcia zamieszczone w dalszej części książki (patrz rys. 4.12 i 4.13).
- Proch powinien być tak dobrany, aby jego prędkość palenia zapewniała całkowite spalenie, zanim pocisk opuści lufę. Niespalone ziarna prochu opuszczające lufę zmniejszają w sposób przypadkowy energię przekazywaną pociskowi, a przez to wpływają na jego prędkość. Prochy o zbyt małej szybkości palenia nie mają czasu na całkowite spalenie, jeśli lufa broni jest krótka. Jeśli broń wyposażona jest w tłumik, to niespalone cząsteczki prochu mogą

kumulować się w tłumiku, a następnie ulec zapaleniu objawiającemu się wyrzuceniem z tłumika ognia i iskier. Znane są nawet przypadki rozerwania tłumika. Oczywiście w Polsce, w odróżnieniu od Finlandii, ten problem nie jest istotny dla reloaderów, gdyż nasze przepisy zabraniają zakładania tłumików na broń osobom cywilnym strzelającym z broni sportowej, myśliwskiej[6] albo przeznaczonej do obrony własnej.

- W miarę możliwości należy stosować prochy o małej prędkości palenia, gdyż zmniejsza to wartość ciśnienia maksymalnego i zapewnia napędzanie pocisku na całej drodze przelotu przez lufę. Musi jednak być równocześnie spełniony warunek, aby proch zdążył się całkowicie lub niemal całkowicie spalić (patrz powyżej).
- Prochy nitroglicerynowe mają zazwyczaj większą wydajność energetyczną, czyli zapewniają większą energię pocisku, ale odbywa się to często kosztem wzrostu temperatury gazów prochowych. Bardzo dobre prochy nitroglicerynowe (np. seria N500 firmy VihtaVuori) posiadają specjalne pokrycia ziaren, zmniejszające niekorzystny wpływ na trwałość przewodu lufy. Prochy nitroglicerynowe lepiej niż nitrocelulozowe zachowują się w nabojach, w których stopień wypełnienia łuski prochem jest niewielki.
- Proch o dużym ziarnie gorzej współpracuje z objętościowymi dozownikami prochu, gdyż ziarna blokują ruch bębna dozującego i ulegają rozkruszeniu, co nie jest korzystne dla prochu i dla precyzji dozowania.
- Ze względu na to, że zmiana prochu wymaga powtórzenia uciążliwej procedury doboru ładunku oraz może i zazwyczaj ma wpływ na balistykę zewnętrzną pocisku należy używać te prochy, których dostępność jest stosunkowo łatwa i unikać „okazyjnych" zakupów prochów niespotykanych w sklepach zajmujących się dystrybucją prochu na terenie Polski.

Na rysunku 2.18 przedstawiono przykładowy wpływ rodzaju prochu na elaborację naboju kal. 9 mm Parabellum z pociskiem 124 gr do faktoru[7] MAJOR w klasie OPEN według IPSC. Dla obu prochów uzyskiwana jest prędkość pocisku około 395 m/s (co odpowiada faktorowi 160), ale przy zastosowaniu prochu N320 ciśnienie dramatycznie wzrasta i wynosi aż 3800 barów, przy dopuszczalnym ciśnieniu według SAAMI[8] wynoszącym tylko 2655 barów. Co prawda proch N320 spali się całkowicie, a około 2,5% niespalonego prochu 3N37 zostanie

[6] Polskie przepisy w zakresie wykorzystywania tłumików przez myśliwych dopuszczają stosowanie tłumików podczas prowadzenia odstrzałów sanitarnych. Co do legalności używania tłumików na strzelnicach sportowych i myśliwskich istnieją sprzeczne interpretacje przepisów.

[7] W IPSC broń dzielona jest pod względem mocy na dwie grupy: MAJOR (silną) i MINOR (słabą). Jako kryterium podziału przyjęty jest współczynnik zwany faktorem, obliczany jako iloczyn masy pocisku w granach i jego prędkości w stopach na sekundę, dzielony przez 1000. Dla spełnienia wymagań grupy MINOR konieczne jest uzyskanie faktora nie mniejszego niż 125, a dla grupy MAJOR odpowiednio 160 w klasie OPEN i 170 w klasach STANDARD CLASSIC i REVOLVER (dane aktualne z 2017 r.).

[8] SAAMI – Sporting Arms and Ammunition Manufacturers' Institute.

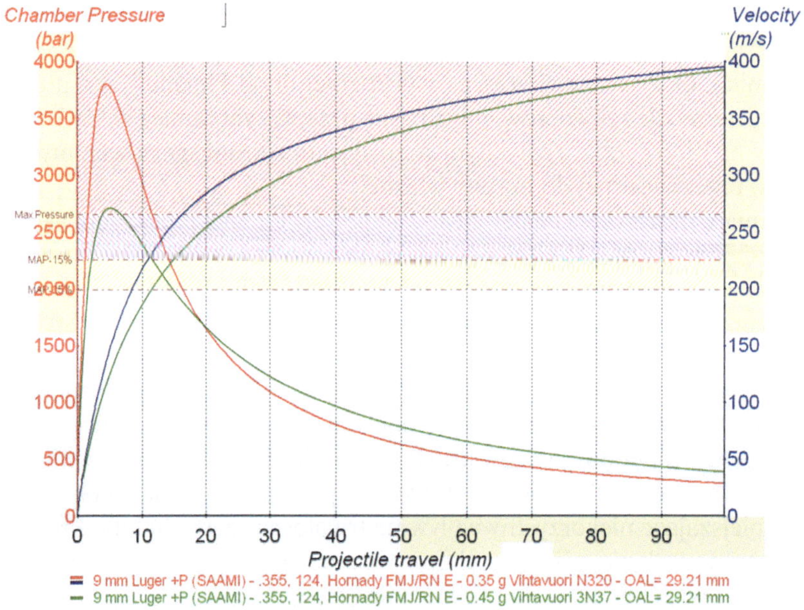

Rys. 2.18. Ciśnienie (ang. *chamber pressure*) i prędkość pocisku (ang. *velocity*) w funkcji położenia pocisku w lufie w zależności od rodzaju prochu użytego do elaboracji. Nabój kal. 9 mm Parabellum elaborowany do poziomu MAJOR za pomocą prochu 3N37 (linie przerywane) oraz zbyt szybkiego prochu N320 (linie czerwona i granatowa). Obie elaboracje pozwalają na uzyskanie faktora wynoszącego 160, ale przy zastosowaniu prochu N320 ciśnienie maksymalne znacznie przekracza wartość ciśnienia dopuszczalnego i nabój staje się **bardzo niebezpieczny**! Wykres uzyskany za pomocą programu Quick Load

wyrzucone z lufy, ale w tym przypadku nadmierna wartość ciśnienia całkowicie dyskwalifikuje nabój elaborowany prochem N320.

Poniżej omówiono kilka prochów szczególnie popularnych w Polsce.

UWAGA!

Prochy o **podobnym wyglądzie** i o **podobnych oznaczeniach** mogą bardzo różnić się swoimi własnościami. Nie wolno więc stosować ich zamiennie bez sprawdzenia w tabelach polecających i bez ostrożnego opracowania ładunku[9]. W ŻADNYM PRZYPADKU NIE WOLNO MIESZAĆ RÓŻNYCH RODZAJÓW PROCHU, bo może to prowadzić do bardzo poważnych wypadków. Od tej reguły nie ma wyjątków! Nie wolno rozpoznawać prochów po wyglądzie ziaren. Wiele różnych prochów wygląda tak samo. Tylko nieliczne prochy znakowane są kolorowymi dodatkami dla ułatwienia ich identyfikacji.

[9] Opracowywanie ładunku to procedura doboru komponentów, szczególnie naważki prochu, w sposób umożliwiający zminimalizowanie niebezpieczeństwa przekroczenia ciśnień dopuszczalnych. Procedura ta zostanie szczegółowo omówiona w dalszej części książki.

PROCHY KARABINOWE

Norma 200 – bardzo szybki proch przeznaczony do elaboracji małych nabojów, takich jak .22 Hornet czy .222 Remington. Może też być stosowany w nabojach kal. .308 Winchester elaborowanych bardzo lekkimi pociskami.

VihtaVuori N130 – szybki proch przeznaczony do nabojów o kal. .22 i 6 mm PPC. W kal. .223 dobrze nadaje się do elaborowania z wykorzystaniem lekkich pocisków. Może być również stosowany w nabojach karabinowych o łuskach stożkowych, takich jak .458 Winchester Magnum.

VihtaVuori N133 – bardzo dobry, szybki proch do nabojów w kal. .222 Remington, .223 Remington i 6 mm PPC.

VihtaVuori N140 – uniwersalny proch karabinowy, który dla większości reloaderów może samodzielnie pokryć zapotrzebowanie na prochy karabinowe. Nadaje się bowiem zarówno do kal. .223 Remington, wyśmienicie sprawdza się zarówno w kal. .308 Winchester, jak i .30-06 Springfield. Można go również stosować do elaboracji kal. 7.62×53R (z wyjątkiem najcięższych pocisków).

Hodgdon SUPERFORMANCE – proch sferyczny przeznaczony do „mniejszych" kalibrów klasy magnum, takich jak: .243 Winchester, .243 WSSM, .25 WSSM, .300 RCM, .300 WSM. Nadaje się również do elaboracji amunicji 6.5 Creedmoor. Jest wykorzystywany w fabrycznej amunicji firmy Hornady. UWAGA! Nazwa SUPERFORMANCE występująca w amunicji Hornady wskazuje na to, że zastosowany jest proch z **rodziny** SUPERFORMANCE. Dostępny komercyjnie proch Hodgdon SUPERFORMANCE jest tylko jednym z przedstawicieli tej rodziny i może być stosowany tylko do elaboracji amunicji w kalibrach wskazanych przez wytwórcę.

VihtaVuori N555 – wysokoenergetyczny proch przeznaczony do elaborowania naboi kalibru 6 mm Creedmoor, 6.5 Creedmoor, .284 Winchester, .260 Remington i .30-06 Springfield. Charakteryzuje się on małą czułością na zmiany temperatury. Nadaje się bardzo dobrze do elaborowania precyzyjnej amunicji sportowej i wyczynowej.

VihtaVuori N160 – proch o małej szybkości palenia, przeznaczony do nabojów z łuskami o dużych pojemnościach, ale stosunkowo małym kalibrze. Bardzo dobrze nadaje się do elaboracji nabojów .243 Winchester, 7 mm Weatherby Magnum, .300 Winchester Magnum.

VihtaVuori N560 – proch nitroglicerynowy o małej prędkości palenia, przeznaczony do karabinowej amunicji typu Magnum. Szczególnie dobrze nadaje się do: kal. 7 mm Remington Magnum, 7 mm Weatherby Magnum, .300 Winchester Magnum i .338 Lapua Magnum.

VihtaVuori N165 – proch o bardzo małej szybkości palenia, przeznaczony do nabojów Magnum elaborowanych ciężkimi pociskami. Bardzo dobrze nadaje się do elaboracji nabojów kal. .338 Lapua Magnum i .416 Rigby.

VihtaVuori N570 – wysokoenergetyczny proch nitroglicerynowy o małej prędkości palenia, przeznaczony do karabinowej amunicji typu Magnum. Szczególnie dobrze nadaje się do: .284 Norma, .300 Winchester Magnum, .300 Remington Ultra Magnum i .338 Lapua Magnum. Nadaje się również bardzo dobrze do elaborowania amunicji kal. .408 CheyTac.

Reload Swiss RS80 – wolny proch nitrocelulozowy przeznaczony do karabinów klasy magnum od kal. .338 Lapua Magnum poprzez 7 mm Remington Magnum do kal. .50 BMG. Proch ma cylindryczny kształt ziaren i charakteryzuje się małym wpływem temperatury oraz długą trwałością (do dziesięciu lat).

SNPE Vectan SP13 – bardzo wolny proch nitroglicerynowy przeznaczony do karabinów klasy magnum, głównie .300 Weatherby Magnum oraz .50 BMG.

PROCHY PISTOLETOWE

VihtaVuori N310 – jeden z najszybszych prochów na rynku, przeznaczony do nabojów pistoletowych i rewolwerowych. Dobrze nadaje się do nabojów kal. .32 S&W i .38 Special elaborowanych pociskami typu Wadcutter. Przy stosowaniu tego prochu, szczególnie w nabojach kal. .38 Special, należy zachować dużą ostrożność, gdyż naważki są bardzo małe i możliwe jest omyłkowe wsypanie podwójnej naważki, która bez trudu zmieści się w łusce.

VihtaVuori N330 – proch specjalnie przygotowany dla nabojów pistoletowych kal. 9 mm Parabellum, ale nadaje się również do elaborowania nabojów kal. .38 Special i .40 S&W.

Vectan Ba9 – popularny, bardzo dobrej jakości proch nitrocelulozowy przeznaczony do nabojów pistoletowych kal. 9 mm Parabellum i .40 S&W o parametrach zbliżonych do VithaVuori N330. Niestety firma Vectan praktycznie wszystkie materiały dotyczące prochów publikuje jedynie w języku francuskim.

VihtaVuori N340 – uniwersalny proch pistoletowy do nabojów średniej i dużej wielkości, począwszy od kal. 9 mm Parabellum aż do .45 ACP. Nadaje się również do silnych nabojów kal. .38 Super i .357 Magnum.

VihtaVuori 3N37 – bardzo ciekawy proch, który pierwotnie był przeznaczony do fabrycznego elaborowania nabojów bocznego zapłonu kal. .22 Long Rifle. Doskonale nadaje się do elaborowania nabojów pistoletowych kal. 9 mm Parabellum i może być stosowany nawet do kal. 9 mm Major[10]. Proch preferowany przez użytkowników wyczynowych pistoletów. Prawdopodobnie jest to obecnie najbardziej uniwersalny proch pistoletowy.

[10] Kaliber 9 mm Major to wyczynowa, bardzo wysilona odmiana kal. 9 mm Parabellum. Naboje są elaborowane znacznie większymi naważkami prochu, co pozwala na uzyskanie faktora IPSC powyżej 160 i kwalifikuje broń w klasie OPEN do grupy MAJOR. Naboje tego typu mogą być stosowane bezpiecznie tylko w nielicznych pistoletach wyczynowych o specjalnej konstrukcji komory nabojowej, która musi zapewnić pełne podparcie łuski i pozwalać na większe wystawanie pocisku z łuski. Elaborację tych nabojów mogą prowadzić tylko bardzo zaawansowani reloaderzy. Ze względu na to, że na zawodach IPSC niektórzy zawodnicy używają amunicji ładowanej do poziomu MAJOR, a inni standardowej amunicji kal. 9 mm Parabellum, trzeba bardzo uważać, aby nie nastąpiła przypadkowa zamiana amunicji. Nigdy nie należy wykorzystywać amunicji upuszczonej przez innego zawodnika!

VihtaVuori 3N38 – specjalny proch pistoletowy przeznaczony do elaborowania bardzo silnych nabojów kal. 9 mm Parabellum, 9 mm Major (patrz przypis dziesiąty), .38 Super i .40 S&W. Proch preferowany przez użytkowników wyczynowych pistoletów, którzy ładują amunicję umożliwiającą start w kategorii MAJOR.

LOVEX D032 – proch nitroglicerynowy produkowany w Czechach przez firmę EXPLOSIA przeznaczony do elaboracji amunicji pistoletowej, w szczególności kal. 9 mm Parabellum, .38 Special, a nawet .357 Magnum.

VihtaVuori N32C (TIN STAR) – specjalny proch przeznaczony do elaboracji amunicji pistoletowej wywodzącej się z epoki prochu czarnego, takiej jak .38 Special, .44 Special i .45 Colt. Dzięki niskiej gęstości zasypowej pozwala na większe wypełnienie łusek zaprojektowanych do prochu czarnego, co poprawia proces spalania. Nadaje się również bardzo dobrze do elaboracji karabinowej amunicji poddźwiękowej (SUBSONIC), a nawet do amunicji hukowej. Niestety produkcja tego prochu została wstrzymana, więc pozostają w dyspozycji jedynie zapasy.

Reload Swiss RS14 – RS14 proch porównywalny do Hodgdon Trail Boss i VihtaVuori N32C o bardzo niskiej gęstości nasypowej i niskiej energetyczności. Szczególnie zalecany do zredukowanych naważek, konkurencji Cowboy Action i amunicji poddźwiękowej.

Trzeba podkreślić, że dobór prochu musi odbywać się na podstawie wiarygodnych i pochodzących z renomowanych źródeł materiałów informacyjnych przedstawianych zwykle w postaci tabel. Niemniej poszukiwania optymalnego prochu można sobie ułatwić za pomocą zestawienia porównującego prędkości spalania prochów. Nie oznacza to, że można na podstawie takiego zestawienia mechanicznie zamienić jeden proch na drugi, a jedynie, że tabela wskazuje, które prochy mogą być brane pod uwagę jako zamienniki. Ostateczna decyzja o zastosowaniu musi wynikać jednak ze szczegółowej analizy tabel dla wybranego prochu. Zestawienie popularnych prochów w oparciu o ich prędkość spalania przedstawia tab. 2.1.

Proch należy zawsze przechowywać w oryginalnym, szczelnie zamkniętym opakowaniu. Ponieważ często prochy tego samego producenta mają bardzo podobne opakowanie (patrz rys. 2.19), należy każdorazowo dokładnie sprawdzać, czy stosowany jest właściwy rodzaj prochu.

Proch **musi** być przechowywany w odpowiedni sposób, zabezpieczający przed zmianami jego właściwości. Proch nie powinien być poddawany wpływom wysokiej temperatury oraz dużej wilgotności.

Przy niewłaściwym przechowywaniu prochu mogą wystąpić procesy powodujące jego degradację. Wystąpienie degradacji prochu powoduje konieczność jego utylizacji, gdyż proch o zmienionych właściwościach nie może być stosowany do elaboracji amunicji. Zazwyczaj sprawdzenie czy proch nie ulega degradacji, odbywa się przez wąchanie oparów opuszczających pojemnik z prochem po jego otwarciu. Ostry, kwaśny zapach (podobny do octu winnego) wskazuje na wystąpienie procesów chemicznego rozkładu prochu. Trzeba jednak zdawać sobie sprawę, że lekki zapach acetonu, eteru czy alkoholu jest normalnym zapachem, jaki występuje po otwarciu opakowania.

Tabela 2.1. Porównanie prochów wybranych producentów w kontekście prędkości ich spalania. UWAGA: DANE PRZYBLIŻONE, O ZNACZENIU WYŁĄCZNIE INFORMACYJNYM[11]

	Producent prochu					
	VihtaVuori	**Norma**	**Vectan**	**IMR**	**Hodgdon**	**Accurate**
Prochy o dużej szybkości spalania					Titewad	
		R1				Nitro 100
	N310		Ba10		HP38	
				Trail Boss	Titegroup	Solo 1000
					Clays	
	N320			Hi-Skor700X		No. 2
			AS	PB	Clays Int'l	Solo 1250
	N32C			SR7625		
			A1			
					Clays Univer.	No. 5
	N330		Ba9		HS-6	
	N340		SP8	SR4756	Longshot	
	3N37		A0			
	N350			Hi-Skor800X		
	3N38		SP2 Pract.			
	N105				HS-7	No. 7
		R123	SP3			No. 9
				SR4759	H110	4100
	N110			IMR4227	H4198	
			Ba6		Li'l Gun	
		200			H4227	5744
	N120		Tubal2000	IMR4198		1680
						2015
				IMR3031	Benchmark	
					H322	2230
	N130	201	SP10		BL(C)-2	2460
	N133	202	Tubal3000		H335	
						2495
			SP9	IMR4064		2520
	N530			IMR4895	H4895	4064
	N135					
			SP7	IMR4320	Varget	
Prochy o małej szybkości spalania	N140	203B			H380	2700
	N540				H414	
	N150	URP	Tubal5000		H4350	4350
	N550			IMR4350		
		204	SP11		H450	
	N160		Tubal7000	IMR4831	H4831SC	
	N560	MRP			H4831	3100
	N165	MRP(2)	Tubal8000	IMR7828SSC	Superformance	MagPro
				IMR7828		H1000
	N170				Retumbo	8700
	N570		SP13		H870	
	24N41				50BMG	
	20N29					

[11] Tabele są wynikiem opracowania materiału na podstawie bibliografii załączonej na końcu książki.

Rys. 2.19. Opakowania prochu firmy VihtaVuori różniące się jedynie napisem na etykiecie. Z lewej strony proch pistoletowy, a z prawej karabinowy. Pomylenie tych prochów może prowadzić do poważnego wypadku

2.3. Spłonki

Zadaniem spłonki jest zainicjowanie palenia ładunku miotającego. W nabojach centralnego zapłonu spłonka jest wciśnięta do gniazda znajdującego się w dnie łuski. Siła tarcia między ściankami łuski a miseczką spłonki zwykle wystarcza do jej pewnego zamocowania. W amunicji wojskowej często stosuje się dodatkowy zabieg polegający na plastycznym odkształceniu stopki łuski w rejonie osadzenia spłonki, co znacznie zwiększa pewność jej osadzenia (patrz rys. 2.20). Niekiedy połączenie spłonki z łuską jest jeszcze dodatkowo uszczelniane przez lakierowanie.

Amunicja strzelecka wyposażana jest w dwa typy spłonek: Berdan i Boxer (patrz rys. 2.21). Konstruktorem spłonek nazywanych obecnie Boxer był oficer armii brytyjskiej, Edward M. Boxer, który opatentował je w 1866 r. W tym samym roku w Stanach Zjednoczonych Hiram Berdan opatentował spłonki różniące się szczegółami konstrukcyjnymi, które nazywane są spłonkami Berdana. Jako ciekawostkę można przytoczyć to, że spłonki Boxer opanowały rynek w USA, podczas gdy spłonki Berdana preferowane były w krajach europejskich, szczególnie w amunicji wojskowej. Spłonki Berdana są nieznacznie łatwiejsze i tańsze w produkcji i dodatkowo, w opinii niektórych użytkowników, zapewniają bardziej skuteczne i powtarzalne zapalanie ładunku prochowego.

Rys. 2.20. Zagniecenie stopy łuski zwiększające pewność osadzenia spłonki w amunicji przeznaczonej do celów wojskowych, głównie do broni samopowtarzalnej i automatycznej. Od lewej łuska kal. .50 BMG, 7.62×51, 5.56×45

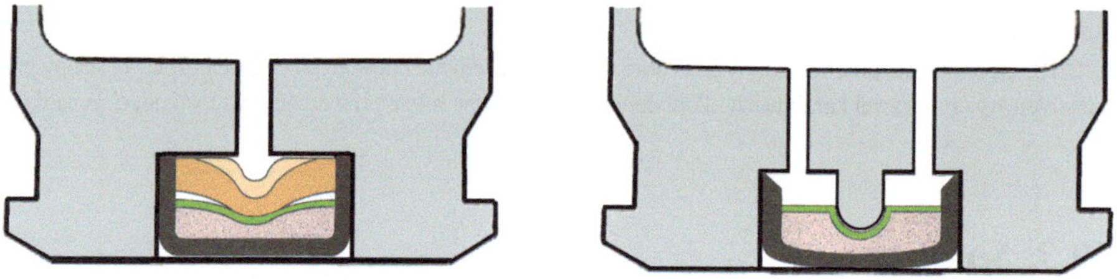

Rys. 2.21. Spłonka typu Boxer (z lewej) i Berdan (z prawej)

Spłonki typu Boxer (patrz rys. 2.22) wyposażone są we własne kowadełko zapewniające właściwe zainicjowanie ładunku po uderzeniu iglicy. Łuski przeznaczone dla spłonek Boxer mają jeden centralny otwór zapałowy o stosunkowo dużej średnicy. Spłonki Berdana do zgniecenia ładunku inicjującego wykorzystują występ łuski (kowadełko) znajdujący się w kieszonce, w którą są wciśnięte. Zazwyczaj kieszonka połączona jest z komorą łuski dwoma otworkami o bardzo małym przekroju, ale sporadycznie spotyka się również łuski z jednym lub trzema otworkami.

Spłonki Berdana bardzo utrudniają elaborację[12] i na szczęście, poza starą amunicją wojskową, coraz rzadziej spotykane są na rynku. Wypierają je spłonki Boxer i w dalszej części książki będziemy zakładać, że właśnie z nimi mamy do czynienia.

[12] Wybicie spłonki Berdana z łuski wymaga specjalnego, niezbyt poręcznego narzędzia albo zastosowania metody hydraulicznej wymagającej napełnienia łuski wodą i zatkania szyjki tłoczkiem, w który następnie uderza się młotkiem. Ciśnienie wytworzone podczas uderzenia wypycha spłonkę z łuski. Oczywiście podparcie łuski musi posiadać odpowiedni rowek lub otwór, tak aby spłonka mogła wysunąć się z kieszonki.

Rys. 2.22. Spłonki typu Boxer produkcji firmy Federal [publikacja za zgodą firmy Federal]

Pierwsze spłonki miały silnie korodujące właściwości związane z występowaniem w składzie ich mieszaniny inicjującej chloranu potasu, którego pozostałości nie były usuwane przy czyszczeniu lufy typowymi środkami opartymi na bazie węglowodorów. Również piorunian rtęci stosowany w czasach późniejszych wykazywał oddziaływanie korozyjne, a ponadto był silnie toksyczny. Obecnie spłonki produkowane są jako *non-corrosive*, *non-mercuric*, co oznacza, że nie mają w składzie związków rtęci i nie wykazują oddziaływania korozyjnego. Podstawowym materiałem inicjującym we współczesnych spłonkach jest trinitrorezorcynian ołowiu i azydek ołowiu.

Spłonki są produkowane w szerokim asortymencie – przeznaczone do różnego typu naboi i do różnych zastosowań. **Poszczególne typy spłonek różnią się znacznie wytrzymałością na ciśnienie i mocą ładunku inicjującego i NIE WOLNO ICH UŻYWAĆ ZAMIENNIE!** Jeśli ładunek prochowy zbliżony jest do maksymalnie dopuszczalnego, to nawet zmiana producenta spłonek może wywołać niebezpieczny wzrost ciśnienia i w związku z tym zaleca się przeprowadzenie prób najpierw z ładunkami zmniejszonymi o kilka procent. Jak wynika z badań przeprowadzonych przez firmę VihtaVuori, spłonki od różnych producentów mogą wpływać na prędkość wylotową pocisku nawet o około 30 m/s, a na ciśnienie o 30 MPa. Nazwa spłonki zawiera informację o jej wielkości i przeznaczeniu. Spłonki, z którymi najczęściej mają do czynienia reloaderzy, to: Small Pistol, Small Pistol Magnum, Small Rifle, Small Rifle Magnum, Small Rifle Benchrest, Large Pistol, Large Pistol Magnum, Large Rifle, Large Rifle Magnum, Large Rifle Benchrest, .50 BMG.

Small Pistol (mała pistoletowa) – spłonka o średnicy 0,175″ przeznaczona do stosowania w małych i średnich nabojach pistoletowych oraz rewolwerowych, takich jak .25 ACP, 9 mm Parabellum, .38 Special, z pewnymi ograniczeniami również .357 Magnum. SPŁONKI TEJ NIE WOLNO UŻYWAĆ DO ELABORACJI NABOJÓW KARABINOWYCH, pomimo że wymiarami jest niemal identyczna z małą spłonką karabinową, ponieważ ze względu na przeznaczenie ma mniej wytrzymałe ścianki i przy ciśnieniach występujących w nabojach karabinowych może ulec rozerwaniu. Przykłady popularnych spłonek typu Small Pistol to: CCI 500, Winchester WSP i Federal No. 100. Spłonki Federal mają opinię bardzo miękkich i dobrze nadających się do sportowych rewolwerów kal. .38 Special.

Small Pistol Magnum (mała pistoletowa typu Magnum) – spłonka o wymiarach identycznych jak Small Pistol, lecz przeznaczona do nabojów typu Magnum (głównie .357 Magnum), do elaboracji których wykorzystano proch o małej szybkości palenia (np. Hodgdon H110, VihtaVuori N110). Spłonka ta daje silniejszy płomień, który łatwiej zapala ładunki prochu sferycznego[13]. W szczególnych przypadkach spłonki Magnum mogą być przydatne do elaborowania amunicji przeznaczonej do użycia w ekstremalnie niskich temperaturach, jednak wymaga to dopracowywania ładunków z jednoczesnym sprawdzaniem na oznaki nadmiernego ciśnienia. Przykłady spłonek typu Small Pistol Magnum to: CCI 550 i Winchester WSPM.

Small Rifle (mała karabinowa) – spłonka o średnicy 0,175″ przeznaczona do stosowania w małych nabojach karabinowych, takich jak .222 i .223 Remington. SPŁONKI TEJ NIE WOLNO UŻYWAĆ DO ELABORACJI NABOJÓW PISTOLETOWYCH, z wyjątkiem przypadków, gdy ładunek prochowy został specjalnie dostosowany do większej mocy tej spłonki. Tak więc, pomimo nazwy, mała spłonka karabinowa bywa używana w nabojach pistoletowych o bardzo wysokich ciśnieniach gazów prochowych, takich jak .221 Fireball czy .357 Remington Maximum. Stosowana jest również w amunicji kal. 9 mm Parabellum elaborowanej według wymogów kategorii MAJOR w IPSC. Przykłady popularnych spłonek typu Small Rifle to CCI 400 i VihtaVuori 22.

Small Rifle Magnum (mała karabinowa typu Magnum) – spłonka o wymiarach identycznych jak Small Rifle, lecz przeznaczona do nabojów elaborowanych prochem sferycznym. Spłonka ta daje silniejszy płomień, który łatwiej zapala ładunki takiego prochu. W szczególnych przypadkach spłonki Magnum mogą być przydatne do elaborowania amunicji przeznaczonej do użycia w ekstremalnie niskich temperaturach, jednak wymaga to dopracowywania ładunków z jednoczesnym sprawdzaniem na oznaki nadmiernego ciśnienia. Przykłady popularnych spłonek typu Small Rifle Magnum to CCI 450 i Federal No. 150.

Small Rifle Benchrest (mała karabinowa typu Benchrest) – spłonka o wymiarach identycznych jak Small Rifle, lecz przeznaczona do elaborowania amunicji wyczynowej, alternatywnie oznaczana symbolem „Match". Spłonki Benchrest

[13] Proch sferyczny ma ziarna w kształcie małych kuleczek.

wykonuje się z większą precyzją, co zapewnia im bardziej powtarzalne warunki zapalania materiału miotającego. Są one jednak wyraźnie droższe od spłonek standardowych. Przykładem spłonek typu Small Rifle Benchrest są spłonki Federal 205M.

Large Pistol (duża pistoletowa) – spłonka o średnicy 0,210" przeznaczona do stosowania w dużych nabojach pistoletowych oraz rewolwerowych, takich jak .45 ACP, .45 Colt, .44 Remington Magnum. SPŁONKI TEJ NIE WOLNO UŻYWAĆ DO ELABORACJI NABOJÓW KARABINOWYCH, pomimo że pod względem wymiarów jest niemal identyczna z dużą spłonką karabinową, ponieważ ze względu na swoje przeznaczenie ma mniej wytrzymałe ścianki i przy ciśnieniach występujących w nabojach karabinowych może ulec rozerwaniu. Przykłady popularnych spłonek typu Large Pistol to CCI 300 i Federal No. 150.

Large Pistol Magnum (duża pistoletowa typu Magnum) – spłonka o wymiarach identycznych jak Large Pistol, lecz przeznaczona do nabojów, do elaboracji których wykorzystano proch o małej szybkości palenia (np. Hodgdon H110, Winchester 296). Spłonka ta daje silniejszy płomień, który łatwiej zapala ładunki prochu sferycznego. W szczególnych przypadkach spłonki Magnum mogą być przydatne do elaborowania amunicji przeznaczonej do użycia w ekstremalnie niskich temperaturach, jednak wymaga to dopracowywania ładunków z jednoczesnym sprawdzaniem na oznaki nadmiernego ciśnienia. Przykłady spłonek typu Large Pistol Magnum to CCI 350 i Federal No. 155.

Large Rifle (duża karabinowa) – spłonka o średnicy 0,210" przeznaczona do stosowania w większości popularnych nabojów karabinowych, takich jak .308, 7.62×53R, .30-06 Springfield. SPŁONKI TEJ NIE WOLNO UŻYWAĆ DO ELABORACJI NABOJÓW PISTOLETOWYCH. Przykłady popularnych spłonek typu Large Rifle to CCI 200 i Federal 210.

Large Rifle Magnum (duża karabinowa typu Magnum) – spłonka o wymiarach identycznych jak Large Rifle, lecz przeznaczona do nabojów o dużej pojemności łuski, do elaboracji których wykorzystano proch o małej szybkości palenia, takich jak .300 Winchester Magnum czy .338 Lapua Magnum. Spłonka ta daje silniejszy płomień, który łatwiej zapala ładunki prochu sferycznego. W szczególnych przypadkach spłonki Magnum mogą być przydatne do elaborowania amunicji karabinowej nienależącej do grupy Magnum, jednak wymaga to dopracowywania ładunków z jednoczesnym sprawdzaniem na oznaki nadmiernego ciśnienia. SPŁONKI TEJ NIE WOLNO UŻYWAĆ DO ELABORACJI NABOJÓW PISTOLETOWYCH. Przykładami spłonek typu Large Rifle Magnum to CCI 250, Federal No. 215, Winchester LRM (najsilniejsza z wymienionych).

Large Rifle Benchrest (duża karabinowa typu Benchrest) – spłonka o wymiarach identycznych jak Large Rifle, lecz przeznaczona do elaborowania amunicji wyczynowej, alternatywnie oznaczana symbolem „Match". Spłonki Benchrest wykonuje się z większą precyzją, co zapewnia bardziej powtarzalne warunki zapalania materiału miotającego. Są jednak wyraźnie droższe od spłonek standardowych. Przykładem spłonek typu Large Rifle Benchrest to spłonki Federal 210M.

.50 BMG – największa spłonka, z jaką może spotkać się reloader (patrz rys. 2.23) przeznaczona do amunicji kal. .50 BMG.

Rys. 2.23. Porównanie wielkości spłonek typu SMALL, LARGE i .50 BMG

Spłonki są najbardziej niebezpiecznymi elementami amunicji do broni strzeleckiej. W wielu krajach podlegają rygorystycznym ograniczeniom transportowym. W żadnym przypadku nie mogą być one transportowane lub przechowywane luzem. W standardowych opakowaniach spłonki ułożone są rzędami po dziesięć sztuk w przegródce, po dziesięć przegródek w jednym opakowaniu (patrz rys. 2.24). Coraz częściej spłonki pakowane są do indywidualnych przegródek, w każdym opakowaniu po 100. Ma to zapobiec detonacji całego ładunku w przypadku zainicjowania pojedynczej spłonki, a w przypadku działania ognia zabezpiecza przed jednorazową detonacją (spłonki wybuchają jedna po drugiej).

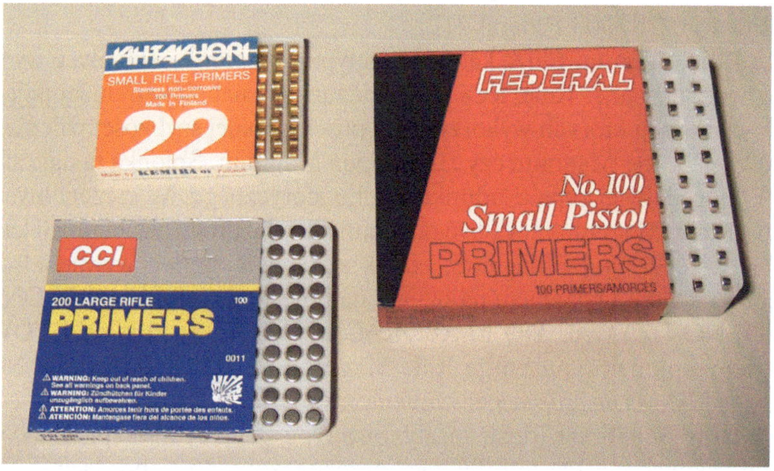

Rys. 2.24. Opakowania spłonek

Wszelkie operacje z udziałem spłonek (a w szczególności wciskanie spłonek do kieszonki w dnie łuski) należy wykonywać w okularach ochronnych, gdyż eksplozja materiału inicjującego znajdującego się w spłonce może spowodować wyrzucenie drobnych odłamków metalu mających wystarczającą energię, aby poważnie uszkodzić oczy.

Oprócz spłonek sprzedawanych w pudełkach można również nabywać spłonki umieszczone w specjalnych taśmach ułatwiających manipulowanie nimi podczas elaboracji (patrz rys. 2.25). Taśma zabezpiecza bardzo dobrze również przed efektem wybuchów łańcuchowych w przypadku zgniecenia i zainicjowania jednej ze spłonek. Niestety tak konfekcjonowane spłonki nie są w Polsce popularne.

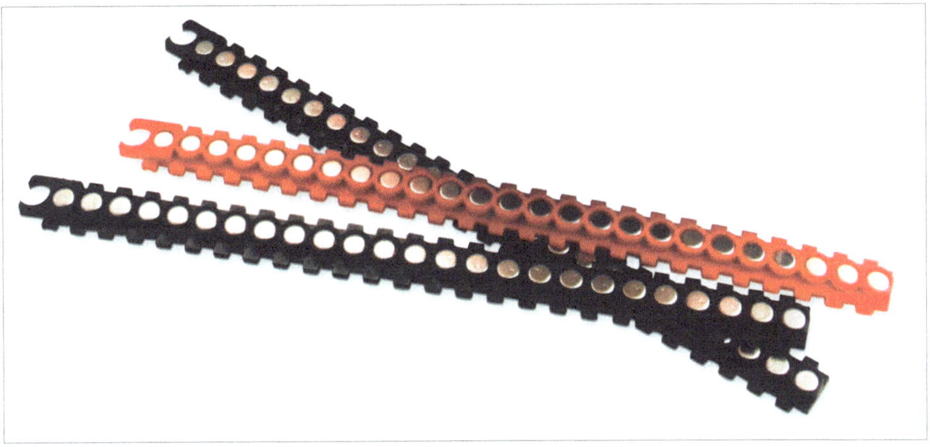

Rys. 2.25. Spłonki CCI umieszczone w taśmach z tworzywa sztucznego

Spłonki powinny być przechowywane w suchym miejscu, nienarażonym na wysokie temperatury i kondensację wilgoci. Przy przechowywaniu spłonek powstaje jednak konflikt pomiędzy wymogami bezpieczeństwa a wymaganiami zawartymi w przepisach o broni i amunicji[14]. Przepisy dotyczące przechowywania broni i amunicji (a więc również istotnych części amunicji, takich jak spłonki czy proch) nakazują, aby przetrzymywać je „w urządzeniach spełniających wymagania co najmniej klasy S1", czyli w praktyce w szafach na broń wykonanych z blachy stalowej, ale bez izolacji termicznej. W przypadku pożaru może to prowadzić do jednoczesnej detonacji wszystkich spłonek (nawet prawidłowo opakowanych) i rozerwania szafy ze wszystkimi konsekwencjami tego zdarzenia, szczególnie jeśli trzyma się w niej również proch. Producenci spłonek zalecają więc przechowywanie ich w pojemnikach o dobrej izolacyjności termicznej, ale bardzo małej wytrzymałości mechanicznej (np. wykonanych z impregnowanego drewna lub płyt wiórowych).

[14] Rozporządzenie Ministra Spraw Wewnętrznych z dnia 16 września 2014 r. w sprawie przechowywania, noszenia oraz ewidencjonowania broni i amunicji (Dz.U., poz. 1224).

Jak więc pogodzić tę sprzeczność? Krajowe przepisy o przechowywaniu broni i amunicji muszą być spełnione, więc jedynym wyjściem jest przetrzymywanie w warunkach domowych jedynie małych ilości spłonek i zapewnienie, że kaseta metalowa jest odpowiednio duża, aby przynajmniej częściowo zmniejszyć ciśnienie ewentualnej eksplozji. Nic nie stoi na przeszkodzie, aby polepszyć izolację termiczną szafy S1 przez osłonięcie jej niepalnym materiałem utrudniającym przenikanie ciepła. Dla informacji: przepisy obowiązujące w USA dopuszczają przechowywanie w warunkach domowych maksimum 10 000 sztuk spłonek, ale jak na warunki polskie jest to ilość bardzo duża.

Spłonki mają duży wpływ na jakość spalania prochu. Przy elaborowaniu amunicji warto więc dobrać optymalną spłonkę do danego ładunku, eksperymentując ze spłonkami różnych producentów. Szczególnie wyraźnie wpływ spłonki uwidacznia się przy strzelaniu w bardzo niskiej temperaturze.

Badania przeprowadzone przez Laurie Hollanda[15] wykazują, że spłonki mogą mieć duże znaczenie dla skupienia pocisków i dla prędkości wylotowej. Przeprowadzone testy wykazały, że dla kal. .308 Winchester (karabin Ospray) przy zastosowaniu najlepszych dla testowanej amunicji spłonek skupienie serii pięciostrzałowych przy strzelaniu na dystansie 100 jardów wynosiło 0.43″ (11 mm), a przy użyciu najgorszych spłonek skupienie wynosiło 0.7″ (17 mm).

Osadzanie spłonek w łuskach tylko pozornie wydaje się zabiegiem łatwym. W rzeczywistości konieczne jest spore wyczucie, bo w warunkach amatorskich zazwyczaj odbywa się ono z wykorzystaniem przyrządów ręcznych, bazujących na sile i „wyczuciu" palców. Spłonki typu Boxer wymagają, aby w procesie ich osadzania odpowiednio głęboko wcisnąć kowadełko, które przed osadzeniem powinno wystawać z kubeczka o około 0.3 mm. Zbyt głębokie wciśnięcie może rozkruszyć ładunek inicjujący, co w konsekwencji może doprowadzić do niewypału, a zbyt płytkie wciśnięcie zmniejsza czułość spłonki, pogarszając skupienie. Podczas typowego procesu osadzania spłonki za pomocą wysokiej jakości przyrządów ręcznych osoba osadzająca spłonkę odczuwa zwiększenie oporu w momencie, gdy kowadełko zaczyna się opierać o dno kieszonki w łusce. Od tego momentu dalsze osadzanie prowadzi do wciskania kowadełka aż do momentu, gdy kubeczek oprze się o dno kieszonki, a mówiąc dokładniej – o zaokrągloną krawędź pomiędzy dnem kieszonki a jej cylindryczną ścianką. Zazwyczaj kowadełko ulega przemieszczeniu o około 0.1–0.3 mm (dla dużych spłonek karabinowych). Przy pewnej wprawie (i czystych kieszonkach pozbawionych zadziorów oraz plastycznych odkształceń występujących w łuskach wojskowych, w których stosowano zagniatanie krawędzi kieszonki) proces ręcznego osadzania łusek jest wystarczająco powtarzalny, aby uzyskać dobrą jakość amunicji. Osoby, które zajmują się elaboracją ekstremalnie precyzyjnej amunicji (np. do benchrestu), mają swoje sposoby normalizowania kieszonek w łuskach i metody

[15] http://www.targetshooter.co.uk/?p=1471, dostęp: 1.02.2018.

bardzo precyzyjnego osadzania spłonek, ale to wykracza już poza ramy niniejszego podręcznika.

Zasadniczo w tym miejscu można by zakończyć omawianie spłonek, gdyby nie to, że od pewnego czasu na rynku w Polsce pojawiły się spłonki GINEX. Okazało się bowiem, że wielu reloaderów wykorzystujących te spłonki (przynajmniej typu Large Rifle) nie jest w stanie ich prawidłowo osadzić – spłonka pomimo przyłożenia znacznej siły do przyrządu osadzającego nie chowa się poniżej tylnej powierzchni łuski, co jest warunkiem uzyskania dobrej, bezpiecznej amunicji. Często wręcz łuski z wystającą spłonką nie można wyjąć z przyrządu. Problem występuje w przypadku elaboracji łusek wielu renomowanych producentów (w tym Lapua), których nie można posądzać o nienormatywne wymiary kieszonek. Bliższa analiza pozwala jednak znaleźć źródło problemu, a są nim wymiary kubeczka łusek GINEX. Na rysunku 2.26 porównane są wymiary dużych karabinowych spłonek

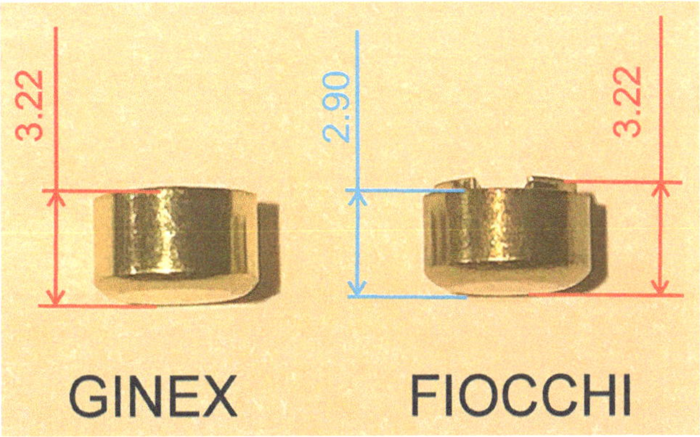

Rys. 2.26. Porównanie spłonek Large Rifle firmy GINEX i Fiocchi

firmy GINEX i renomowanych spłonek firmy Fiocchi. Co prawda **całkowita wysokość** obu spłonek (mierzona od powierzchni czołowej do krawędzi zewnętrznej kowadełka) przed osadzeniem jest identyczna i zgodna z normami, ale kubeczek spłonki Fiocchi ma wysokość 2.90 mm, podczas gdy kubeczek spłonki GINEX aż 3.22 mm. Oznacza to, że jeśli łuska ma kieszonkę wykonaną w dolnej tolerancji, czyli o głębokości 3.17 mm (typowa wartość dla łusek Lapua .308 Win), to spłonka GINEX mająca wysokość 3.22 mm będzie wystawać przynajmniej o 0.05 mm, a w rzeczywistości więcej, bo kubeczek oprze się na zaokrągleniu krawędzi kieszonki. Tak więc zanim dokonany zostanie zakup spłonek karabinowych firmy GINEX, należy sprawdzić głębokość kieszonek w posiadanych łuskach. Powinna ona być zbliżona do maksymalnie dopuszczalnej wartości 3.35 mm, aby możliwe było prawidłowe wykonanie elaboracji. W tabeli 2.2 zebrane są najważniejsze wymiary spłonek oraz kieszonek do ich umieszczania.

Tabela 2.2. Wymiary spłonek i kieszonek w łuskach

Miara	Rodzaj spłonki	Kieszonka				Spłonka			
		Głębokość		Średnica		Wysokość		Średnica	
		min.	max.	min.	max.	min.	max.	min.	max.
[Cale]	Mała pistoletowa i karabinowa	0.1170	0.1230	0.1730	0.1745	0.1150	0.1260	0.1745	0.1765
	Duża karabinowa	0.1250	0.1320	0.2085	0.2100	0.1230	0.1360	0.2105	0.2130
	Duża pistoletowa	0.1170	0.1230	0.2085	0.2100	0.1150	0.1260	0.2100	0.2120
[mm]	Mała pistoletowa i karabinowa	2.97	3.12	4.39	4.43	2.92	3.20	4.43	4.48
	Duża karabinowa	3.17	3.35	5.30	5.33	3.12	3.45	5.35	5.41
	Duża pistoletowa	2.97	3.12	5.30	5.33	2.92	3.20	5.33	5.38

2.4. Pociski

Pociski stanowią najbardziej różnorodną pod względem budowy grupę wśród komponentów stosowanych do elaboracji amunicji. Poza tym jako jedyny komponent amunicji mogą być samodzielnie wykonywane przez reloadera, a jeśli zaistnieje taka potrzeba mogą być one (tak jak łuski) również bez większych problemów dostarczane w przesyłkach pocztowych, co znacznie ułatwia ich pozyskanie. Duża różnorodność pocisków dostępnych na rynku nie ułatwia bynajmniej wyboru i sprawia, że należy szczegółowo analizować swoje potrzeby przed podjęciem decyzji. Wbrew pozorom zmiana decyzji o typie stosowanych pocisków nie jest prosta i bezbolesna. Po zmianie pocisku używanego do elaboracji opracowanego naboju konieczne jest bowiem zwykle powtórne jego opracowanie, tzn. dobranie optymalnego prochu i jego naważki, określenie głębokości osadzenia pocisku, zmierzenie prędkości i opracowanie nowych tabel balistycznych. Lepiej więc poświęcić trochę czasu na świadomy dobór pocisków i zwiększyć szansę na sukces przy pierwszym podejściu, niż stosować metodę prób i błędów.

Rozważania związane z doborem optymalnych pocisków powinny dotyczyć następujących zagadnień, które w dużej mierze się zazębiają i w związku z tym muszą być omawiane wspólnie:

- Przeznaczenie pocisku.
- Jakość wykonania pocisku (zwykle ściśle powiązana z jego ceną).
- Materiał, z którego pocisk jest wykonany, technologia produkcji oraz sposób wykończenia jego powierzchni.
- Uwarunkowania prawne.
- Masa pocisku.

Przeznaczenie pocisku decyduje zwykle o jego budowie. Dawno już bowiem minęły czasy, gdy ten sam, ukształtowany przez odlewanie, kulisty kawałek ołowiu był używany do polowań, walki, współzawodnictwa o charakterze sportowym czy doskonalenia własnych umiejętności strzeleckich i rekreacji. Obecnie do poszczególnych zastosowań używa się pocisków o innej konstrukcji, a niektóre z nich można uznać za cuda współczesnej technologii i inżynierii materiałowej.

W Polsce przepisy ograniczają używanie pewnych typów pocisków przez osoby niezwiązane ze służbami mundurowymi lub specjalnymi formacjami odpowiedzialnymi za bezpieczeństwo publiczne. Z tego powodu w samodzielnej elaboracji amunicji nie będziemy mogli korzystać z pocisków nadających tej amunicji cech szczególnie niebezpiecznych, tzn. pocisków pełnopłaszczowych posiadających twardy rdzeń[16], materiał wybuchowy lub zapalający. Bardzo istotne jest zwrócenie uwagi na to, że Ustawodawca wykluczył jedynie możliwość posiadania pocisków pełnopłaszczowych z twardym rdzeniem, a nie wszystkich pocisków wykonanych z twardego materiału, co oznacza, że monolityczne pociski wykonane ze stopów miedzi nie są zabronione, pomimo że wykonane są z materiału twardszego od ołowiu. Zgodnie z ustawą nie będziemy mogli również korzystać z pocisku przeciwpancerno-zapalającego, takiego jak Raufoss Mk 211, przedstawionego na rys. 2.27.

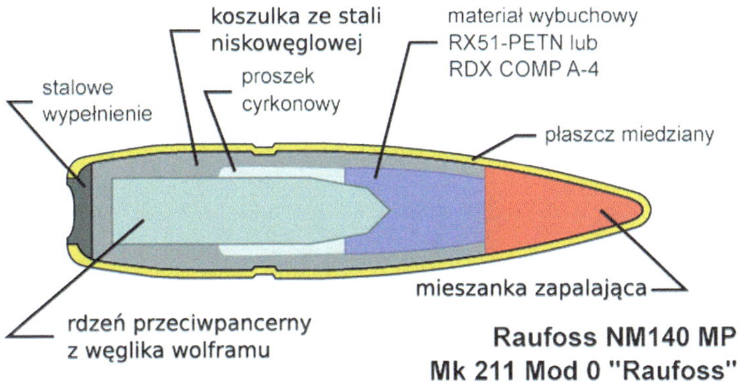

Rys. 2.27. Pocisk wielofunkcyjny Raufoss Mk 211 przeznaczony do amunicji kal. .50 BMG
Źródło: autor rysunku: Wojciech Pisarski, licencja CC-BY-SA 3.0

Istnieje wiele technologii produkcji pocisków do broni strzeleckiej. Pociski ołowiane mogą być odlewane lub formowane plastycznie (wyciskane). Coraz częściej pociski monolityczne najwyższej klasy są obrabiane skrawaniem (toczone). Pociski płaszczowe wykonywane są natomiast na automatycznych prasach wielostanowiskowych.

[16] Zgodnie z Ustawą o broni i amunicji z dnia 21 maja 1999 r. wraz z późn. zm. zabronione jest posiadanie amunicji szczególnie niebezpiecznej z pociskami pełnopłaszczowymi zawierającymi rdzeń wykonany z materiału twardszego niż stop ołowiu oraz amunicji z pociskami wypełnionymi materiałami wybuchowymi, zapalającymi albo innymi substancjami, których działanie zagraża życiu lub zdrowiu, oraz pocisków do takiej amunicji.

Na rysunku 2.28 przedstawiono etapy produkcji pocisków pełnopłaszczowych kal. .308 Winchester (7.62×51) na bardzo nowoczesnej linii produkcyjnej w firmie GGG na Litwie. Produkcja płaszcza pocisku rozpoczyna się od wycięcia krążka z blachy i uformowaniu go w mały kubeczek (lewy, górny róg rysunku). Kubeczek jest odprężany i pokrywany środkami ułatwiającymi dalszą obróbkę i przesyłany do wielostanowiskowego urządzenia obróbczego. W kolejnych etapach płaszcz jest wydłużany przez tłoczenie (1), następnie denna część płaszcza jest kształtowana kielichowo (2), a części wierzchołkowej nadaje się kształt ostrołukowy (3–6). Po uzyskaniu ostatecznego kształtu płaszcza pocisku odcinany jest naddatek w części kielichowej (7). Jeśli pocisk ma mieć rdzeń stalowy, to wkładany jest on do płaszcza w operacji (8). Zasadniczy rdzeń ołowiany przygotowany przez wyprasowanie z drutu ołowianego (prawy, górny róg rysunku) wprowadza się do płaszcza w operacji (9). Kształt wprowadzanego rdzenia zależy od tego, czy w operacji (8) wprowadzono rdzeń stalowy, czy też nie. W kolejnych operacjach (10–12) części dennej pocisku nadawany jest kształt stożkowy (ang. *boat tail*), a naddatek płaszcza zawalcowywuje się do środka pocisku. Pociski przeznaczone do broni wojskowej przechodzą jeszcze dodatkowo operację wygniatania rowka obwodowego służącego do zaciskania szyjki łuski na płaszczu pocisku (13–14). Przedstawiony proces technologiczny można uznać za klasyczny w produkcji pocisków pełnopłaszczowych.

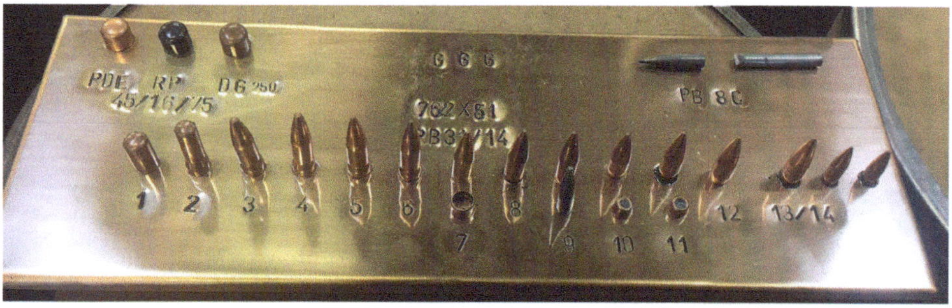

Rys. 2.28. Etapy produkcji pocisku pełnopłaszczowego [zdjęcie publikowane za zgodą firmy GGG]

Na rysunku 2.29 przedstawiono etapy produkcji pocisków Scenar firmy Lapua, które to pociski tworzone są „odwrotnie” w stosunku do klasycznych. W pierwszej fazie wytwarzany jest kubeczek o bardzo dokładnych wymiarach. Kubeczek ten poddaje się trzem zabiegom wyciągania. Kolejnym etapem procesu jest ucinanie rozciągniętego kubeczka na odpowiednią długość i wprowadzenie do niego uformowanego przez wyciskanie ołowianego rdzenia (rdzeń widoczny w środku rysunku). Następnie kubeczek, który będzie pełnił funkcję płaszcza, jest obciskany w części przedniej pocisku, tak aby tworzyło się ostrołukowe sklepienie. Końcowy etap polega na polerowaniu pocisku i sprawdzeniu jego jakości.

Omówienie budowy pocisków powinno być dokonane oddzielnie dla pocisków pistoletowych i karabinowych, gdyż zarówno ich przeznaczenie, jak i parametry zdecydowanie się różnią.

Rys. 2.29. Etapy produkcji pocisków Scenar firmy Lapua [publikacja za zgodą firmy Nammo Lapua Oy]

Pod względem przeznaczenia pociski pistoletowe można podzielić na pociski ogólnego przeznaczenia, pociski służące do zastosowań bojowych, w których decydującą cechą jest zdolność obezwładniająca, i pociski przeznaczone do uprawiania sportów strzeleckich.

Najbardziej popularne pociski ogólnego przeznaczenia to pociski pełnopłaszczowe (patrz rys. 2.30). Ołowiany rdzeń takiego pocisku otoczony jest z przodu i z boków płaszczem wykonanym zwykle z mosiądzu lub tombaku[17], a niekiedy również z platerowanej miedzią stali. Pociski płaszczowe są zazwyczaj tanie, dobrze sprawują się w broni samopowtarzalnej i automatycznej, nie powodują nadmiernego zabrudzenia przewodu lufy, są stosunkowo celne, a ich używanie nie podlega ograniczeniom wynikającym z konwencji haskiej[18]. Niestety pociski takie mają również poważne wady. Mają one tendencję do nadmiernej penetracji i rykoszetowania, a jednocześnie niezbyt efektywnie przekazują energię, przez co mają niewielką zdolność obalającą. Na tarczach papierowych pociski płaszczowe o typowym zarysie łukowym pozostawiają przestrzeliny wymagające często precyzyjnego kalibrowania, gdyż powstały otwór ma wywinięte krawędzie i pozornie nie odpowiada średnicą pociskowi, który go wykonał.

Rys. 2.30. Pistoletowe pociski płaszczowe firmy Sierra [na podstawie materiałów Sierra the Bulletsmiths]

Wśród reloaderów, ze względu na niską cenę, bardzo popularne są ołowiane pociski pistoletowe i rewolwerowe, które nie są osłonięte płaszczem (patrz rys. 2.31), oraz pociski powleczone elektrolitycznie miedzią (patrz rys. 2.32). Pociski ołowiane bez płaszcza mogą być wykonywane w warunkach domowych, zwykle przez odlewanie. Pociski takie wymagają jednak smarowania, co w konsekwencji powoduje wytwarzanie podczas strzelania dużej ilości białego lub szarego dymu oraz często prowadzi do zaołowienia lufy. Natomiast pociski pokryte elektrolitycznie miedzią pozbawione są tych wad. Od pewnego czasu pojawiają się również pociski ołowiane pokryte lakierem proszkowym pozwalającym na wyeliminowanie smaru. Pociski tego typu przedstawiono na rys. 2.33. Pociski lakierowane cieszą się popularnością wśród osób uprawiających dynamiczne konkurencje pistoletowe, np. IPSC, gdyż są bardzo tanie i w czasie strzelania nie jest wytwarzana taka ilość dymu jak przy pociskach pokrytych smarem woskowym.

[17] Tombak to mosiądz o zawartości ponad 80% miedzi.

[18] Konwencja haska z 1899 r. zabrania stosowania pocisków półpłaszczowych i innych o zwiększonej podatności na grzybkowanie, natomiast konwencja haska z 1907 r. zabrania korzystania z „pocisków powodujących niepotrzebne cierpienie". Ocenę wartości tych zapisów w świetle doświadczeń II wojny światowej i dalszych konfliktów zbrojnych pozostawiam Czytelnikom. Wystarczy przecież pomyśleć o legalnym miotaczu ognia.

Rys. 2.31. Ołowiane pociski pistoletowe bez pokrycia. Wyraźnie widoczne są obwodowe rowki wypełnione smarem

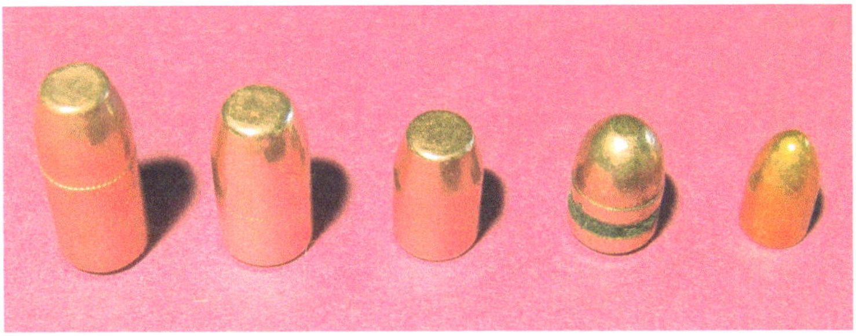

Rys. 2.32. Ołowiane pociski pokryte miedzią elektrolityczną. Jakkolwiek nie jest to konieczne, pocisk czwarty z lewej oprócz miedzianego pokrycia posiada dodatkowo rowek wypełniony smarem

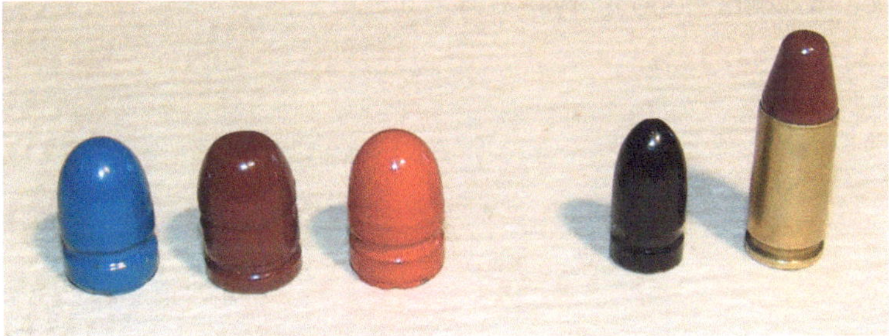

Rys. 2.33. Pociski lakierowane – od lewej: trzy pociski kal. .45 ACP, pocisk kal. 9 mm Parabellum i kompletny nabój kal. 9 mm Parabellum

Podstawową zaletą pocisków bez płaszcza jest ich niska cena i małe zużycie przewodu lufy. Pociski takie nie nadają się jednak do elaborowania silnych nabojów, gdyż zamiast plastycznego uformowania gwintu przez bruzdy lufy następuje ścinanie warstewki ołowiu. Pociski bez płaszcza nie nadają się również zbyt dobrze do luf poligonalnych i mających porting[19], a niektórzy producenci broni

[19] Porting to zespół otworów w końcowej części lufy, przez które wydostają się gazy prochowe, co zmniejsza zjawisko odrzutu. W odróżnieniu od hamulców wylotowych i kompensatorów porting wykonywany jest w części gwintowanej lufy.

wręcz zabraniają ich stosowania. Ograniczeniem do stosowania pocisków pozbawionych płaszcza jest również konwencja haska, która nie dopuszcza używania pocisków grzybkujących, a za takie uważane są pociski bez płaszcza. Należy jednak pamiętać, że konwencja ta dotyczy jedynie jej sygnatariuszy, do których należy wojsko (i to tylko w konflikcie z innym sygnatariuszem), ale nie siły policyjne.

Znacznie bardziej skomplikowaną budowę mają pistoletowe pociski przeznaczone do zastosowań bojowych. Podstawowym wymaganiem dla tych pocisków jest szybkie obezwładnienie przeciwnika. W tym celu pocisk musi bardzo efektywnie wykorzystać posiadaną energię, przekazując ją trafionemu organizmowi. Pocisk nie powinien więc przebić celu i wylecieć z niego, zachowując sporą część energii. Aby nastąpiło efektywne przekazanie energii powodujące porażenie celu, pocisk musi po trafieniu przybrać kształt ułatwiający wyhamowanie i prowadzący do powstania dużego kanału chwilowego oraz trwałego. Odkształcenie takie nazywane jest powszechnie grzybkowaniem, a w jego wyniku znacznie wzrasta powierzchnia czołowa pocisku i kształt przestaje być opływowy (patrz rys. 2.34). Zgrzybkowanie dodatkowo poprawia stabilizację pocisku poruszającego się w gęstym ośrodku, jakim są tkanki organiczne (jest to sytuacja zbliżona do problemu jajka Kolumba). Najprostszym sposobem ułatwiającym grzybkowanie jest pozbawienie przedniej części pocisku twardego płaszcza (pociski półpłaszczowe). Bardziej skomplikowane, ale również bardziej efektywne sposoby to zastosowanie otworu wierzchołkowego (ang. *hollow-point*) lub fabryczne wykonanie nacięć płaszcza w części wierzchołkowej pocisku. Kilka przykładowych pocisków o dobrych własnościach obalających przedstawiono na rys. 2.35.

Rys. 2.34. Zgrzybkowane pociski pistoletowe kal. 45 typu Hornady XTP HP [publikacja za zgodą firmy Hornady]

Pociski o zwiększonych właściwościach obalających podlegają ograniczeniom wynikającym z konwencji haskiej, ale mogą być używane przez osoby cywilne i siły policyjne, przynajmniej w większości krajów. Zazwyczaj pociski takie wykonywane są bardzo starannie, przez co są celne i dobrze współpracują z bronią samopowtarzalną i automatyczną. Niestety ich cena bywa bardzo wysoka.

Pistoletowe pociski sportowe nie różnią się zbytnio od pocisków ogólnego przeznaczenia. Co najwyżej sprzedawane są w opakowaniach zawierających 500–1000 sztuk, bo zapotrzebowanie na amunicję sportowców uprawiających konkurencje

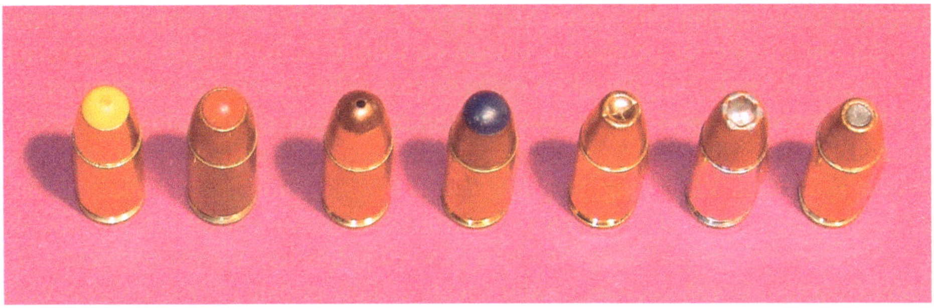

Rys. 2.35. Przykładowe pociski pistoletowe o powiększonych własnościach obalających (grzybkujące) zastosowane w nabojach kal. 9 mm Parabellum. Od lewej: Ruag Action 4, MEN QD1, Ruag Action 1, MEN QD-PEP, Lapua CEPP, Speer Gold Dot, Magtech JSP

dynamiczne jest bardzo duże. W niektórych przypadkach pociski mają kształt ułatwiający elaborację amunicji spełniającej konkretne wymagania, wynikające z danej konkurencji sportowej – np. uzyskiwanie wysokich prędkości przy dużej masie, co jest przydatne w klasie OPEN w IPSC. Pewnymi szczególnymi pociskami o czysto sportowym zastosowaniu są przeznaczone do rewolwerów pociski typu Wadcutter (patrz rys. 2.36). Charakteryzują się one walcowym kształtem bez łukowej części przedniej i często mają wybranie w tylnej części (ang. *hollow base*). Dzięki tępemu kształtowi wycinają one w papierowej tarczy bardzo dobrze zarysowany otwór odpowiadający ich kalibrowi. Stąd pochodzi ich nazwa Wadcutter (z języka ang. „dziurkacz"). Wybranie w tylnej części poprawia stabilizację pocisku w locie, przesuwając środek ciężkości pocisku przed środek naporu pocisku[20], oraz ułatwia uszczelnienie pocisku w przewodzie lufy.

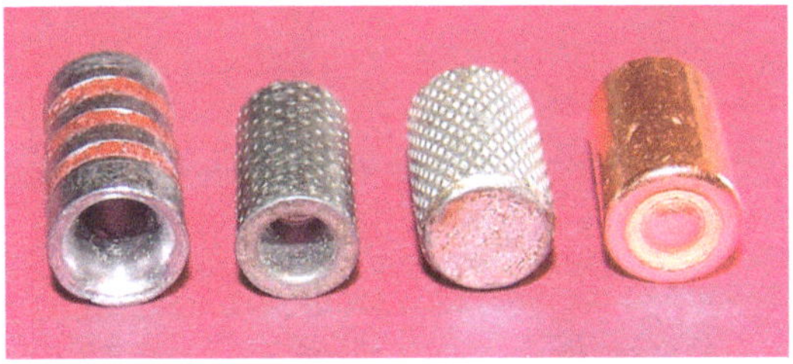

Rys. 2.36. Pociski sportowe typu Wadcutter; dwa pierwsze pociski z lewej strony posiadają wgłębienie w tylnej części i oznaczane bywają WCHB

Pociski karabinowe (sztucerowe) można podzielić na pociski o przeznaczeniu bojowym, myśliwskim, sportowym i ogólnym. Z reguły pociski karabinowe mają zarys ostrołukowy, co znacznie poprawia ich własności balistyczne, zmniejszając opór powietrza. Pociski przeznaczone do strzelania na duże odległości mają zwykle

[20] Zagadnienie stabilizacji pocisku jest szczegółowo omawiane w literaturze, m.in. w [2]

zwężoną część denną (ang. *boat tail*) (patrz rys. 2.37), co również w wyraźny sposób zmniejsza opór powietrza. Uważa się jednak, że na małych odległościach lepszą celność wykazują pociski o ostro ściętej, cylindrycznej części dennej. Im bardziej pocisk jest wysmukły, tym bardziej rośnie jego doskonałość aerodynamiczna. Pociski o bardzo dużych współczynnikach balistycznych BC oznaczane bywają symbolem VLD (ang. *very low drag*). Przy ich stosowaniu należy jednak zwrócić uwagę na to, że wymagają one krótszego skoku gwintu lufy niż pociski standardowe. Większa długość pocisku powoduje bowiem wzrost momentu destabilizującego. Coraz częściej producenci pocisków podają przy pociskach VLD maksymalny skok gwintu zapewniający poprawną stabilizację. Na przykład w karabinach kal. .338 Lapua Magnum zastosowanie pocisków VLD o masie 300 gr wymaga skoku gwintu wynoszącego 10″, podczas gdy przez wiele lat typowy dla tego kalibru skok wynosił 11–12″, co umożliwiało stabilizowanie pocisku o masie nie większej niż 250 gr. Obecnie większość karabinów w kal. .338 Lapua Magnum produkowanych jest z lufą o skoku gwintu 10″.

Rys. 2.37. Pocisk karabinowy ze zwężoną częścią denną (BT)

Ze względu na ograniczenia wynikające z konwencji haskiej pociski wojskowe to niemal wyłącznie pociski pełnopłaszczowe (patrz rys. 2.38). Ponieważ w części dennej pocisku pełnopłaszczowego ołów nie jest osłonięty płaszczem, więc gorące gazy prochowe mogą nadtapiać powierzchnię ołowiu, co prowadzi zarówno do utraty wyważenia pocisku, jak i do zabrudzenia lufy cząsteczkami ołowiu. Problem ten jest praktycznie nieistotny w przypadku pistoletów i rewolwerów, ale ma duże znaczenie w przypadku karabinów, szczególnie tych o długich lufach, które strzelają silną amunicją. Dla wyeliminowania tej wady stosuje się dwa specyficzne rozwiązania techniczno-technologiczne.

Rys. 2.38. Pociski pełnopłaszczowe z charakterystycznym odsłoniętym ołowianym rdzeniem

Pierwsze rozwiązanie to zbudowanie pocisku „z odwrotnej strony", czyli zamiast wypełniania płaszcza ołowiem od strony dennej ołów wprowadza się do kubeczka wykonanego z mosiądzu od strony czubka, który następnie zostaje zgnieciony. Do tej grupy pocisków należą pociski z niewielkim wgłębieniem wierzchołkowym, takie jak Lapua Scenar i Sierra MatchKing często oznaczanych skrótem HPBT. Używają ich snajperzy i nie są oficjalnie klasyfikowane jako pociski zabronione konwencją[21]. Będą one omówione jednak w grupie pocisków sportowych.

Drugie rozwiązanie to wykonanie w części dennej głębokiego przewężenia osłoniętego płaszczem, co powoduje zmniejszenie do minimum powierzchni oddziaływania gazów prochowych na nieosłonięty ołowiany rdzeń. Przedstawicielem tej grupy pocisków są bardzo celne pociski Lock Base produkowane przez firmę Lapua (patrz rys. 2.39).

Bardzo specyficznymi pociskami są pociski wykonane całkowicie z mosiądzu albo miedzi za pomocą toczenia. Są one stosunkowo drogie i wykorzystywane fabrycznie w nielicznych nabojach snajperskich, takich jak naboje kal. .408 CheyTac (patrz rys. 2.40) oraz w nabojach specjalnych (patrz rys. 2.41), jak również w niektórych nabojach myśliwskich i sportowych (patrz rys. 2.42). Pomimo wysokiej ceny pociski monolityczne zyskują coraz większą popularność, gdyż umożliwiają osiąganie bardzo dobrych własności aerodynamicznych dzięki wysmukłemu kształtowi, którego nie można uzyskać w przypadku pocisków pełnopłaszczowych oraz dzięki niemal idealnemu wyważeniu. Dodatkową zaletą tych pocisków z punktu

[21] 12 października 1990 r. ogłoszono memorandum na prośbę USSOCOM, które przeszło pozytywnie wszystkie wymagane konsultacje. W memorandum tym stwierdzono, że pociski z otworem wierzchołkowym typu MatchKing są całkowicie zgodne z prawem wojennym i mogą być stosowane przez siły zbrojne USA.

Rys. 2.39. Pocisk Lock Base firmy Lapua

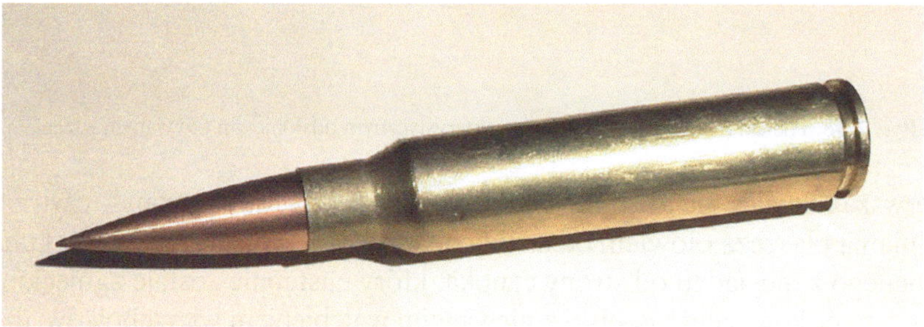

Rys. 2.40. Nabój .408 CheyTac z pociskiem monolitycznym

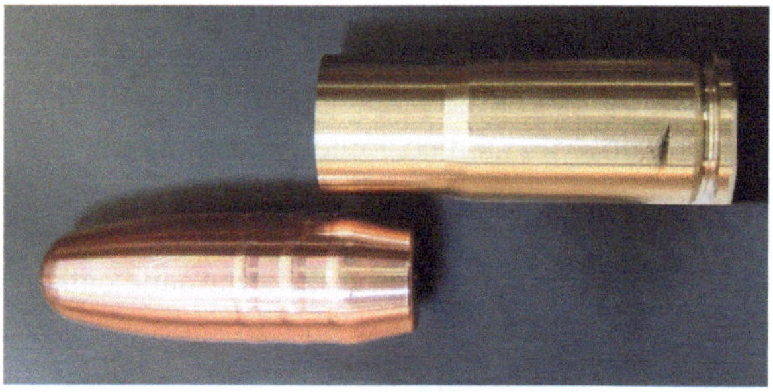

Rys. 2.41. Eksperymentalny nabój kal. .700 z pociskiem poddźwiękowym produkcji firmy Jaguar

widzenia reloadera jest możliwość stosunkowo łatwego wykonywania pocisków eksperymentalnych o zmienionym kształcie lub wymiarach. Po zmianie programu obrabiarki możliwe jest wprowadzanie niemal dowolnych modyfikacji i wykonywanie krótkich serii pocisków bez konieczności inwestowania w bardzo drogie matryce niezbędne do produkcji pocisków pełnopłaszczowych.

Pociski monolityczne wykonywane są z mosiądzu, brązu, miedzi, a nawet miękkiej stali automatowej. Wybór materiału podyktowany jest jak zwykle kompromisem

Rys. 2.42. Toczone pociski o przeznaczeniu sportowym i myśliwskim niemieckiej firmy Jaguar

pomiędzy jego kosztem a osiągami pocisku. Pociski wykonane z materiału o większej gęstości (większym ciężarze właściwym) charakteryzują się większym współczynnikiem balistycznym i są lepiej stabilizowane żyroskopowo. Ołów jest podstawowym materiałem stosowanym w pociskach płaszczowych, ale nie nadaje się do karabinowych pocisków monolitycznych z uwagi na niewystarczającą twardość, ma natomiast bardzo dużą gęstość wynoszącą 11,34 g/cm^3. Spośród materiałów nadających się na pociski monolityczne miedź ma największą gęstość wynoszącą 8,89 g/cm^3, następnie plasuje się brąz (8,78 g/cm^3), mosiądz (8,20–8,60 g/cm^3 w zależności od składu) oraz stal (7,80 g/cm^3). Pociski wykonane z miedzi, brązu oraz mosiądzu mają bardzo podobne własności balistyczne i o wyborze materiału powinna decydować jego dostępność oraz wpływ na zużycie lufy. Powszechnie uważa się, że pociski wykonane z brązu najmniej zanieczyszczają i zużywają przewód lufy, a pociski z miedzi są najtrudniejsze do wykonania metodą obróbki skrawaniem. Pociski wykonane ze stali automatowej nie brudzą lufy, ale powodują jej duże zużycie. Nie powinny być one używane w lufach wykonanych ze stali nierdzewnej.

W Polsce od 2007 r. pociskami monolitycznymi zajmuje się Dariusz Kubik, który eksperymentuje w zakresie kształtu pocisków i materiałów. Kilka pocisków jego produkcji przedstawiono na rys. 2.43.

Oprócz omówionych powyżej klasycznych konstrukcji pocisków o przeznaczeniu wojskowym występują również bardziej innowacyjne rozwiązania, których przedstawicielem może być pocisk A-max kal. .50 BMG firmy Hornady (patrz rys. 2.44). Pocisk A-max, podobnie jak pociski HPBT (np. Lapua Scenar), napełniany jest ołowiem od strony części przedniej, ale w odróżnieniu od HPBT po napełnieniu ołowiem do przedniej części pocisku wprasowywany jest aluminiowy „czubek" o bardzo wysmukłym kształcie.

Rys. 2.43. Toczone pociski monolityczne produkowane przez Dariusza Kubika

Rys. 2.44. Pocisk Hornady A-max kal. .50 BMG

W innych niż kal. .50 BMG pociskach A-max (i pokrewnych) zamiast aluminiowego czubka wprasowywane są czubki wykonane z tworzywa sztucznego. Rozwiązanie to wykazuje liczne zalety. Po pierwsze, możliwe jest uzyskanie bardzo korzystnego pod względem aerodynamicznym kształtu (pociski A-max kal. .50 BMG charakteryzują się współczynnikiem balistycznym BC_{G1} wynoszącym aż 1,05). Po drugie, ołów w dennej części pocisku osłonięty jest płaszczem, co zapobiega nadtapianiu. Po trzecie, twardy i wytrzymały „czubek" pocisku ułatwia wprowadzanie naboju do komory nabojowej i zabezpiecza pocisk przed deformacją w przypadku nieprawidłowego wprowadzenia do komory lub uderzenia. Pociski A-max .50 BMG są powszechnie uznawane jako najlepsze pociski snajperskie w tym kalibrze.

Bardzo różnorodną budowę i zaawansowane rozwiązania techniczne mają pociski stosowane przez myśliwych. Z wyjątkiem pocisków przeznaczonych do rażenia małych zwierząt futerkowych i gryzoni oraz zwierząt bardzo dużych i niebezpiecznych, pociski myśliwskie produkowane są w taki sposób, aby po trafieniu następowało łatwe ich grzybkowanie ułatwiające efektywne przekazanie energii i powstanie dużych obrażeń wewnętrznych. Pocisk myśliwski musi charakteryzować się również wystarczającą penetracją w tkance zwierzęcej. Tajemnica dobrego pocisku polega więc na optymalnym dla danego kalibru zastosowaniu połączenia własności penetracyjnych i zdolności do grzybkowania. Kilka przykładowych pocisków tego typu przedstawiono na rys. 2.45 i 2.46. Przyjmuje się, że dobry pocisk myśliwski powinien po trafieniu zachowywać integralność i nie rozpadać się na kilka fragmentów. Takie właśnie cechy wykazują pociski monolityczne Lapua Naturalis przedstawione na rys. 2.47.

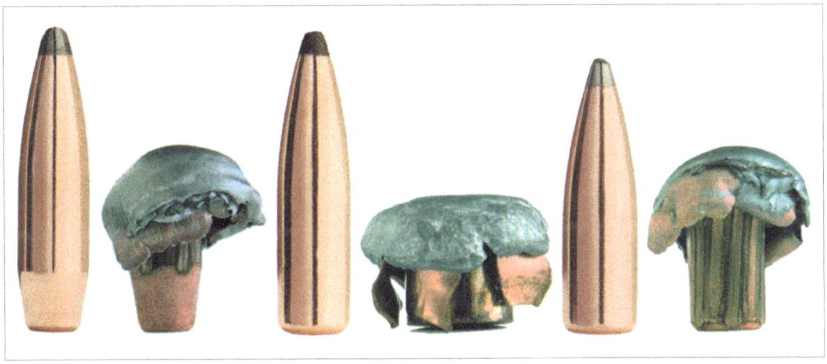

Rys. 2.45. Trzy półpłaszczowe pociski firmy Sierra przed wystrzeleniem i po zgrzybkowaniu [na podstawie materiałów Sierra the Bulletsmiths]

Polowanie na bardzo duże i groźne zwierzęta wymaga używania pocisków penetrujących na duże głębokości przez grubą skórę, a często również układ kostny. Najlepiej nadają się do tego ciężkie, stosunkowo tępe pociski o wzmocnionej części przedniej, takie jak przedstawiony na rys. 2.48 pocisk Sledgehammer firmy Speer. Już sama nazwa pocisku („młot kowalski") dobrze oddaje istotę jego działania.

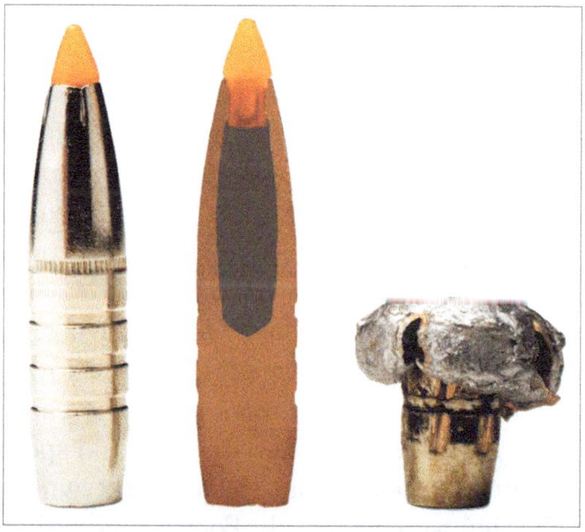

Rys. 2.46. Pocisk Federal Trophy Tip z masywnym korpusem miedzianym, małym rdzeniem ołowianym oraz otworem wierzchołkowym wypełnionym czepcem balistycznym z tworzywa sztucznego [publikacja za zgodą firmy Federal]

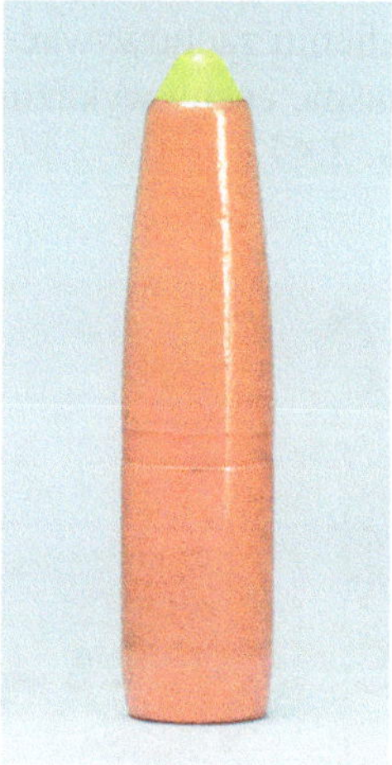

Rys. 2.47. Pocisk Lapua Naturalis kal. .30 [publikacja za zgodą firmy Lapua]

Pociski sportowe mają przede wszystkim umożliwić bardzo celne strzelanie, często na duże odległości. Mniej istotny jest efekt w postaci zniszczenia celu, nie ma więc konieczności stosowania zaawansowanych rozwiązań pozwalających na kontrolowanie odkształcenia pocisku po uderzeniu w cel. Najważniejsze dla pocisku sportowego jest posiadanie kształtu zapewniającego wysoki współczynnik balistyczny BC, zachowanie ciasnych tolerancji wymiarowych i wagowych oraz bardzo dobre wyważenie. Ponieważ w czasie spalania prochu bardzo wysoka temperatura gazów prochowych może nadtopić część denną pocisku z rdzeniem ołowianym,

Rys. 2.48. Myśliwski pocisk o zmniejszonej odkształcalności Sledgehammer firmy Speer [publikacja za zgodą producenta]

dlatego płaszcz w najlepszych pociskach sportowych obejmuje część denną pocisku. Oznacza to, że aby zbudować pocisk, trzeba wprowadzić do niego ołowiany rdzeń od strony przedniej, a następnie płaszcz zaprasować tak, aby uformować ostrołukową część pocisku. W wyniku użycia takiej technologii na samym czubku pocisku pozostaje niewielki otworek i kieszonka wypełniona powietrzem (patrz rys. 2.49). Trzeba podkreślić, że otworek ten jest wynikiem zastosowania omówionej technologii i nie ma zadania zwiększenia odkształcalności pocisku podczas trafienia. Dzięki temu pociski mogą być używane w wojsku i są obok pocisków monolitycznych nagminnie stosowane przez snajperów wojskowych i policyjnych. Typowymi przedstawicielami pocisków typu HPBT są: Sierra MatchKing, Lapua Scenar i Nosler Trophy Grade. Analiza parametrów balistycznych wykazuje, że zazwyczaj pociski Lapua Scenar mają nieznacznie wyższe współczynniki balistyczne od konkurentów, niestety przy wyraźnie wyższej cenie.

Rys. 2.49. Przekrój pocisku typu Sierra MatchKing kal. .30, 168 gr. Wyraźnie widoczna kieszonka powietrzna znajdująca się nad rdzeniem ołowianym i mały otwór pozostały po ostrołukowym wyprofilowaniu płaszcza w części przedniej pocisku [publikacja za zgodą Sierra the Bulletsmiths]

Firma Lapua opracowała pocisk, który należąc do klasy pocisków pełnopłaszczowych (FMJ), jest niemal całkowicie zabezpieczony przed skutkami oddziaływania gorących gazów prochowych na rdzeń ołowiany. Pocisk ten otrzymał nazwę LockBase, gdyż jego część denna ukształtowana została w taki sposób, że niemal cała tylna powierzchnia ołowianego rdzenia, z wyjątkiem części środkowej, osłonięta jest specyficznie ukształtowanym płaszczem (patrz rys. 2.50 oraz rys. 2.39). Dzięki temu uzyskano amunicję bardzo precyzyjną, o wyraźnie większej możliwości penetracji niż analogiczne pociski HPBT. Przykładowo, o ile pocisk Scenar 250 gr kal. .338LM penetruje mokre pnie świerkowe o średnicy do 30 cm, to pocisk LockBase 250 gr kal. .338LM przebija pnie świerkowe o średnicy aż 50 cm.

Rys. 2.50. Porównanie pocisku kal. .338LM Scenar 250 gr (z lewej) i analogicznego pocisku typu LockBase

Karabinowe pociski ogólnego przeznaczenia to zazwyczaj pociski płaszczowe (FMJ), które są bardzo tanie i popularne w związku z ich wojskowym zastosowaniem. Do grupy pocisków o nie bardzo sprecyzowanym przeznaczeniu można zaliczyć również karabinowe pociski ołowiane, niezbyt popularne w Polsce. Pociski takie wymagają odlania z twardego stopu ołowiu (wyciskanie jest praktycznie niemożliwe, bo w odróżnieniu od pocisków pistoletowych pociski karabinowe muszą być bardzo twarde, aby nie nastąpiło zerwanie gwintu). Pociski muszą być pokryte specjalnym smarem, zwykle opartym na wosku i wprasowanym w obwodowe rowki wykonane w części prowadzącej pocisku. Pewne polepszenie odporności pocisku na nadtapianie przez gorące gazy prochowe można uzyskać poprzez użycie mosiężnej miseczki ochronnej (ang. *gas check*) umieszczonej na dnie pocisku (patrz rys. 2.51). Rozwiązanie to stosuje się zarówno w pociskach karabinowych, jak i rewolwerowych.

Rys. 2.51. Pocisk ołowiany z miedzianą miseczką ochronną (ang. *gas check*)

Materiał, z jakiego jest wykonana część prowadząca pocisku, jej stan i ewentualne pokrycie substancjami smarnymi mają duży wpływ na balistykę wewnętrzną[22] oraz zewnętrzną[23]. Pociski całkowicie wykonane z ołowiu muszą być smarowane, w przeciwnym razie następuje szybkie zaołowienie przewodu lufy. Ołów wcierany jest w wewnętrzną powierzchnię lufy i bardzo silnie do niej przylega. Pogarsza to znacznie celność broni, a przy większym zabrudzeniu może powodować niebezpieczny wzrost ciśnienia gazów prochowych związany ze wzrostem oporu występującego podczas przesuwania się pocisku w zawężonym przewodzie lufy. Z tego też powodu pociski ołowiane mają specjalne rowki, w które wprasowany jest smar stały oparty zwykle na bazie wosku (patrz rys. 2.52). Niekiedy zamiast rowków

Rys. 2.52. Pociski ołowiane smarowane w różny sposób. Od lewej: rowki wypełnione smarem na bazie wosku, kieszonki z napylonym smarem stałym, warstwa miedzi

[22] Balistyka wewnętrzna zajmuje się zjawiskami zachodzącymi w komorze nabojowej i w przewodzie lufy w okresie pomiędzy zainicjowaniem strzału a wylotem pocisku z lufy.

[23] Balistyka zewnętrzna zajmuje się lotem pocisku od chwili opuszczenia lufy do trafienia w cel.

pociski posiadają chropowatą powierzchnię prowadzącą, zawierającą wiele małych kieszonek napełnianych suchymi środkami smarnymi. Coraz częściej rolę smaru pełni cienka warstwa naniesionej elektrolitycznie miedzi, co ułatwia elaborację, zwiększa dopuszczalną prędkość pocisku i zmniejsza dymienie. Pokrycie miedzią elektrolityczną jest znacznie cieńsze od grubości typowego płaszcza miedzianego i pocisk tak pokryty jest bardziej zbliżony pod względem własności do pocisku ołowianego niż do płaszczowego.

Niektóre firmy pokrywają pociski cienką warstewką teflonu. Zupełnie bezpodstawnie pociski te mają opinię niezwykle skutecznie penetrujących kamizelki kuloodporne. Opinia ta powstała w związku z pojawieniem się pocisków KTW, które co prawda były pokryte teflonem, ale ich duża zdolność przebijania wynikała z konstrukcji rdzenia, a nie z tego pokrycia.

Dość popularne jest pokrywanie pocisków bardzo cienką warstewką disiarczku molibdenu MoS_2. Stosują to pokrycie zarówno reloaderzy, jak i bardzo renomowane firmy (np. Lapua produkująca pociski Silver Jacket – patrz rys. 2.53).

Rys. 2.53. Nabój .308 Winchester z pociskiem Lapua Scenar (z lewej strony) oraz jego odpowiednik pokryty MoS_2 – Lapua Silver Jacket (z prawej). Wyraźnie widoczna w okolicy szyjki strefa, w której łuski Lapua są wyżarzane w celu uzyskania zwiększonej plastyczności [na podstawie materiałów firmy Lapua]

Istnieją rozbieżne opinie co do wpływu molibdenu na celność pocisków, jak i na zabrudzenie oraz zużycie przewodu lufy. Nie ulega natomiast wątpliwości, że MoS_2 przyczynia się do zmniejszenia ciśnienia maksymalnego występującego podczas strzału. Niestety wiąże się to z minimalnym zmniejszeniem prędkości wylotowej (patrz rys. 2.54). Można jednak zastosować zwiększoną naważkę prochu, która co prawda eliminuje obniżenie ciśnienia maksymalnego, ale za to z nadwyżką kompensuje spadek prędkości wylotowej i w rezultacie zapewnia o kilka procent większą prędkość pocisku niż ta, którą przy tym samym ciśnieniu może osiągnąć pocisk bez pokrycia disiarczkiem molibdenu.

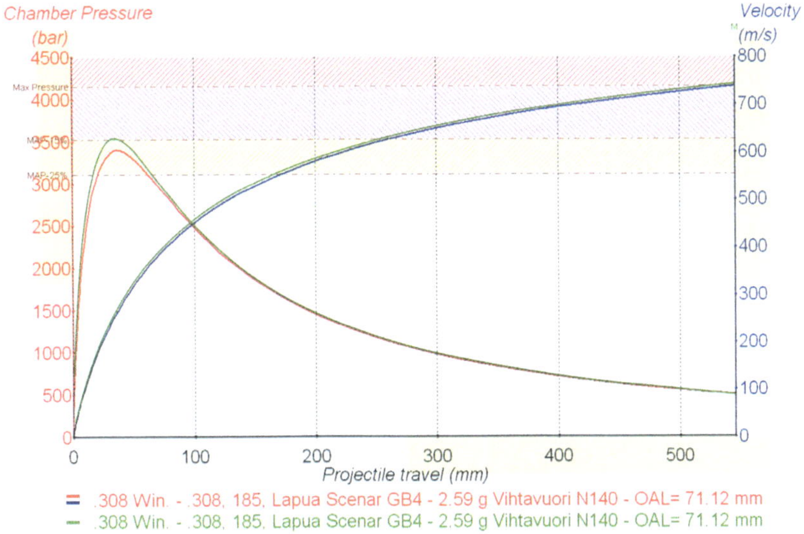

Rys. 2.54. Porównanie ciśnienia i prędkości pocisków bez pokrycia (kolor zielony) oraz z pokryciem MoS_2 (odpowiednio kolor czerwony i granatowy) przy tej samej naważce prochu

Stosując pociski pokryte disiarczkiem molibdenu, trzeba zdawać sobie sprawę, że podczas przelotu przez lufę osadzają one cząsteczki MoS_2 na powierzchni wewnętrznej przewodu lufy, zmieniając jej własności cierne. Oznacza to, że nie należy przemiennie używać pocisków pokrytych i niepokrytych, bo po ich zamianie lufa będzie podlegała stosunkowo długiemu okresowi przejściowemu, w którym warunki ruchu pocisku będą zmieniały się ze strzału na strzał. Jeśli zmiana jest konieczna (szczególnie gdy zaprzestajemy używania pocisków pokrytych MoS_2 i wracamy do pocisków niepokrytych), należy bardzo starannie wyczyścić przewód lufy za pomocą środków usuwających osady oraz szczoteczki brązowej. Niektóre firmy produkujące środki do czyszczenia i konserwacji broni mają w swojej ofercie płyny przeznaczone do usuwania nalotów z MoS_2, np. Bore Tech Inc. Moly Magic. Jeśli naważka prochu w elaborowanych przez nas nabojach została opracowana dla pocisków pokrytych disiarczkiem molibdenu, to nie wolno jej stosować przy elaboracji nominalnie identycznymi, ale niepokrytymi pociskami, gdyż może nastąpić niebezpieczny wzrost ciśnienia. Trzeba natomiast od początku opracować optymalny ładunek, zaczynając od wyraźnie mniejszych naważek prochu.

Wielu reloaderów uważa, że lepszym środkiem do pokrywania pocisków jest dwusiarczek wolframu WS_2. Jego zaletą jest lepsza odporność na wilgoć i wyższa wytrzymałość na wysokie temperatury. Dwusiarczek wolframu wykazuje niezwykle niski współczynnik tarcia dynamicznego na poziomie 0,03. Zarówno disiarczek molibdenu, jak i dwusiarczek wolframu mogą być nakładane na pociski w warunkach domowych. Uzyskiwana powłoka osiąga grubość rzędu 0,5 mikrona (0,0005 mm) i przy prawidłowym przeprowadzeniu procesu nakładania jest bardzo równomierna (patrz rys. 2.55). W opinii autora pokrycie to zmniejsza zużycie lufy i w istotny sposób ogranicza osadzanie się metalu, z którego wykonana jest część prowadząca pocisku w przewodzie lufy.

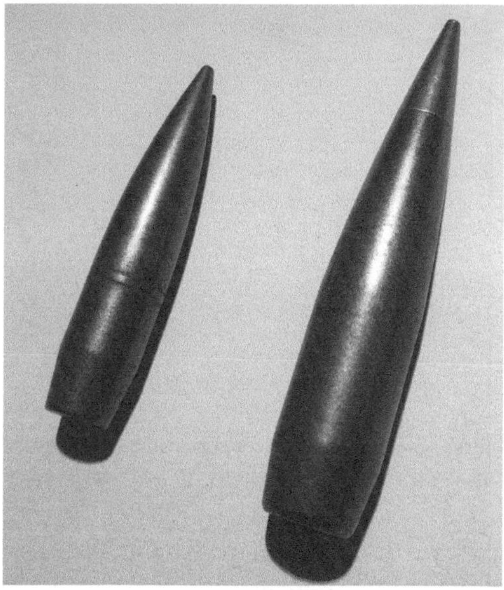

Rys. 2.55. Pociski kal. .408 CheyTac i .50 BMG pokryte w warunkach domowych dwusiarczkiem wolframu

Proces pokrywania pocisków disiarczkiem molibdenu lub dwusiarczkiem wolframu jest bardzo prosty i nie wymaga dużych nakładów finansowych. Pociski muszą być bardzo starannie odtłuszczone, a następnie wsypane razem ze śrutem stalowym albo bardzo drobnymi kulkami łożyskowymi i szczyptą pyłu MoS_2 lub WS_2 do plastikowego słoiczka. Słoiczek ten powinien być włożony do wibracyjnego urządzenia czyszczącego (tumblera) i poddany wibrowaniu od dwóch do czterech godzin. **Bardzo ważne: pokrywka słoiczka musi być owinięta taśmą samoprzylepną dla zabezpieczenia przed samoczynnym odkręceniem!** Zabieg wibrowania można prowadzić w tym samym czasie, gdy w tumblerze są czyszczone łuski. Po zmianie koloru pocisków na czarny (MoS_2) lub srebrny (WS_2) pociski należy starannie wyczyścić flanelową szmatką. Na rysunku 2.56 przedstawiono „zestaw" do pokrywania pocisków disiarczkiem molibdenu lub dwusiarczkiem wolframu. Proces pokrywania wymaga pewnej wprawy oraz stosowania właściwej dawki **suchego** (!) MoS_2 lub WS_2. Jeśli w naczyniu znajduje się zbyt mało środka lub zbyt mało kuleczek stalowych, to uzyskana powłoka może nie być wystarczająco gruba, a w przypadku zbyt dużej ilości środka lub jego zawilgocenia na powierzchni pocisku mogą pojawiać się rejony z chropowatym pokryciem wymagającym przepolerowania suchą szmatką. Doświadczenie autora wskazuje, że najczęstszymi przyczynami problemów z jakością pokrycia są zabrudzenie pocisku środkami smarnymi (niewystarczająca grubość pokrycia, występowanie obszarów niepokrytych) oraz wilgoć (pokrycie o zmiennej grubości, chropowate, bardzo matowe).

Rys. 2.56. Wyposażenie niezbędne do pokrywania w warunkach domowych pocisków disiarczkiem molibdenu lub dwusiarczkiem wolframu

W wielu przypadkach reloader ma do wyboru pociski z płaskim dnem albo z tzw. dnem łódkowym, czyli w części zaokrąglonym albo ukształtowanym stożkowo (patrz rysunek 2.57). Pociski z dnem płaskim preferowane są do amunicji przeznaczonej do bardzo precyzyjnego strzelania na stosunkowo niewielkich dystansach i przy dobrych warunkach atmosferycznych. Wynika to z tego, że pociski takie są mniej destabilizowane przez gazy wylotowe, gdy znajdują się jeszcze blisko wylotu lufy. Przy danej masie pocisku mogą być one również krótsze od pocisków z dnem łódkowym, a to pozwala na uzyskanie wystarczającej stabilizacji żyroskopowej przy strzale z lufy o dłuższym skoku gwintu. Pociski z dnem łódkowym mają natomiast wyraźnie wyższe współczynniki balistyczne, co powoduje, że mniej wytracają prędkość i są mniej podatne na oddziaływanie wiatru. Dodatkową zaletą pocisków z dnem łódkowym jest łatwiejsza elaboracja, bo płynnie dają się osadzić w szyjce łuski, podczas gdy w przypadku pocisków z płaskim dnem osadzanie jest bardziej kłopotliwe.

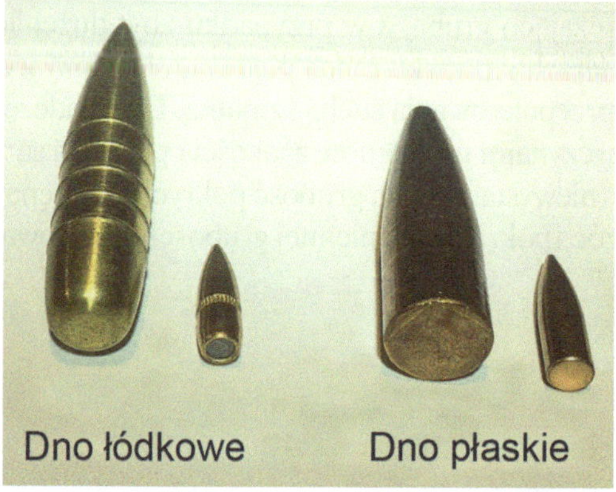

Rys. 2.57. Porównanie pocisków z dnem łódkowym oraz płaskim (kal. .50BMG i .223 Rem)

Oprócz doboru odpowiedniego typu pocisku kluczowe znaczenie ma również dobór właściwej jego masy. Masa pocisku decyduje o parametrach lotu (przede wszystkim płaskości toru i wielkości zboczenia pod wpływem wiatru) oraz o efekcie końcowym występującym w chwili trafienia. Co więcej maksymalna masa pocisku ograniczona jest skokiem gwintu lufy. Im większa jest masa pocisku, a dokładniej im pocisk jest dłuższy, tym krótszy musi być skok gwintu lufy, aby zapewnić dobrą stabilizację pocisku w locie. Maksymalne masy pocisków z rdzeniem ołowianym, które pozwalają na zachowanie ich stabilności (przy założeniu dobrej jakości pocisków), przedstawiono w tab. 2.3. Pociski monolityczne, które wykonane są z miedzi albo mosiądzu, mają mniejszą gęstość właściwą, w związku z czym przy danej masie i zbliżonym kształcie są dłuższe od pocisków, w których budowie dominuje ołów. Oznacza to, że dla uzyskania wymaganej stabilizacji konieczne jest, aby skok gwintu lufy był krótszy o około 10–15% od skoku wymaganego dla ustabilizowania lotu pocisku pełnopłaszczowego.

Pocisk optymalny do strzelania na małych dystansach nie musi wcale być dobrym rozwiązaniem przy strzelaniu na duże odległości. Dobór masy pocisku najlepiej przeprowadzać z wykorzystaniem programów komputerowych pozwalających na wykonywanie obliczeń balistycznych. Pozwala to na ilościową ocenę interesujących nas parametrów lotu oraz na określenie energii, jaką pocisk będzie dysponować w momencie uderzenia w cel. Jednym z przydatnych programów do takich obliczeń jest program Quick Target sprzedawany w pakiecie z bardzo przydatnym do elaboracji programem Quick Load.

Tabela. 2.3. Maksymalna masa pocisków z rdzeniem ołowianym w zależności od kalibru i skoku gwintu lufy

Kaliber	Skok gwintu [cale]	Maksymalna masa pocisku [gran]	Maksymalna masa pocisku [gram]	Uwagi
.224 (np. .222 Rem., .223 Rem., .22 PPC, .224 Weatherby Mag., .220 Swift)	15,0	55	3,56	Prędkość wylot. >1250 m/s
	14,0	55	3,56	Prędkość wylot. <1250 m/s
	12,0	63	4,08	
	9,0	70	4,54	
	8,0	80	5,18	
6 mm/.243 (np. 6 mm PPC, .243 Win., 6 mm Rem., .240 Weatherby Mag.)	14,0	70	4,54	
	13,0	75	4,86	
	12,0	85	5,50	
	10,0	120	7,78	(<100 gr dla pocisków VLD)
	8,0	>100	6,48	Dla pocisków VLD
.257 (np. 6,5×55 mm Swedish Mauser, 6,5 mm Rem. Mag., .264 Win. Mag.)	13,0	80	5,18	
	12,0	90	5,83	
	10,0	100	6,48	
	9,0	140	9,07	
	7,5	160	10,37	
7 mm/.284 (np. 7 mm Weatherby Mag., 7 mm Mauser, .284 Win.)	12,0	120	7,78	
	11,0	140	9,07	
	9,0	160	10,37	
.308 (np. .308 Win., .300 Win. Mag., .30-06 Springfield, 7.62×54R)	15,0	150	9,72	
	14,0	168	10,89	
	12,0	180	11,66	
	11,0	190	12,31	
	10,0	220	14,26	
.338 (np. .338 Lapua Mag.)	12,0	250	16,20	
	10,0	300	19,44	
9 mm, .355 (np. 9 mm Para)	16,0	Wszystkie inne pociski		Amunicja pistoletowa
	14,0	Wolne pociski Wadcutter		
.38/.357 (np. .38 Spl., .357 Mag.)	18,0	Wszystkie inne pociski		Amunicja rewolwerowa
	14,0	Wolne pociski Wadcutter		
10 mm/.400 (np. .40 S&W)	16,0	Wszystkie pociski		Amunicja pistoletowa
.44 (np. .44 Mag.)	20,0	Wszystkie inne pociski		Amunicja rewolwerowa
	16,0	Wolne pociski Wadcutter		

Dobre programy balistyczne zawierają bogate biblioteki pozwalające na szybkie i precyzyjne wprowadzenie danych dotyczących popularnych pocisków. W Dodatku znajduje się tabela zawierająca dane o współczynnikach balistycznych BC dla kilkudziesięciu popularnych pocisków Sierra. Jako ogólne kryterium doboru pocisku do strzelania na duże odległości można przyjąć, że lepsze parametry balistyczne ma pocisk wykazujący większe wartości współczynnika BC dla zakresu prędkości, który wystąpi podczas jego lotu.

Poniżej zostanie przedstawiona przykładowa analiza porównawcza dwóch pocisków nadających się do elaboracji nabojów kal. .308 Winchester. Pierwszy pocisk to HPBT Sierra MatchKing (#2190) o masie 150 gr, który może osiągać prędkość 860 m/s, a drugi to HPBT Sierra MatchKing (#2210) o masie 190 gr, który osiąga przy podobnych ciśnieniach prędkość 745 m/s. Trzeba zwrócić uwagę, że pocisk o masie 190 gr wymaga lufy o skoku gwintu 11″ lub mniejszym. Wartości współczynników BC dla tych pocisków znajdują się w Dodatku.

Jak wynika z rys. 2.58, pocisk o mniejszej masie, z uwagi na większą prędkość początkową, wykazuje na małych i średnich odległościach bardziej płaski tor lotu. Dopiero powyżej odległości 1100 m (już poza zakresem rysunku) tor lotu pocisku lekkiego staje się bardziej stromy niż pocisku ciężkiego z uwagi na niższą wartość współczynnika BC.

Trochę inaczej przedstawia się sytuacja dotycząca energii pocisku (patrz rys. 2.59). Od chwili wylotu z lufy aż do odległości około 120 m pocisk lekki

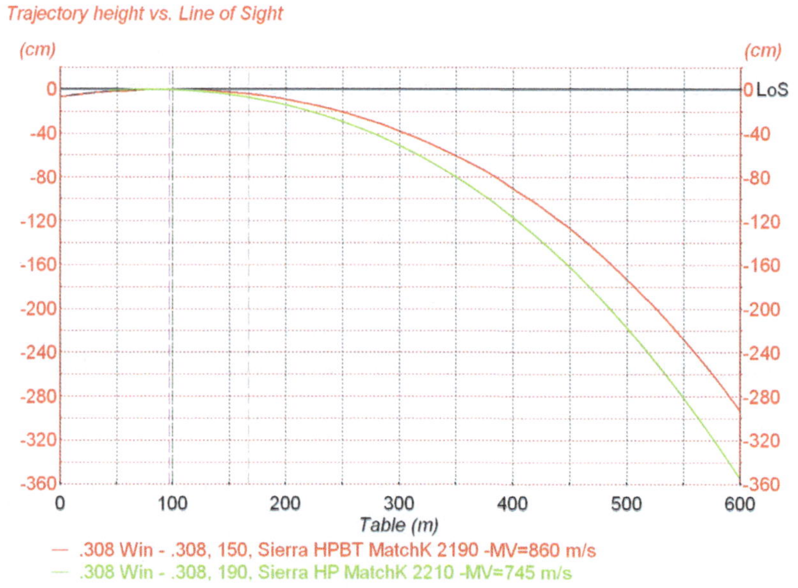

Rys. 2.58. Trajektoria lotu pocisków Sierra MatchKing o różnej masie; kolor czerwony pocisk – 150 gr, kolor zielony pocisk – 190 gr. Broń przystrzelana na odległość 100 m, wysokość celownika nad osią lufy – 7 cm

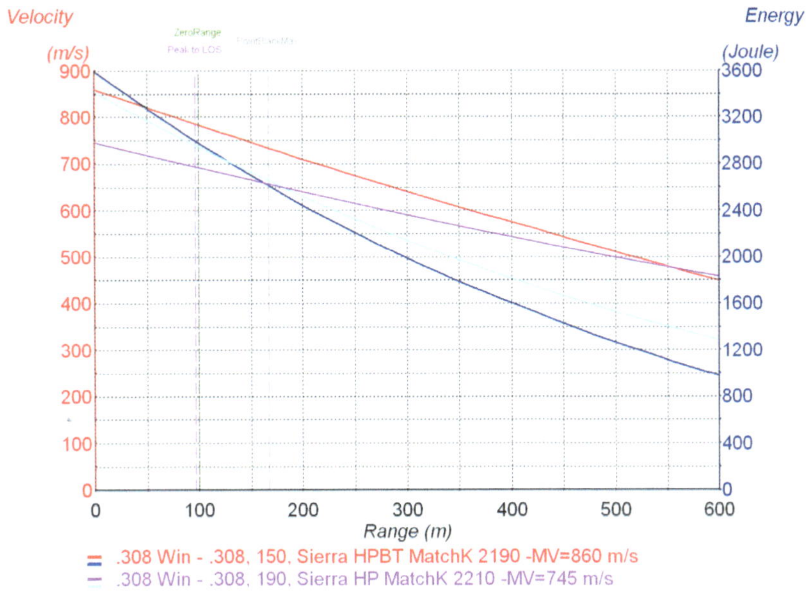

Rys. 2.59. Prędkość i energia pocisków Sierra MatchKing o różnej masie; kolor czerwony – prędkość pocisku 150 gr, kolor purpurowy – prędkość pocisku 190 gr, granatowy – energia pocisku 150 gr, błękitny – energia pocisku 190 gr

ma większą energię, natomiast na odległościach powyżej 120 m energia pocisku cięższego jest większa.

Sporą przewagę wykazuje pocisk cięższy również, jeśli chodzi o wpływ wiatru bocznego. Ze względu na wyższą wartość współczynnika BC jest on bowiem wyraźnie mniej znoszony niż pocisk lekki (patrz rys. 2.60).

Dla osób strzelających na dystansach przekraczających 600 m dużego znaczenia nabiera stan wierzchołka (czubka) pocisku (ang. *meplat*). Klasyczne pociski przeznaczone do strzelania na duże odległości, takie jak Sierra MatchKing czy Lapua Scenar (patrz rys. 2.49), mają bowiem technologiczny otworek zamiast szpiczastego zakończenia. Co gorsza, wykończenie wierzchołka nie jest idealne i występują odchyłki w jego średnicy oraz postrzępione krawędzie. Powoduje to niewielkie zmiany we współczynniku balistycznym BC, który na dystansie powyżej 600 m wyraźnie wpływa na rozrzut w kierunku góra–dół, a jeśli strzelanie odbywa się podczas wiatru, to również w kierunku bocznym (pociski z większym współczynnikiem są mniej znoszone przez wiatr). Poniższe dane zaczerpnięte z [9] wskazują na wagę problemu.

Bardzo dobrze wykonane pociski klasy Match (Sierra 155 MK Palma) wykazują średni współczynnik balistyczny BC wynoszący 0,450. Pomiar współczynnika BC dla poszczególnych pocisków z tej samej partii wykazał jednak różnice BC dochodzące do 0,010, czyli najlepsze pociski charakteryzowały się współczynnikami BC

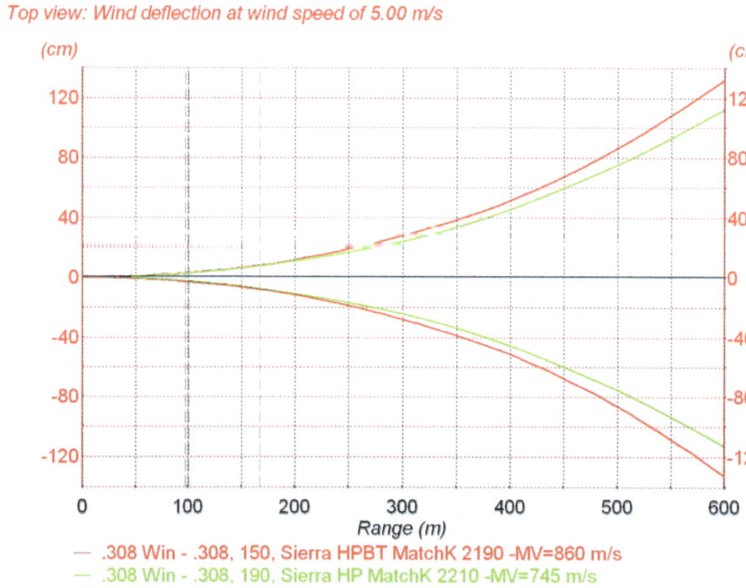

Rys. 2.60. Znoszenie wywołane wiatrem o prędkości 5 m/s, wiejącym prostopadle do toru lotu pocisku dla pocisków o różnej masie; kolor czerwony – znoszenie pocisku 150 gr, kolor zielony – znoszenie pocisku 190 gr

o wartości 0,455, a najgorsze 0,445. Dla pocisków innych producentów różnice dochodziły nawet do 0,040, co oznacza niemal 10% wartości współczynnika. Duża część różnic we współczynnikach BC wynika z innego kształtu wierzchołków poszczególnych pocisków.

Dla kal. 6 mm BR, stosowanego do strzelania na duże odległości, różnice w wartości współczynnika balistycznego BC wynoszące 0,010 przekładają się na odchyłki w punkcie trafienia pocisku w kierunku góra–dół wynoszące około 10 cm przy strzelaniu na dystansie 1000 m. Jeśli różnice we współczynnikach wynoszą 0,040, to odchyłki powiększają się aż do około 30 cm.

Istnieją dwie metody podrasowania czubka pocisku. Pierwsza z nich, najprostsza, polega na sfrezowaniu nierównego wierzchołka na głębokość kilku dziesiątych części milimetra i znormalizowaniu otworka za pomocą stożkowego rozpieracza. Dzięki temu następuje ujednolicenie pocisków w danej partii i polepsza się ich skupienie. Niestety we wszystkich pociskach poddanych temu zabiegowi nieznacznie zmniejsza się współczynnik balistyczny (około 2–5%), co zwiększa czułość broni na błędy w ocenie odległości oraz zwiększa znoszenie pod wpływem wiatru.

Drugi sposób polega na zaostrzeniu wierzchołka przez plastyczne odkształcenia w specjalnej stożkowej matrycy powodującej mocniejsze ściśnięcie ścianek bocznych na dystansie kilku milimetrów od wierzchołka. Ta druga metoda powoduje nie tylko zmniejszenie różnic we współczynnikach balistycznych, ale również podwyższa o kilka procent średni współczynnik, co poprawia tor lotu pocisku.

Najlepsze rezultaty można uzyskać, łącząc ze sobą dwie metody. Jako pierwsze wykonuje się zaciskanie plastyczne wierzchołka w matrycy, następnie frezuje się wszystkie wierzchołki na wymaganą wysokość i ponownie stosuje się zaciskanie. Dzięki temu następuje zaostrzenie wierzchołków i znormalizowanie ich długości. Jak wynika z informacji zamieszczonych w [9], procedura przedstawiona powyżej powoduje, że na dystansie 1000 m nastawy celownika należy zmniejszyć o 0,5 do 2,5 MOA, co jest wynikiem polepszenia własności balistycznych pocisków. Zmniejsza się również wyraźnie rozrzut pionowy pocisków.

Osobnym problemem, bardzo często niedocenianym przez osoby elaborujące amunicję, jest wyrównoważanie[24] pocisków. Pomimo przestrzegania bardzo restrykcyjnych norm jakościowych podczas produkcji pocisków zawsze występują pewne mniejsze lub większe odchyłki kształtu i masy poszczególnych elementów pocisku (patrz rys. 2.61). W konsekwencji środek ciężkości pocisku ulega przesunięciu w stosunku do swojego teoretycznego (a więc idealnego) położenia, a główna oś bezwładności [12] nie tylko ulega przesunięciu tak, aby znalazł się na niej rzeczywisty środek ciężkości, ale zazwyczaj również odchyla się o pewien kąt od kierunku teoretycznego. Powszechnie w stosunku do ciał podlegającym ruchowi obrotowemu rozróżnia się dwa stany wyrównoważenia. W stanie wyrównoważenia statycznego wystarczy, aby środek ciężkości znajdował się w osi obrotu, podczas gdy w stanie wyrównoważenia dynamicznego wymagane jest, aby oś obrotu pokrywała się z główną osią bezwładności.

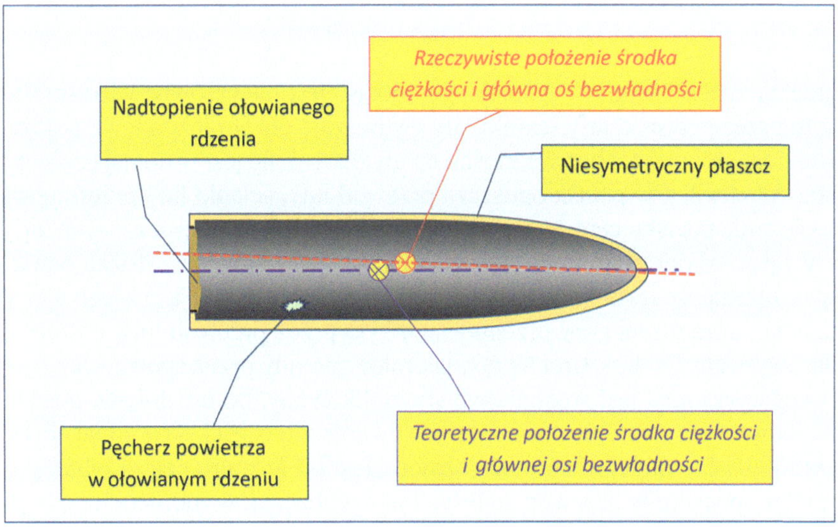

Rys. 2.61. Wpływ wad materiałowych i wykonawczych pocisku na położenie środka ciężkości oraz położenie i kierunek głównej osi bezwładności

[24] Zamiast określenia „niewyrównoważenie" często spotyka się również określenie „niewyważenie".

Przyjmując, że każdy pocisk ma pewne niewyrównoważenie, należy zastanowić się nad konsekwencjami tego niewyrównoważenia. Podczas przemieszczania się w gwintowanym przewodzie lufy pocisk w sposób wymuszony obraca się wokół osi geometrycznej wyznaczonej przez przewód lufy. Jeśli pocisk jest doskonale wyrównoważony, to jego główna oś bezwładności (linia żółta na rys. 2.62) pokrywa się z osią obrotu (linia czerwona na rys. 2.62) zarówno w trakcie przelotu przez lufę, jak i po opuszczeniu lufy. Dzięki temu w chwili wylotu z lufy na pocisk nie działają żadne siły czy momenty, które by starały się „zgrać" te osie.

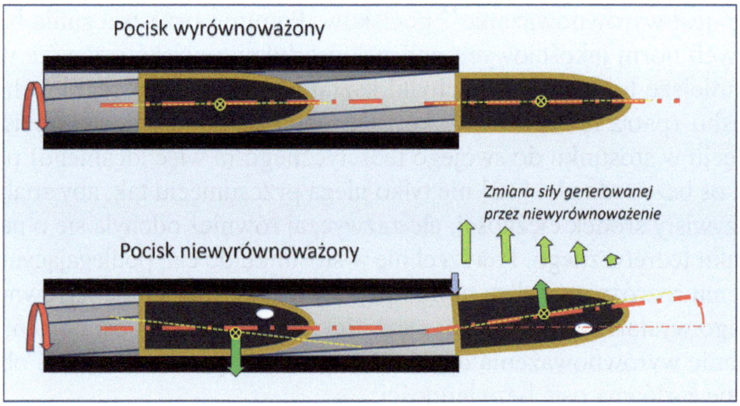

Rys. 2.62. Wzajemne położenie osi obrotu i głównej osi bezwładności pocisku w trakcie przelotu przez przewód lufy oraz bezpośrednio po wylocie z lufy

Zupełnie inaczej wygląda sytuacja, gdy pocisk jest niewyrównoważony. Podczas przelotu przez przewód lufy ścianki lufy wymuszają obrót niezgodny z położeniem i kierunkiem głównej osi bezwładności, co uwidocznione jest w dolnej części rysunku 2.62. W chwili gdy pocisk opuszcza przewód lufy, ścianki lufy przestają wymuszać położenie pocisku centryczne do osi przewodu lufy, a pocisk zaczyna dążyć do tego, aby jego oś obrotu pokryła się z główną osią bezwładności. Można powiedzieć dla uproszczenia, że uwolnione zostanie „bicie" pocisku wynikające z jego niewyrównoważenia, które do tej pory przejmowane było przez przewód lufy, a więc pocisk zostaje „wyrwany" w bok (trochę tak, jak młot miotany przez sportowca).

Proces wyrywania jest stosunkowo skomplikowany, bo uwolnienie pocisku nie jest skokowe, lecz postępuje w miarę wysuwania się części prowadzącej pocisku z koronki lufy i w dużej mierze uzależnione jest od kształtu części tylnej pocisku oraz „luzu" pocisku w przewodzie lufy. Tak czy inaczej, w momencie, gdy pocisk przestaje być prowadzony przez lufę, impuls sił i momentów związanych z niewyrównoważeniem powoduje nadanie pociskowi bocznej składowej prędkości oraz odchyla pocisk od kierunku osi lufy, co jest widoczne na rysunku 2.62. Pomimo że okres działania sił i momentów jest bardzo krótki, to jednak odchylenie toru lotu pocisku może być istotne dla celności.

W teorii lotu pocisku wyróżnia się dwa zjawiska związane z niewyrównoważeniem. Pierwsze z nich to wyrywanie boczne (ang. *lateral throwoff*) spowodowane niewyrównoważeniem statycznym, a drugie to skok aerodynamiczny spowodowany niewyrównoważeniem dynamicznym i objawiający się zarówno bocznym (w stosunku do kierunku osi lufy) znoszeniem, jak i wykonywaniem przez pocisk „młynkowania"[25].

Dla praktycznego potwierdzenia wpływu niewyrównoważenia pocisku na jego trajektorię autor wykonał prosty eksperyment, wykorzystując pociski kal. .308 typu LockBase o masie 170 gr. W pociskach w rejonie przejścia części ostrołukowej w część cylindryczną wywiercone zostały otworki o średnicy 2.5 mm i takiej głębokości, aby usunąć 0,15 g materiału (patrz rys. 2.63). Pociski zostały następnie

Rys. 2.63. Naboje kal. .308 z nawierconymi pociskami LockBase 170 gr

[25] Młynkowaniem nazywa się potocznie ruch pocisku, którego oś geometryczna zmienia cyklicznie swój kierunek w stosunku do kierunku lotu, odchylając się zarówno w płaszczyźnie poziomej, jak i pionowej.

wystrzelone z karabinu samopowtarzalnego OA10 wyposażonego w lufę o długości 600 mm i skoku gwintu 13" – uzyskały one prędkość średnią wynoszącą 830 m/s. Biorąc pod uwagę skok gwintu i prędkość pocisku, można obliczyć jego prędkość obrotową, która dla badanego przypadku wynosiła 2514 obr/s. Prędkość ta jest równa prędkości kątowej 15 796 rad/s. Wywiercenie otworów powodowało, że na promieniu ok. 3 mm pojawiało się niewyrównoważenie o masie 0,15 g, co zgodnie z podstawowymi prawami dynamiki powinno generować siłę odśrodkową wynoszącą 112 N (ok. 11,4 kG).

Podczas prób na strzelnicy na dystansie 100 m użyto zarówno amunicji nieposiadającej otworów, jak i amunicji z otworami, przy czym w przypadku pocisków z otworami zastosowano dwa różne sposoby umieszczania ich w magazynku. Pierwszy sposób polegał na tym, że do magazynka włożono pięć pocisków tak, że wywiercone otworki we wszystkich pociskach skierowane były ku górze magazynka. Drugi sposób charakteryzował się tym, że w każdym kolejnym pocisku otworek skierowany był w inną stronę z przesunięciem o około 72 stopnie. Wyniki prób strzeleckich przedstawione są na rys. 2.64. Analizując rysunek, należy uwzględnić, że wprowadzanie naboi do komory odbywało się z magazynka dwurzędowego, a to w połączeniu z obrotowym ryglowaniem zamka karabinu OA10 powodowało pewne niedokładności w ostatecznym pozycjonowaniu naboi w komorze.

Dla amunicji z nieuszkodzonymi pociskami średni promień rozrzutu przestrzelin (patrz rozdział 5) wynosił 22 mm, a średni punkt trafienia (ŚPT) niemal idealnie pokrył się z punktem celowania. W przypadku nawierconych pocisków średni promień wzrósł do około 30 mm, ale ŚPT przesunął się 55 mm w dół i 15 mm w lewą stronę. Ponieważ w trakcie przelotu przez przewód lufy pocisk wykonywał niemal dokładnie dwa obroty, więc kierunek odchylenia ŚPT idealnie koresponduje z niewyrównoważeniem spowodowanym nawierceniem pocisku. Pociski miały bowiem z powodu nawiercenia tak przesunięty środek ciężkości, że znajdowały się one poniżej osi lufy, czyli po dwóch pełnych obrotach pocisk opuszczający lufę był „wyciągany" w kierunku ku dołowi. Pewne przesunięcia dwóch przestrzelin w lewo powstały zapewne w związku z niekontrolowanymi ruchami nabojów podczas pobierania ich z magazynka.

Nawiercone pociski, które w magazynku były ułożone tak, że otworki skierowane były w różne strony, ułożyły się natomiast w kształcie pierścienia, którego średni promień wyniósł ok. 65 mm, ale ŚPT pokrył się niemal idealnie z punktem celowania. Na podstawie powyższych obserwacji można stwierdzić, że efektem wprowadzenia niewyrównoważenia w badanych pociskach (0,15 g na promieniu 3 mm) było spowodowanie wyrywania bocznego o 65 mm na dystansie 100 m, co odpowiada kątowi 0,65 MIL (2,2 MOA).

Przykład ten dobitnie wskazuje, jak istotne jest bardzo dokładne wyrównoważenie pocisków. Niestety sprawdzanie wyrównoważenia pocisków nie jest łatwym przedsięwzięciem, gdyż wymaga profesjonalnych urządzeń, które zazwyczaj nie są dostępne dla reloaderów. Trzeba również pamiętać, że niewyrównoważenie pocisku może pojawić się dopiero w trakcie strzału, jeśli pocisk nie wejdzie centrycznie do przewodu lufy. Powodem takiego stanu może być krzywe osadzenie pocisku w łusce lub zbyt długi albo zużyty stożek przejściowy zapoczątkowujący gwint lufy.

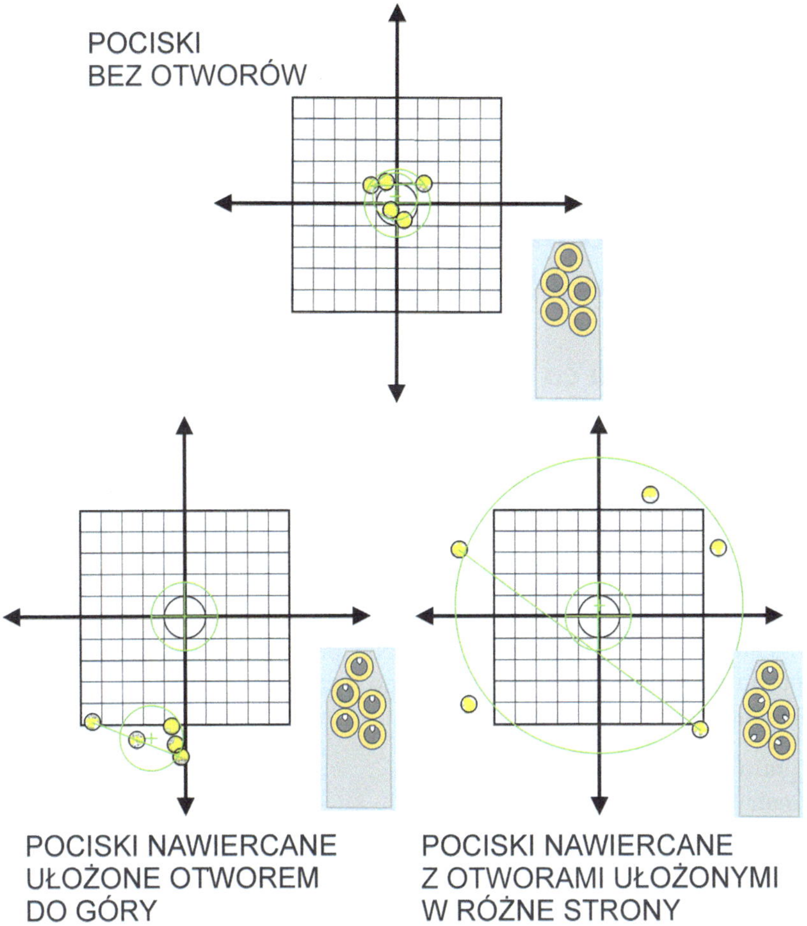

Rys. 2.64. Układy przestrzelin podczas eksperymentu z niewyrównoważonymi pociskami

3

Urządzenia i narzędzia stosowane w elaboracji amunicji

3.1. Co trzeba, a co warto posiadać

Nie można prawidłowo elaborować amunicji bez podstawowego zestawu urządzeń i narzędzi specjalistycznych. Często pierwsze urządzenia można kupić w postaci zestawu, co jest ekonomicznie uzasadnione i bardzo wygodne. Jeśli jednak już od początku jesteśmy pewni, że elaborację amunicji będziemy traktować bardzo poważnie i że interesuje nas uzyskanie amunicji najwyższej jakości, to raczej należy skompletować urządzenia i narzędzia w sposób indywidualny, kupując najlepszą prasę i najlepszą wagę, na jaką możemy sobie pozwolić. Przykładowy zestaw startowy produkcji firmy Lyman przedstawiono na rys. 3.1. Do elaboracji trzeba mieć przynajmniej następujące narzędzia:

- prasa elaboracyjna,
- matryce,
- stopki do mocowania łusek,
- waga (najlepiej połączona z urządzeniem dozującym proch),
- dosypywacz,
- poduszka do smarowania (niewymagana przy elaboracji amunicji pistoletowej z łuskami cylindrycznymi lub stożkowymi),
- tacka,
- szczotki mosiężne,
- lejek do wsypywania prochu (wykonany z materiału antystatycznego),
- suwmiarka.

Poza tym warto posiadać jeszcze przynajmniej niektóre z poniżej przedstawionych narzędzi, które ułatwiają elaborację i pozwalają na wyprodukowanie naboju o wyższej jakości:

- trymer,

- narzędzie do czyszczenia kieszonki na spłonkę,
- frez do załamywania krawędzi łuski,
- objętościowe urządzenie dozujące,
- ręczny przyrząd do osadzania spłonek,
- urządzenie do czyszczenia łusek,
- młotek do rozcalania amunicji,
- nożyk do normalizowania szyjki łuski,
- przyrząd do usuwania zagnieceń utrzymujących spłonki w amunicji wojskowej,
- wzorniki.

Rys. 3.1. Podstawowy zestaw startowy do samodzielnej elaboracji produkcji firmy Lyman [publikacja za zgodą producenta]

W kolejnych podrozdziałach zostaną omówione poszczególne urządzenia i narzędzia na przykładach produktów kilku renomowanych firm, takich jak Lyman, Lee, RCBS, Dillon czy Wilson/Sinclair. Decydując się na zakup, trzeba uwzględnić to, że zadanie, jakie chcemy przy ich pomocy wykonać, wymaga dużej precyzji, a ewentualne błędy mogą mieć poważne konsekwencje. Nie należy więc oszczędzać za wszelką cenę i zamiast profesjonalnych urządzeń decydować się na improwizowane metody. Niedokładność odważenia ładunku prochowego o kilka setnych części grama może bowiem doprowadzić do poważnego wypadku albo w wyraźny sposób pogorszyć celność wyprodukowanej przez nas amunicji. Zgnieciona w trakcie wprasowywania spłonka może spowodować zranienie lub nawet nieodwracalne uszkodzenie oka. W pewnych warunkach nawet wykonany z niewłaściwego tworzywa sztucznego lejek może po naelektryzowaniu zagrozić naszemu bezpieczeństwu, a przynajmniej skutecznie utrudnić nam jego oczyszczenie z ziaren prochu.

3.2. *Prasy elaboracyjne*

Prasa elaboracyjna jest urządzeniem niezbędnym do prowadzenia elaboracji nabojów. Dawno bowiem minęły już czasy, gdy łuskę wbijano do matrycy kalibrującej za pomocą młotka i drewnianego klocka. Jej wybór musi być dokonany w sposób przemyślany, gdyż istnieje wiele typów pras różniących się zarówno ceną, wydajnością, jak i jakością otrzymywanej amunicji. O jakości prasy decyduje m.in. współosiowość gniazd narzędziowych i tłoka, sztywność konstrukcji oraz brak luzów. Przytłaczająca większość pras współpracuje z matrycami, które są do nich wkręcane. Gniazda służące do osadzania matryc mają zazwyczaj znormalizowany gwint calowy 7/8″–14. Prasy dostosowane do elaboracji amunicji kal. .50 BMG oraz .408 CheyTac wyposażone są w gniazda z gwintem 1 ½″–12. Do gniazd tych można jednak wkręcać tulejki redukcyjne pozwalające na wykorzystywanie matryc z gwintem 7/8″–14 (patrz rys. 3.2).

Rys. 3.2. Gwinty stosowane w matrycach do elaboracji; od lewej matryca z gwintem 7/8″–14, matryca z gwintem 1½″–12 oraz tulejka redukcyjna

Najprostszy typ prasy to prasa jednogniazdowa, w której może być zainstalowane w danej chwili tylko jedno narzędzie. Przykładem takiej prasy jest prasa Crusher II firmy Lyman przedstawiona na rys. 3.3.

W zależności od wykonania korpus prasy może mieć kształt litery „O" albo „C". W dolnej części prasy znajduje się tłok poruszany ręcznie za pomocą układu dźwigniowego, a w górnej części umieszczone jest gwintowane gniazdo, w którym mocowane są kolejne narzędzia. Istnieją co prawda rozwiązania, w których tłok znajduje się w górnej części prasy, a narzędzia opierają się o stół (np. firmy Wilson/Sinclair), ale nie są one u nas zbytnio popularne. Niewątpliwą zaletą pras jednogniazdowych jest ich niska cena oraz duża sztywność i zwykle bardzo dobra współosiowość elementów. Niestety jest to okupione poważną niedogodnością, jaką stanowi konieczność częstej wymiany narzędzi, co wymaga ich ponownej regulacji, a przynajmniej kontroli ustawienia. Prasy tego typu można polecić osobom, które zamierzają wykonywać bardzo dokładną amunicję, pracują z dużymi nabojami wymagającymi przyłożenia znacznej siły podczas kalibrowania łusek albo elaborują amunicję sporadycznie. Jeśli reloader dysponuje osobnym, przestronnym pomieszczeniem, gdzie przeprowadza elaborację, to dobrym pomysłem jest równoległe wykorzystywanie dwóch lub nawet trzech pras jednogniazdowych, w których osadzone są kolejne matryce. Dzięki temu nie ma konieczności wymiany i regulacji matryc, o ile elaborowana jest zawsze amunicja tego samego kalibru.

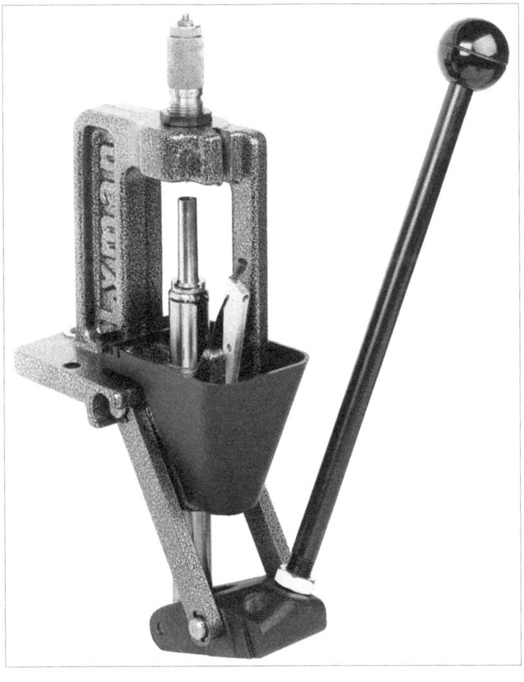

Rys. 3.3. Prasa jednogniazdowa Crusher II firmy Lyman [publikacja za zgodą producenta]

Prasy jednogniazdowe nie maja praktycznie konkurencji przy elaboracji amunicji dużych kalibrów, takich jak .408 CheyTac i .50 BMG wymagających stosowania bardzo dużych matryc i szczególnie dużej sztywności korpusu, który poddawany jest znacznym siłom podczas kalibrowania łusek (patrz rys. 3.4).

Pół wieku temu stosowane były jeszcze przenośne szczypce elaboracyjne, w których matryce umieszczano w przyrządzie przypominającym duże obcęgi. Obecnie korzystają z tego typu przyrządów jedynie hobbyści zajmujący się dawną bronią. Przyrząd tego typu produkcji firmy Lyman przedstawiono na rys. 3.5.

Rys. 3.4. Prasa jednogniazdowa Lee przystosowana do elaboracji amunicji .50 BMG. W tle prasa RCBS Rock Chucker, która jest zbyt mała do elaboracji amunicji .50 BMG, ale doskonale nadaje się do elaboracji amunicji .408 CheyTac

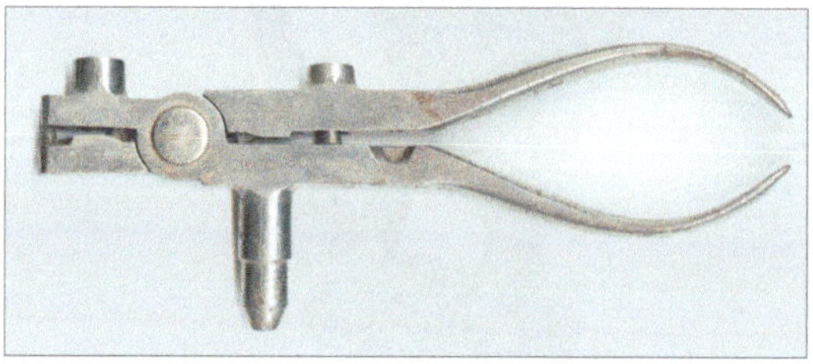

Rys. 3.5. Szczypce elaboracyjne typu Lyman Ideal Tool No. 5 (kal. .40-60 Marlin)
Źródło: autor zdjęcia Albert Krause.

Drugim typem pras są prasy wielogniazdowe – rewolwerowe, których przykładem może być prasa T-Mag II firmy Lyman przedstawiona na rys. 3.6. W prasach tego typu narzędzia (zwykle do sześciu sztuk) umieszczone są w gniazdach wykonanych w obrotowym bębnie i mogą być kolejno, bardzo szybko, ustawiane w pozycji roboczej nad tłokiem. Co więcej możliwe jest wymienianie całych bębnów z narzędziami, co pozwala na szybkie przezbrajanie prasy do wykonywania amunicji różnych kalibrów. Warunkiem prawidłowej pracy pras wielogniazdowych jest bardzo precyzyjne, pozbawione luzów łożyskowanie bębna w korpusie. Prasy wielogniazdowe stanowią bardzo dobre rozwiązanie dla osób elaborujących amunicję różnych kalibrów w średnio dużych ilościach. Prasy wielogniazdowe to zapewne najlepsze rozwiązanie dla większości Czytelników, którzy elaborują amunicję albo zamierzają to robić w przyszłości. Korzystając z prasy wielogniazdowej, należy mieć na uwadze to, że jeśli zamontowana jest w niej matryca wyposażona w trzpień do wyciskania spłonek, a tłok prasy znajduje się w górnym położeniu, to próba obrócenia bębna może spowodować złamanie trzpienia.

Rys. 3.6. Prasa wielogniazdowa T-Mag II firmy Lyman [publikacja za zgodą producenta]

Jako ciekawostkę można wymienić również specjalną prasę do scalania i rozcalania amunicji artyleryjskiej kal. 85 mm (patrz rys. 3.7), która była stosowana w Wojsku Polskim i która działa na bardzo podobnej zasadzie jak prasy elaboracyjne przedstawione powyżej.

Rys. 3.7. Urządzenie do scalania i rozcalania amunicji artyleryjskiej kal. 85 mm

Źródło: autor zdjęcia: Mariusz Pek.

Trzeci typ pras to prasy progresywne, których przykładem może być prasa RL550B firmy Dillon przedstawiona na rys. 3.8. Prasy progresywne są to właściwie kombajny do szybkiej produkcji dużych ilości amunicji. W odróżnieniu od poprzednio omawianych pras, w których jednemu ruchowi dźwigni towarzyszyło wykonanie tylko jednej operacji na jednym naboju, w prasach progresywnych podczas jednego ruchu są przeprowadzane wszystkie operacje naraz, każda na innym naboju. Zasada działania przypomina więc zasadę działania działka typu Vulcan. Gdy jedna łuska jest kalibrowana, to w kolejnych łuskach wciskana jest spłonka, wsypywany jest proch oraz osadzany jest pocisk. W konsekwencji każdemu cyklowi ruchu dźwigni towarzyszy wyprodukowanie jednego kompletnego naboju. Prawda, że brzmi fantastycznie? Niestety są również negatywne strony tego rozwiązania.

W prasach progresywnych nie ma możliwości indywidualnego przygotowania łusek, normalizowania ich długości, czyszczenia kieszonki na spłonkę i odważania ładunku prochowego. Prasa wykonuje jedynie kalibrację, wciśnięcie spłonki (ale praktycznie bez możliwości wyczucia, czy została ona prawidłowo osadzona), wsypanie prochu z dozowaniem objętościowym (zwykle mniej dokładnym niż wagowe) i osadzenie pocisku, znowu bez możliwości oceny siły wcisku. Mamy bardzo wydajne narzędzie, ale niedające najwyższej jakości elaboracji. Co więcej, jeśli nie będziemy

Rys. 3.8. Prasa progresywna RL550B firmy Dillon [publikacja za zgodą producenta]

wystarczająco często sprawdzali poziomu prochu w dozowniku, to możemy wykonać kilka nabojów bez ładunku prochowego ze wszelkimi, nieraz katastrofalnymi następstwami takiego błędu. Co prawda nowoczesne prasy progresywne wyposażone są w urządzenia kontrolne, ale nie są one precyzyjne i pozwalają na wykrycie jedynie względnie dużych błędów w ładunku prochowym (brak prochu albo podwójna naważka). Prasy progresywne należy więc polecić głównie strzelcom pistoletowym zużywającym bardzo dużo amunicji. Są one stosowane również w małych firmach produkujących komercyjną amunicję elaborowaną. Niektórzy użytkownicy starają się wyeliminować część z zasygnalizowanych problemów przez wykonywanie niektórych operacji dodatkowych poza prasą, ale takie działanie kłóci się z ideą prasy progresywnej.

Bardzo specyficzne rozwiązania techniczne pras można spotkać w wyrobach firmy Sinclair. Produkuje ona prasy przenośne, niewymagające przytwierdzenia do podłoża oraz wykorzystujące matryce, które jedynie opierają się na stole, a nie są wkręcane w gniazda prasy (patrz rys. 3.9). Zaletą jest to, że prasę można zabrać na strzelnicę

Rys. 3.9. Prasa przenośna firmy Sinclair

i tam dokonywać elaboracji, co jest szczególnie przydatne przy poszukiwaniu optymalnego ładunku prochowego i głębokości osadzenia pocisku. Wadą tego rozwiązania jest brak możliwości kalibrowania łuski na całej długości ze względu na zbyt duże siły występujące przy tej czynności. Możliwe jest jednak kalibrowanie szyjki łuski.

3.3. Matryce

Kolejnymi, po prasie, narzędziami niezbędnymi do elaboracji amunicji, są matryce. Matryce to specjalnie ukształtowane tulejki i trzpienie przywracające łusce odkształconej podczas oddania strzału wymiary przewidziane odpowiednimi standardami. Matryce mogą być wykonane ze stali narzędziowej albo z węglików spiekanych. Te ostatnie są droższe, ale znacznie bardziej trwałe. Dużą zaletą matryc z wkładkami z węglików spiekanych jest możliwość pracy na sucho. W matrycach do łusek ze ściankami cylindrycznymi lub stożkowymi, szeroko spotykanymi w amunicji pistoletowej, nie trzeba smarować zewnętrznej powierzchni łuski przed kalibrowaniem, gdy zastosujemy matryce z węglika. Niestety łuski butelkowe muszą być smarowane, nawet jeśli kalibrowanie odbywa się matrycami z węglika spiekanego. Zaniechanie smarowania prowadzi bowiem do zakleszczenia się łuski w matrycy, a jej usunięcie jest bardzo trudne i może skończyć się zniszczeniem matrycy.

Matryce sprzedawane są najczęściej w zestawach obejmujących dwa lub trzy w miarę proste narzędzia. Wystarczają one do elaboracji dobrej amunicji karabinowej lub pistoletowej. Przy elaboracji amunicji do specjalnych celów, takiej jak amunicja wyczynowa lub amunicja z zagnieceniem wylotu łuski w rowku obwodowym pocisku (kanelurze), bywają stosowane bardziej rozbudowane matryce. Podstawowe matryce są dość dobrze zunifikowane i zazwyczaj pasują do pras produkowanych przez różnych wytwórców. Zestaw matryc pistoletowych firmy Lyman przedstawiono na rys. 3.10. Znacznie dokładniejsze, ale kilkakrotnie droższe, są matryce z wymiennymi wkładkami i z regulacją mikrometryczną. Na rysunku 3.11 przedstawiono matrycę mikrometryczną do osadzania pocisku (z lewej strony) oraz matrycę mikrometryczną do kalibrowania szyjki łuski (z prawej strony).

Należy przyjąć jako regułę, że łuski o kształcie butelkowym wymagają zestawu dwóch matryc. Pierwsza matryca wybija spłonkę i kalibruje powierzchnię zewnętrzną przy ruchu tłoka w górę oraz zazwyczaj kalibruje powierzchnię wewnętrzną szyjki (w której osadzony będzie pocisk) przy ruchu tłoka w dół, a druga matryca służy do wciśnięcia pocisku. Łuski o ściankach stożkowych lub cylindrycznych wymagają zestawu trzech matryc. Pierwsza matryca przy ruchu tłoka w górę kalibruje powierzchnię zewnętrzną łuski i wybija spłonkę, druga kalibruje powierzchnię wewnętrzną w rejonie osadzenia pocisku i wykonuje kielichowe ukształtowanie wylotu łuski, które ułatwia wprowadzenie pocisku. Trzecia matryca służy do wciśnięcia pocisku i przywrócenia cylindrycznego kształtu części kielichowej, a czasem również do wykonania zagniecenia.

Rys. 3.10. Zestaw pistoletowych matryc firmy Lyman

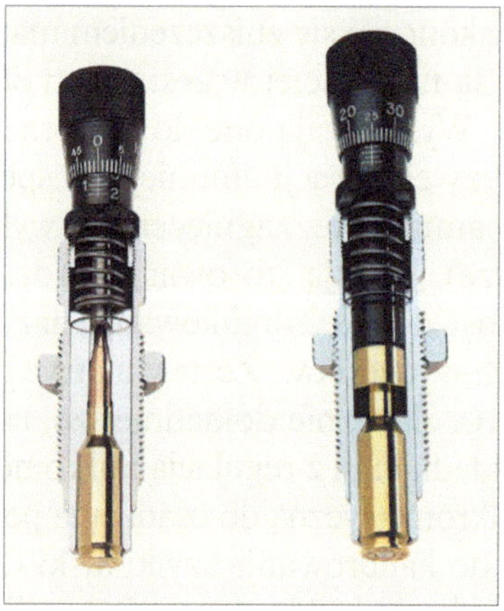

Rys. 3.11. Matryce karabinowe z regulacją mikrometryczną firmy Sinclair (przekroje)

Matryce przywracające zewnętrzne gabaryty łuski mogą być wykonane w ten sposób, aby normalizowały całą powierzchnię zewnętrzną łuski (ang. *full length resizing*) albo tylko wylotową część łuski – szyjkę (ang. *neck resizing*). Problem doboru właściwego rozwiązania będzie poruszony w rozdziale poświęconym kalibrowaniu łusek. Kupując matryce, należy wiedzieć, że typ *full length* jest bardziej uniwersalny, bo może być ustawiony również na tryb kalibrowania częściowego, które jest bardzo zbliżone do kalibrowania szyjkowego. Tak czy inaczej, dla większości osób matryca tego typu będzie niezbędna. Matryca szyjkowa może być natomiast przyszłościowym uzupełnieniem zestawu dla najbardziej wytrwałych. Prawidłowa regulacja matryc jest czynnością niezbędną dla zapewnienia właściwej jakości elaborowanej amunicji oraz uniknięcia uszkodzenia łusek czy nawet matryc. Regulacja uzależniona jest od typu matrycy i zostanie omówiona szczegółowo w rozdziale 9.

Pewne szczególne problemy mogą wystąpić przy doborze właściwej matrycy do osadzania pocisków. Prawidłowo dobrany trzpień matrycy osadzającej pocisk powinien mieć tak ukształtowaną część współpracującą z pociskiem, aby nacisk trzpienia był przenoszony na pocisk w rejonie przejścia części łukowej w cylindryczną (patrz rys. 3.12). Przy elaboracji amunicji z wykorzystaniem nowoczesnych pocisków o bardzo wysmukłym kształcie może się jednak zdarzyć, że trzpień naciska bezpośrednio na wierzchołek pocisku. W takim przypadku pojawia się niebezpieczeństwo uszkodzenia (zgniecenia wierzchołka pocisku) prowadzące do zmiany jego doskonałości aerodynamicznej oraz uzyskania niewłaściwej głębokości osadzenia. Jeśli w zestawie matryc nie ma trzpieni o innym ukształtowaniu otworu centrującego, to należy otwór ten pogłębić, zachowując jego współosiowość!

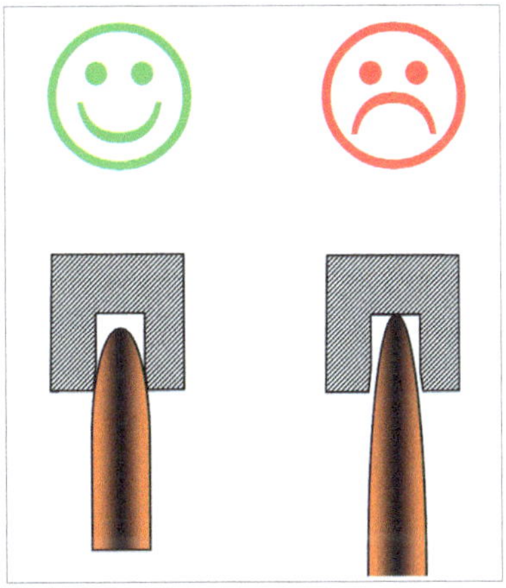

Rys. 3.12. Prawidłowy (strona lewa) i nieprawidłowy (strona prawa) kontakt trzpienia z pociskiem

3.4. Stopki do mocowania łusek

Stopki do mocowania łusek są nieodzownym elementem zestawu elaboracyjnego. Pozwalają one na prawidłowe (tzn. centryczne względem osi matrycy) umieszczenie łuski w prasie elaboracyjnej oraz wyciągnięcie łuski po jej kalibracji. Niektóre stopki mogą być stosowane do kilku kalibrów. Jest to możliwe w przypadku, gdy części denne łusek mają identyczne wymiary. Typowym przykładem są stopki do kal. .38 Special i .357 Magnum albo do kal. .222 i .223 Remington. Na rysunku 3.13 przedstawiono kilka stopek pochodzących od różnych producentów. Zasadniczo są one wymienne i stopki jednego producenta pasują do pras innego producenta. Niemniej stopki bywają wykorzystywane również w urządzeniach innych niż prasy elaboracyjne (np. w przyrządach do wciskania spłonek) i tutaj mogą pojawić się już problemy z wymiennością. Na przykład stopki firmy Lyman nie pasują do urządzenia firmy RCBS, ponieważ średnica zewnętrzna ich kołnierza jest zbyt duża.

Rys. 3.13. Stopki do pras elaboracyjnych

Początkujący reloaderzy często zapominają o zakupie stopek, przypuszczając, że stanowią one integralną część kompletów matryc. Tak jednak nie jest i konieczne jest sprawdzenie w katalogu, jakie stopki współpracują z łuskami interesujących nas kalibrów, i ich zakupienie. Jeśli elaborowanych jest wiele kalibrów, to trzeba zwrócić baczną uwagę, aby nie pomieszać stopek, gdyż omyłkowo można założyć stopkę od innego kalibru. W niektórych przypadkach uda nam się włożyć łuskę w niewłaściwą stopkę, co jednak nie zapewni dobrego centrowania i może spowodować uszkodzenie kryzy łuski.

W tabeli 3.1 zamieszczono identyfikatory stopek czołowych producentów przeznaczone do nabojów najpopularniejszych w Polsce kalibrów. Niestety każdy z producentów stosuje inne oznaczenia stopek.

Tabela 3.1. Identyfikatory stopek różnych producentów

Kaliber	RCBS	Lyman	Lee
9 mm Para, .38 Super	„16”	„12”	„19”
.357 SIG, .40 S&W, 10 Auto	„27”	„15”	„19”
.38 Spec., .357 Mag.	„6”	„1”	„1”
.222, .223 Rem.	„10”	„26”	„4”
.308 Win., .30-06 Springfield	„3”	„2”	„2”
7.62×54R	„13”	„17”	„16”
338 Lapua Mag.*	„14” („48”)	„38”	„25”
.408 Chey Tac	„47”		

* Nie wszystkie stopki przeznaczone do elaboracji amunicji kalibru .338 Lapua Magnum dobrze współpracują z łuskami firmy Lapua.

O ile stopki do łusek nabojów pistoletowych i karabinowych aż do kal. .408 CheyTac oraz .505 Gibbs włącznie mają kształt taki jak stopki przedstawione na rys. 3.13, to stopki do łusek kal. .50 BMG są znacznie większe i wymagają wkręcenia do tłoka prasy elaboracyjnej (patrz rys. 3.14).

Rys. 3.14. Z lewej: stopka do elaboracji amunicji kal. .50 BMG na prasie LEE Classic Cast 50 BMG; z prawej: przystawka umożliwiająca wykorzystanie na prasie LEE typowych stopek do mniejszych kalibrów

3.5. Wagi

Bardzo ważnym urządzeniem na stole reloadera jest precyzyjna i niezawodna waga. Jest ona niezbędna nawet wtedy, kiedy podstawowym sposobem odmierzania ładunku będzie metoda objętościowa, ponieważ dozownik trzeba wyregulować według wskazań wagi, a następnie wyrywkowo sprawdzać, czy ładunki prochowe są właściwe. Każda firma produkująca wyposażenie do elaboracji amunicji ma w ofercie przynajmniej jedną wagę o dokładnosc inie gorszej niż 0,005 g. Jest to niezbędna dokładność, z jaką muszą być odważane ładunki prochowe.

Najprostsze (a przez to najtańsze) i najbardziej niezawodne są wagi szalkowe (patrz rys. 3.15). Nie są one zbyt wygodne do regulacji, ale działają bardzo dobrze, jeśli przestrzega się zasad ich obsługi. Starsze wagi mają zazwyczaj odważniki przesuwne, a niektóre nowsze mają odważniki w postaci krążków zamocowanych na gwintowanych szalkach (patrz rys. 3.16). Pierwszy sposób regulacji umożliwia, w mojej opinii, łatwiejsze ustawienie wymaganej naważki prochu, ale łatwo omyłkowo i całkowicie nieświadomie zmienić nastawy wagi nawet przez lekkie jej potrącenie. Drugi sposób powoduje, że waga jest mniej czuła na przypadkowe przeregulowania, ale jej regulacja jest trochę mniej intuicyjna.

Rys. 3.15. Wagi szalkowe firmy Lyman [publikacja za zgodą producenta]

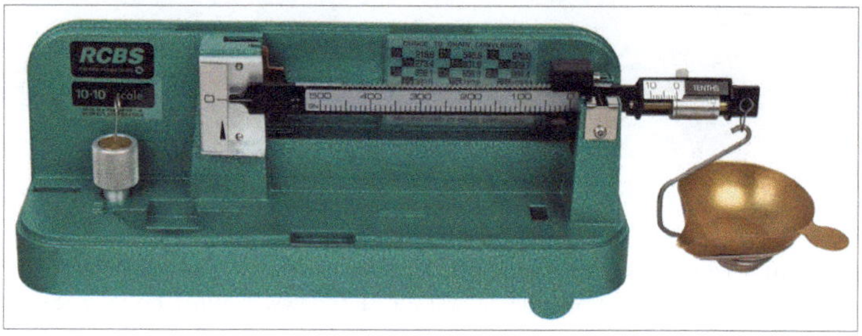

Rys. 3.16. Waga z wkręcanymi odważnikami firmy RCBS [publikacja za zgodą producenta]

Oprócz wag szalkowych coraz częściej stosuje się wagi elektroniczne. Są one znacznie bardziej przyjazne dla użytkownika, bo odczyt jest wykonywany na odpowiednim wyświetlaczu i znika problem z właściwym ustawianiem odważników. Przykładowa waga tego typu produkcji firmy Lyman przedstawiono na rys. 3.17. Waga wyposażona jest w ręczny dosypywacz, który znacznie ułatwia precyzyjne odmierzanie prochu. Niestety w przypadku awarii wagi elektronicznej istnieje większe ryzyko wykazania poważnego błędu w masie ładunku prochowego. W związku z tym absolutnie konieczne jest sprawdzanie kalibracji wagi elektronicznej za pomocą odważników wzorcowych zarówno przed wykonaniem, jak i po wykonaniu partii amunicji. Jeśli wystąpi różnica w kalibracji przekraczająca dopuszczalną przez producenta odchyłkę, to całą partię amunicji należy odrzucić, a wagę szczegółowo przetestować lub oddać do naprawy.

Wagi elektroniczne bywają sprzężone z automatycznymi dozownikami elektrycznymi (patrz rys. 3.18). Oznacza to, że waga „sama przygotuje” ładunek o odpowiedniej masie, co jest niezwykle wygodne przy elaboracji większej ilości nabojów. Ponadto niektóre wagi tego typu mogą komunikować się z komputerem lub smartfonem, co pozwala na ich automatyczne programowanie (patrz rys. 3.19). Wystarczy jedynie odszukać w bazie danych elaborowany nabój, a komputer

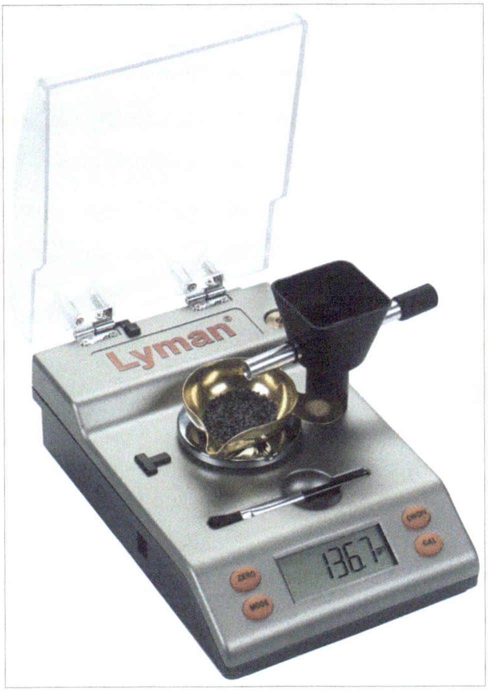

Rys. 3.17. Waga elektroniczna firmy Lyman z dosypywaczem [publikacja za zgodą producenta]

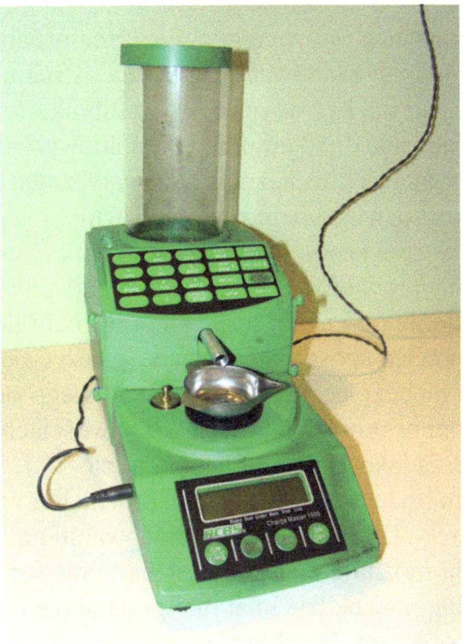

Rys. 3.18. Elektroniczna waga z automatycznym dozownikiem RCBS

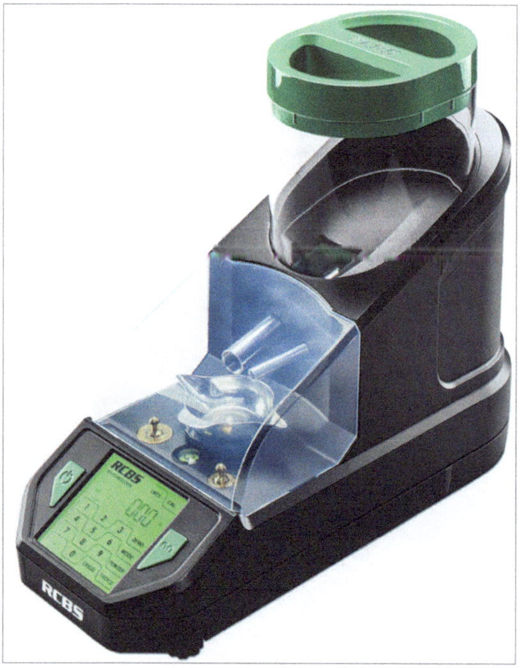

Rys. 3.19. Sterowana za pomocą smartfonu precyzyjna waga elektroniczna z elektrycznym dozownikiem - RCBS Matchmaster

przekaże do wagi informację o wymaganej naważce prochu. Stosując tego typu udogodnienie, trzeba jednak zachować wzmożoną ostrożność, aby z rozpędu nie pomylić typu prochu, jaki ma być wsypany do zasobnika.

Dla osoby, która elaboruje dużo amunicji karabinowej i eksperymentuje z optymalnymi naważkami, waga elektroniczna z automatycznym dozownikiem w opinii autora jest optymalnym rozwiązaniem pozwalającym na szybkie i dokładne przygotowywanie ładunków prochowych, warto więc ponieść zwiększony koszt na jej zakup. Dla zapewnienia prawidłowej pracy tego urządzenia konieczne jest jednak jego dokładne czyszczenie po każdej sesji elaboracyjnej i dodatkowo przy każdej zmianie prochu. Tylko w ten sposób można zabezpieczyć się przed gromadzeniem w dozowniku bardzo niebezpiecznego pyłu prochowego oraz przed zanieczyszczeniem prochu resztkami prochu o innych właściwościach, co może być bardzo niebezpieczne i pogarsza jakość wykonanej amunicji.

Pewnym przydatnym trikiem przy odważaniu prochu jest wykonanie sobie z blaszki aluminiowej odważnika kontrolnego. Po opracowaniu naboju i znalezieniu optymalnej naważki prochu można wyciąć kawałek aluminiowej blaszki, opiłowując go lub nawiercając tak długo, aż będzie miał masę dokładnie odpowiadającą naważce prochu. Blaszkę taką opisujemy i zabezpieczamy jako wzorzec ładunku. W przyszłości z pomocą tego wzorca można będzie kontrolować dokładność regulacji wagi.

UWAGA!

Wagi produkowane są ze skalowaniem w gramach oraz w granach. Rozpoczynając pracę z nową wagą, należy zawsze sprawdzić, w jakim systemie jednostek jest wyskalowana. Przelicznik jest następujący: 1 gram [g] = 15,43 granów [gr]. Praktycznie wszystkie wagi elektroniczne pozwalają na wybór jednostek ciężaru, ale nie wszystkie wagi zapamiętują ten wybór do kolejnej sesji.

3.6. Objętościowe urządzenie dozujące

Dozownik objętościowy bardzo ułatwia szybkie odmierzenie ładunku prochowego i z tego powodu zalecany jest do produkcji amunicji pistoletowej oraz rewolwerowej, którą wytwarza się w większych ilościach. Nie zapewnia on jednak tak dużej dokładności masy ładunku, jaką można uzyskać przy wykorzystaniu precyzyjnej wagi. Typowy dozownik firmy Lyman oparty na cylindrycznym bębnie, w którym wydrążona jest kieszonka, przedstawiono na rys. 3.20. W wyniku obrotu korbki

Rys. 3.20. Dozownik objętościowy firmy Lyman [publikacja za zgodą producenta]

kieszonka ta przemieszcza się pomiędzy położeniem górnym, w którym wsypuje się do niej z zasobnika odpowiedni ładunek prochowy, a położeniem dolnym, przy którym proch wysypuje się z niej do łuski. Kieszonka może mieć stałą objętość albo objętość regulowaną przez wkręcanie gwintowanego tłoka (który widoczny jest na rysunku z lewej strony).

Dla uzyskania dużej precyzji odmierzania prochu konieczne jest przepuszczenie przez dozownik – na samym początku, zanim przystąpi się do pierwszej elaboracji – około 0,5 kg prochu, który z powrotem można będzie wykorzystać. W wyniku tego bęben i cylinder mierniczy pokrywają się nalotem zapewniającym bardziej precyzyjne działanie. Trzeba sobie zdawać sprawę, że nie wszystkie prochy dobrze współpracują z dozownikami bębnowymi. Problemy występują szczególnie przy dozowaniu prochów o grubych, twardych ziarnach. Przykładowo proch VihtaVuori 3N37 dozuje się doskonale, a proch N140 zostaje rozgnieciony przez krawędź bębna, co więcej – ruch bębna jest mniej płynny. Dobrze jest wyrobić w sobie nawyk powtarzalnego operowania korbką dozownika. Ruch korbką powinien kończyć się lekkim uderzeniem w zderzak górny albo dolny. Dzięki temu proch bardziej równomiernie napełnia dozownik i całkowicie się z niego potem wysypuje. Trzeba pamiętać, że przy napełnianiu dużych łusek mających wąskie szyjki (lub gdy stosuje się wąską końcówkę dozownika) konieczne jest spokojne odczekanie, aż cały proch wsypie się do łuski. W przeciwnym przypadku część prochu zamiast do łuski trafi na podłogę.

UWAGA!

ROZSYPANEGO PROCHU ZE WZGLĘDU NA NIEBEZPIECZEŃSTWO ZAPALENIA NIE WOLNO SPRZĄTAĆ ODKURZACZEM!!!

Przed użyciem dozownika należy sprawdzić, jaka jest masa ładunków przez niego dozowanych i ewentualnie dokonać regulacji. Regulacja dozowników wyposażonych w gwintowany tłok jest stosunkowo łatwa i polega na wkręcaniu lub wykręcaniu tłoka, natomiast w dozownikach pozbawionych tej regulacji (obecnie rzadko spotykanych) konieczne jest wymienienie bębna na inny bądź modyfikacja kieszonki.

Jeśli reloader zamierza elaborować amunicję różnego typu, to zdecydowanie należy wybrać dozownik z tłokiem ustawianym za pomocą śruby mikrometrycznej. Ułatwia to i znacznie przyspiesza regulowanie dozownika i powrót do poprzednich ustawień. Oczywiście zastosowanie regulacji mikrometrycznej nie zwalnia od sprawdzenia naważki za pomocą wagi.

UWAGA!

Każdy rodzaj prochu ma inną gęstość nasypową (tzn. inny jest ciężar jednostki jego objętości). Oznacza to, że dozownik po zmianie rodzaju prochu (a niekiedy nawet jego partii) będzie odmierzać inną masę prochu. Ponieważ ładunki dobiera się według masy, więc zmiana rodzaju prochu musi pociągać za sobą zmianę regulacji dozownika.

Zarówno dozownik, jak i dosypywacz muszą być zawsze po zakończeniu ładowania dokładnie opróżnione, gdyż **NIEDOPUSZCZALNE JEST ZMIESZANIE PROCHÓW RÓŻNEGO RODZAJU**. Ponadto dozowniki objętościowe mają tendencję do rozkruszania i rozłamywania niektórych gatunków prochu, więc należy sukcesywnie czyścić je również wewnątrz.

3.7. Dosypywacze

Bardzo przydatnym dla reloadera urządzeniem jest dosypywacz (ang. *trickler*, *dribbler*). Dwa bardzo popularne dosypywacze przedstawiono na rys. 3.21. Jeśli ktoś zamierza opierać się głównie na wagowej metodzie odmierzania ładunku prochowego, ale nie posiada wagi z automatycznym dozownikiem, to bez tego prostego urządzenia na pewno się nie obejdzie. Po napełnieniu prochem dosypywacz pozwala (przez obracanie pokrętła) na dozowanie prochu ziarenko po ziarenku. Dzięki temu możemy precyzyjnie wsypywać proch do miseczki umieszczonej na wadze tak długo, aż zostanie uzyskany wymagany ładunek prochowy. Ponieważ jest to czynność bardzo powolna, więc najlepiej jest wstępnie napełnić **z niedomiarem** miseczkę metodą objętościową (urządzenie do tego celu omówione jest powyżej), a następnie dodać niewielką ilość prochu dosypywaczem. O ile, elaborując amunicję pistoletową, można obyć się bez tego urządzenia, to przy elaboracji amunicji karabinowej jest ono bardzo przydatne.

Rys. 3.21. Dosypywacze prochu firmy Lyman (z lewej) i RCBS (z prawej) [publikacja za zgodą producentów]

3.8. Poduszki do smarowania

Poduszka do smarowania jest konieczna, jeśli mamy zamiar elaborować amunicję w łuskach o kształcie butelkowym oraz gdy elaborujemy łuski cylindryczne lub stożkowe przy użyciu matryc wykonanych ze stali. Jako poduszka do smarowania może służyć klasyczna poduszka do tuszu stemplowego lub profesjonalna poduszka specjalnie wykonana w tym celu (patrz rys. 3.22). Smarowanie zewnętrznej powierzchni łuski zapobiega jej zatarciu w matrycy. Potrzebny do tego jest również specjalny smar (gęsty olej lub aerozol) oraz nylonowa szczoteczka o średnicy odpowiadającej kalibrowi pocisku, którą można delikatnie nasmarować szyjkę łuski od wewnątrz. Należy pamiętać, że szyjka łuski nie powinna być smarowana od zewnątrz.

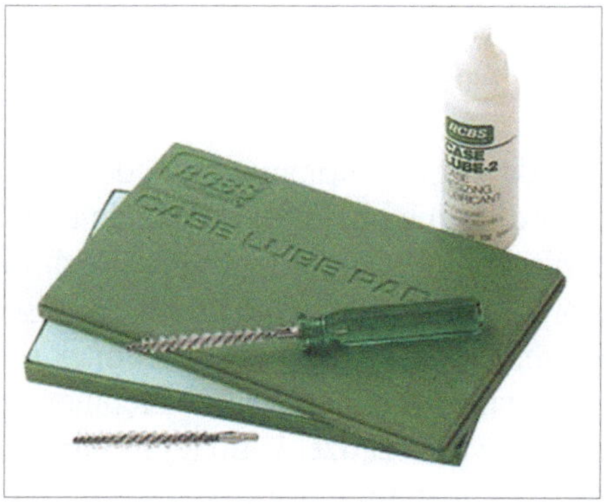

Rys. 3.22. Poduszka do smarowania łusek przed kalibrowaniem, szczoteczka i smar firmy RCBS [publikacja za zgodą producenta]

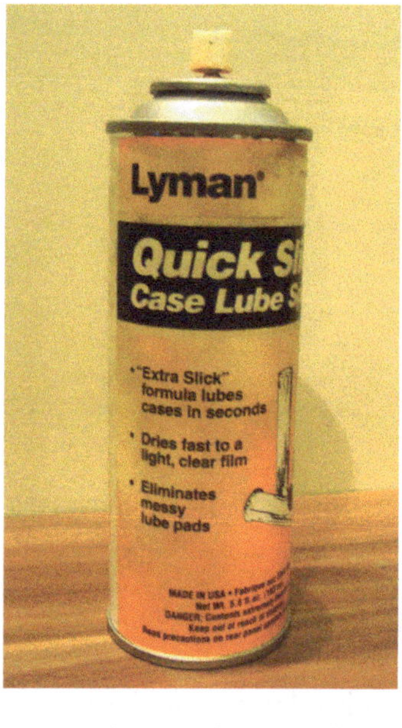

Rys. 3.23. Pojemnik z aerozolowym środkiem smarnym

Coraz częściej klasyczny sposób smarowania zewnętrznej powierzchni łuski zastępowany jest przez spryskiwanie łuski specjalnym środkiem smarnym w aerozolu zmagazynowanym w pojemniku pod ciśnieniem (patrz rys. 3.23). Metoda ta jest szybsza i szczególnie dobrze nadaje się do smarowania dużych łusek karabinowych. Co prawda przy odpowiedniej wprawie łuskę delikatnie spryskaną aerozolem można bezpośrednio włożyć do matrycy, ale w opinii autora po spryskaniu smarem lepiej jest ją „przetoczyć" po poduszce do smarowania, co rozprowadza równo smar i zapobiega jego nadmiernemu nagromadzeniu.

3.9. Tacki

Tacki są przydatne dla każdego poważnego reloadera (patrz rys. 3.24). Pozwalają one zachować porządek na stole i zabezpieczają przed przewracaniem się łusek. Dobrze jest posiadać przynajmniej dwie tacki, tak aby w jednej przechowywać łuski oczekujące na przeprowadzenie kolejnej operacji, a po jej wykonaniu odkładać łuski do drugiej tacki. W ten sposób zmniejszamy ryzyko ominięcia którejś z łusek lub podwójnego wykonania jakiejś operacji. Jako tacki mogą niekiedy służyć plastikowe wkładki do fabrycznych pudełek z nabojami.

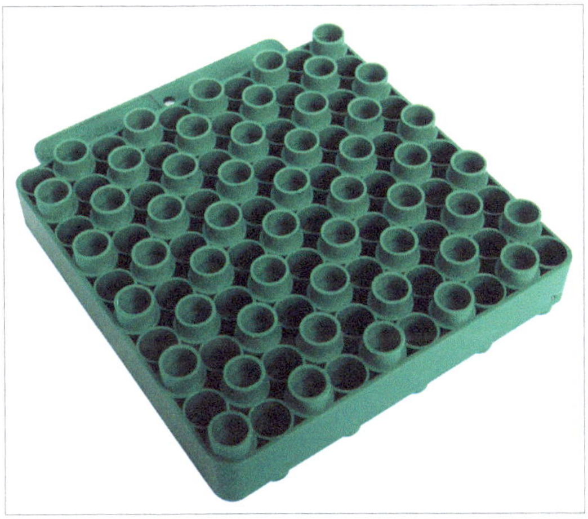

Rys. 3.24. Tacka do międzyoperacyjnego przechowywania łusek firmy RCBS [publikacja za zgodą producenta]

3.10. Szczotki

Szczotki mosiężne, tego samego typu jak szczotki do czyszczenia luf, są używane do usuwania nalotów z wnętrza szyjki łuski. Dobre wyczyszczenie szyjki ułatwia znacznie jej kalibrowanie, wyraźnie zmniejsza zużycie matryc i zapewnia bardziej pewne i powtarzalne osadzenie pocisku. Szczoteczki nylonowe bywają stosowane do delikatnego nasmarowania wnętrza szyjki łuski przed kalibrowaniem.

3.11. Lejki do wsypywania prochu

Lejek jest bardzo prostym, ale praktycznie niezbędnym do elaboracji amunicji przyrządem. Należy używać lejków specjalnie przystosowanych do przesypywania prochu, gdyż są one wykonane z tworzyw sztucznych, na których nie gromadzą się ładunki elektrostatyczne (patrz rys. 3.25). Teoretycznie istnieje możliwość zapalenia pyłu prochowego od wyładowania elektrostatycznego, co oczywiście byłoby bardzo niebezpieczne. Praktycznie jednak główna zaleta antystatycznego lejka tkwi w ograniczeniu przywierania ziarenek prochu do jego ścianek, co znacznie ułatwia czyszczenie lejka (a powinien być on czyszczony po każdej sesji elaboracyjnej i przy każdej zmianie prochu). Lejki do przesypywania prochu mają zwykle silne zwężenie w części wylotowej, co znacznie spowalnia opróżnianie się lejka. Trzeba to uwzględnić przy wsypywaniu prochu, aby uniknąć jego rozsypania.

Rys. 3.25. Uniwersalny lejek do wsypywania prochu

Osoby elaborujące znaczne ilości amunicji mogą wykonać dla siebie lejki przeznaczone do danego kalibru (średnicy szyjki łuski). Takie lejki ze względu na lepsze osadzenie w szyjce łuski pozwalają na szybsze wykonywanie napełnienia łuski prochem i zmniejszają niebezpieczeństwo rozsypania prochu. Ze względów bezpieczeństwa (ładunki statyczne) lejki należy wykonywać z metalu, najlepiej ze stopów aluminium (patrz rys. 3.26).

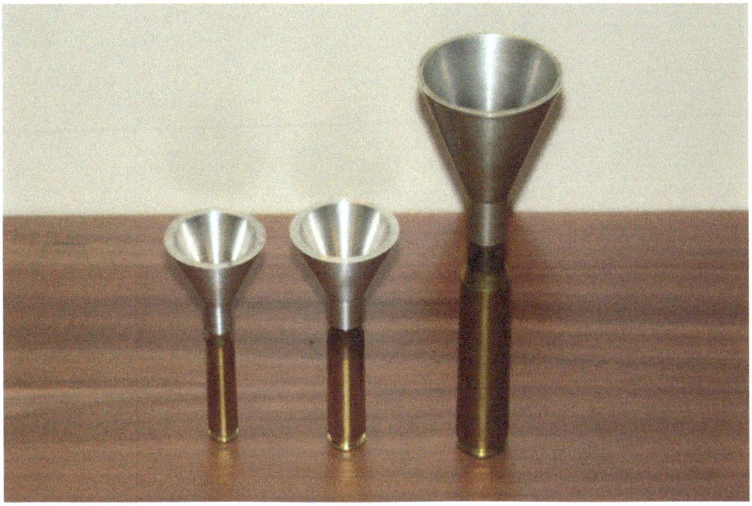

Rys. 3.26. Lejki toczone ze stopu aluminium przeznaczone do poszczególnych kalibrów

3.12. Suwmiarki i wzorniki

Podstawowym narzędziem pomiarowym przy elaboracji amunicji jest suwmiarka. Jest ona szczególnie przydatna do sprawdzania długości całkowitej naboju (ang. *overall length*, OAL). Niestety z punktu widzenia prawidłowego dopasowania naboju do komory nabojowej długość całkowita jest mniej ważna niż długość naboju liczona od dna łuski do tego miejsca pocisku, które jako pierwsze kontaktuje się z gwintem lufy. Ponieważ przy produkcji pocisków stosuje się pewne tolerancje wymiarowe, dlatego nawet dla pocisków wysokiej jakości położenie miejsca kontaktu z bruzdami może być w poszczególnych pociskach jednej partii przesunięte nawet o 0,3 mm. Pociski z innej partii, a już na pewno pociski innego typu, mogą mieć znacznie większe odchyłki położenia linii kontaktu.

Dla uzyskania optymalnej celności konieczna jest jednak ścisła kontrola odległości pomiędzy stożkiem przejściowym a częścią głowicową pocisku. Zwykle optymalna odległość to około 0,2–0,3 mm (wartość ta nie dotyczy kal. .50 BMG). Powiększenie tej odległości pogarsza celność, a całkowite wyeliminowanie luzu prowadzi do wyraźnego wzrostu ciśnienia. Zastosowanie specjalnych, bardzo precyzyjnie wykonanych tulejek, o kształcie wewnętrznym odpowiadającym przedniej części komory nabojowej wraz ze stożkiem przejściowym, pozwala na takie bazowanie przyrządu pomiarowego (np. suwmiarki), jakie będzie miało miejsce po wprowadzeniu pocisku do komory. Dwa urządzenia z tulejkami pomiarowymi firmy Sinclair przedstawiono na rys. 3.27. Problem głębokości osadzenia pocisku i jej kontroli omówiony jest szczegółowo w podrozdziale 5.4.

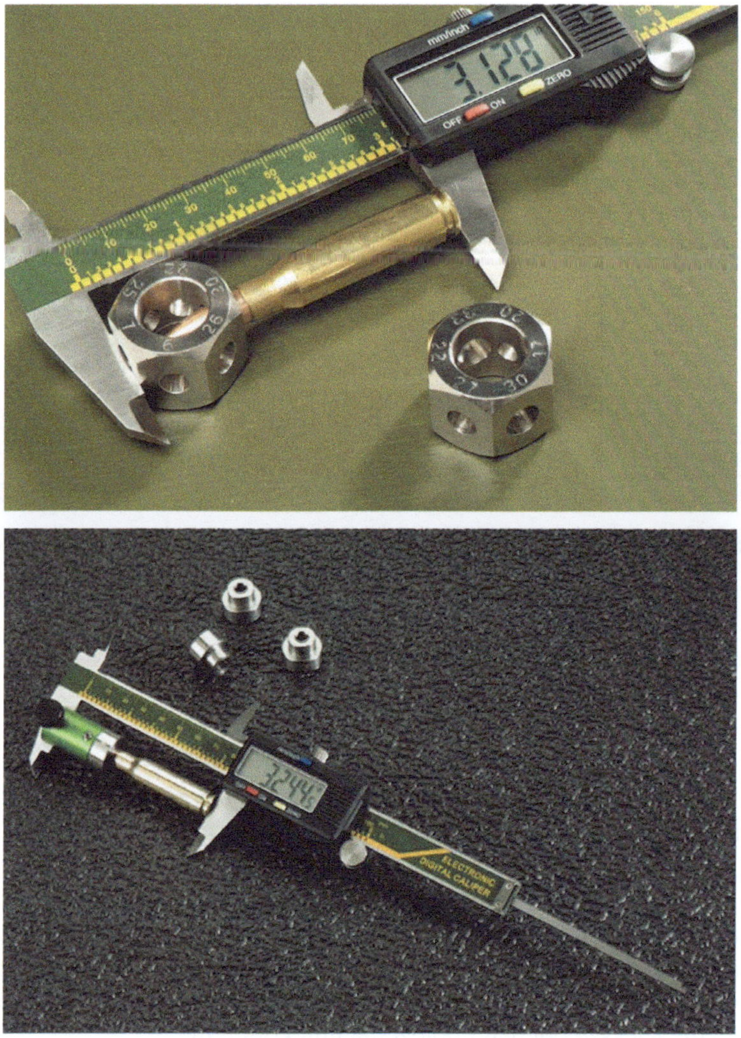

Rys. 3.27. Urządzenia pomiarowe z tulejkami (komparatory) firmy Sinclair [publikacja za zgodą producenta]

3.13. Trymery

Dla bardziej zaawansowanych reloaderów zajmujących się elaboracją precyzyjnej amunicji karabinowej przydatnym urządzeniem jest również trymer do łusek. W trakcie strzału na łuskę działają bardzo duże siły powodujące jej rozciąganie. Jakkolwiek kalibracja za pomocą matryc przywraca łusce wymiary nominalne, to jednak nie jest ona w stanie wyeliminować rozciągnięcia szyjki łuski o kształcie butelkowym lub przyrostu długości całkowitej łuski cylindrycznej. W konsekwencji łuska wydłuża się przy każdym kolejnym strzale i może osiągnąć długość uniemożliwiającą prawidłowe ułożenie w komorze nabojowej. Stosowanie łusek wystrzelonych w innym egzemplarzu broni może również prowadzić do kłopotów z długością łuski, bo jeśli broń, z której ją wystrzelono, miała luźną komorę, łuska mogła ulec poważnemu odkształceniu. Ponadto, jeśli pocisk jest w łusce zaciśnięty kształtowo (zawalcowany), co często występuje w amunicji do broni wojskowej lub w rewolwerach, to zmiana długości łuski wpływa dodatkowo na parametry tego zaciśnięcia. Krawędzie dłuższych łusek są bowiem mocniej i głębiej wciskane w kanelur pocisku. Dobrze jest więc, przynajmniej za pierwszym razem, przywracać łuskom nominalną długość, czyli je trymować.

Trymowanie łusek odbywa się po ich kalibrowaniu i wykonywane jest za pomocą ręcznego lub elektrycznego urządzenia, które frezuje czołową powierzchnię szyjki łuski. Przykładowe ręczne urządzenie tego typu produkcji firmy RCBS przedstawiono na rys. 3.28. Dla każdego kalibru konieczne jest zastosowanie specjalnego uchwytu łuski i trzpienia centrującego mocowanego do frezu. Trymer do łusek musi być przed rozpoczęciem pracy wyregulowany tak, aby zderzak zatrzymywał proces frezowania w momencie, w którym długość łuski zgodna jest z wymogami. Trymery polecane są głównie dla osób, które zamierzają wytwarzać amunicję o bardzo dużej celności oraz dla tych, którzy korzystają z łusek pochodzących z różnych egzemplarzy broni. Od czasu do czasu trymer należy wyczyścić, a jego ruchome elementy nasmarować. Ostrzenie frezów jest bardzo skomplikowane i po ich stępieniu należy raczej kupić nowe.

Rys. 3.28. Ręczne urządzenie do trymowania długości łuski produkcji RCBS [publikacja za zgodą producenta]

Oprócz klasycznych trymerów, takich jak przedstawiony na rys. 3.28, spotykane są również specjalistyczne trymery bazujące na trzpieniu przechodzącym przez otwór ogniowy w łusce (patrz rys. 3.29). Trzpień wyposażony jest z jednej strony we frez. Z drugiej strony posiada przewężenie, które przechodzi przez całą długość łuski i wchodzi do otworu ogniowego. Trzpień może być napędzany ręcznie lub mechanicznie i zagłębiany jest w łuskę aż do momentu, w którym jego przewężona część oprze się o płytkę dociśniętą do stopki łuski.

Rys. 3.29. Ręczne urządzenie do trymowania długości łusek amunicji .50 BMG bazujące na trzpieniu przechodzącym przez otwór ogniowy

Oprócz ręcznych trymerów spotykane są również trymery mechaniczne, napędzane silniczkiem elektrycznym. Ich przydatność jest jednak wątpliwa, gdyż trymowanie ręczne nie jest czynnością bardzo uciążliwą i czasochłonną. Autor uważa, że zamiast wydawać pieniądze na tego typu urządzenie lepiej jest przeznaczyć je na lepszą wagę lub bardziej precyzyjne matryce.

3.14. Frezy do załamywania krawędzi łuski

Po wykonaniu trymowania konieczne jest załamanie ostrych krawędzi szyjki łuski. Odstąpienie od tej czynności prowadzi do problemów z wprowadzaniem naboju do komory nabojowej oraz do uszkodzeń pocisków w trakcie ich wciskania do łuski. Do załamywania krawędzi służą ręczne narzędzia pozwalające na obróbkę krawędzi od wewnątrz i od zewnątrz (patrz rys. 3.30). Niektórzy producenci oferują również elektryczne maszynki (kombajny) wykonujące załamywanie krawędzi wewnętrznych, zewnętrznych, usuwanie zadziorów w otworze zapałowym i normalizację kieszonki na spłonkę oraz często również zabieg trymowania. Biorąc pod uwagę, że obracanie palcami narzędzia ręcznego może być dla wielu osób uciążliwe, elektryczna maszynka eliminująca tę niedogodność może być godna polecenia.

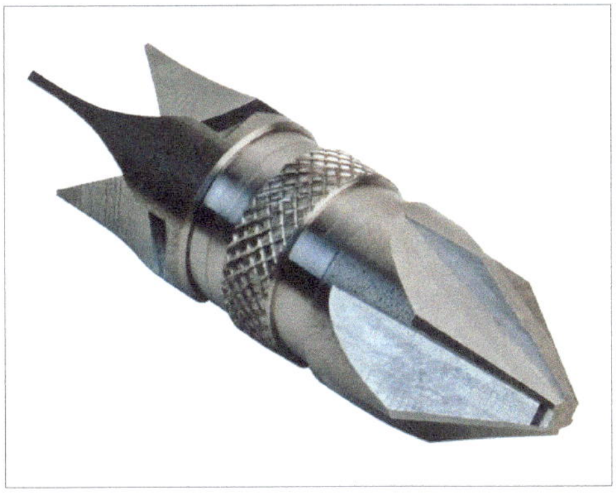

Rys. 3.30. Narzędzie do załamywania krawędzi szyjki łuski produkcji RCBS [publikacja za zgodą producenta]

3.15. Urządzenie do czyszczenia łusek

Dużą pomocą przy elaboracji amunicji jest wibracyjne urządzenie do czyszczenia łusek (ang. *case tumbler*) (patrz rys. 3.31). Do komory roboczej takiego urządzenia wsypuje się łuski oraz specjalny granulat czyszczący (często oparty na otrębach kukurydzianych lub rozdrobnionych skorupach orzechów). Po kilkudziesięciu minutach łuski zostają oczyszczone i wypolerowane, co znacznie podwyższa ich walory wizualne oraz może mieć pozytywny wpływ na łatwość wprowadzania nabojów do komory nabojowej. Po czyszczeniu łusek należy usunąć z nich cały granulat czyszczący. Pozostawienie nawet nieznacznej ilości granulatu w łusce może prowadzić do niebezpiecznego wzrostu ciśnienia.

Rys. 3.31. Wibracyjne urządzenie do czyszczenia łusek firmy Dillon Precision [publikacja za zgodą producenta]

Tumbler może mieć również dodatkowe zastosowanie jako urządzenie do pokrywania pocisków disiarczkiem molibdenu (MoS_2) lub dwusiarczkiem wolframu (WS_2). Disiarczek molibdenu zmniejsza tarcie pocisku o przewód lufy i z racji tego bywa używany w nabojach karabinowych najwyższej jakości. Na rynku są zestawy zawierające pył MoS_2 albo WS_2. Po wsypaniu ich do zamykanego pojemnika wykonanego z wytrzymałego tworzywa sztucznego razem z kulkami stalowymi i bardzo dokładnie odtłuszczonymi pociskami prowadzi się długotrwałe wibrowanie w tumblerze, co osadza cząsteczki MoS_2 na płaszczach pocisków.

Wyjmowanie oczyszczonych łusek z tumblera nie jest czynnością przyjemną, gdyż po kilku wibrowaniach granulat zanieczyszczony jest szaro-czarnym pyłem źle wpływającym na skórę rąk i dlatego czynność tę należy wykonywać w lateksowych rękawiczkach. Warto jest również zainwestować w separator (patrz rys. 3.32), który zdecydowanie ułatwia oddzielenie łusek od granulatu. W zależności od stanu granulatu może być on ponownie przesypany do tumblera albo zutylizowany. Niektóre tumblery umożliwiają odseparowanie łusek od środka czyszczącego bez stosowania odrębnego separatora.

Rys. 3.32. Separator łusek firmy Frankford Arsenal

3.16. Narzędzia do normalizowania i czyszczenia kieszonki na spłonkę

Niezależnie od mechanicznego czyszczenia łuski, po wyprasowaniu spłonki warto oczyścić dokładnie kieszonkę, w którą jest ona wciskana. Produkty spalania ładunku inicjującego pozostawiają w kieszonce stosunkowo gruby nalot, który utrudnia prawidłowe osadzenie nowej spłonki. Jeśli spłonka nie zostanie prawidłowo osadzona, to możliwe są bardzo poważne konsekwencje, począwszy od przypadkowego strzału podczas przeładowywania, a na niewypale skończywszy.

Po wyprasowaniu starej spłonki należy więc za pomocą specjalnego narzędzia wyskrobać osad z kieszonki w łusce. Mogą do tego służyć np. bardzo twarde pędzelki z drucików, takie jak przedstawiono na rys. 3.33. Można również we własnym zakresie przygotować sobie proste narzędzie w postaci wałka o średnicy spłonki z wypiłowaną na końcu „płetwą" (patrz rys. 3.34). Niestety czyszczenie kieszonki może być wykonane tylko przy korzystaniu z pras jednogniazdowych lub rewolwerowych, a na prasach progresywnych jest pomijane[26].

Rys. 3.33. Pędzelek do czyszczenia kieszonki na spłonkę produkcji RCBS [publikacja za zgodą producenta]

Rys. 3.34. Narzędzie do czyszczenia kieszonki na spłonkę

3.17. Ręczny przyrząd do osadzania spłonek

Jakkolwiek typowa prasa elaboracyjna przystosowana jest również do osadzania spłonek, to jednak zaleca się korzystanie z wyspecjalizowanych urządzeń ręcznych pozwalających na lepsze wyczucie oporu, który stawia spłonka. Zapobiega to nieprawidłowemu osadzeniu, które w konsekwencji może zmieniać czułość spłonki i intensywność impulsu zapłonowego. Ręczne urządzenie do osadzania spłonek ułatwia również wyeliminowanie łusek, które poddane były nadmiernemu ciśnieniu i których kieszonki zostały rozdęte. Stan ten wyczuwany jest bowiem jako zupełny brak oporu przy wciskaniu spłonki. Dwa ręczne przyrządy do osadzania spłonek produkcji firmy RCBS przedstawiono na rys. 3.35. Jeden z tych

[26] Niektórzy reloaderzy wykorzystujący prasy progresywne przerywają proces ładowania na takiej prasie i ręcznie czyszczą kieszonki, a następnie ponownie wprowadzają łuski do obiegu. Tego typu postępowanie zapewnia lepszą jakość amunicji, ale jednocześnie zaprzecza idei prasy progresywnej.

przyrządów wykorzystuje spłonki sprzedawane w taśmowych zasobnikach, co jest bardzo wygodne dla osoby elaborującej i bardzo bezpieczne, a drugi spłonki sprzedawane w pudełeczkach i wsypywane luzem do dyskowego zasobnika. Zasobniki dyskowe mają dolną powierzchnię pokrytą obwodowymi rowkami, co pozwala przy umiejętnym potrząśnięciu odwrócić wszystkie spłonki w odpowiednią stronę, tzn. kowadełkiem do góry.

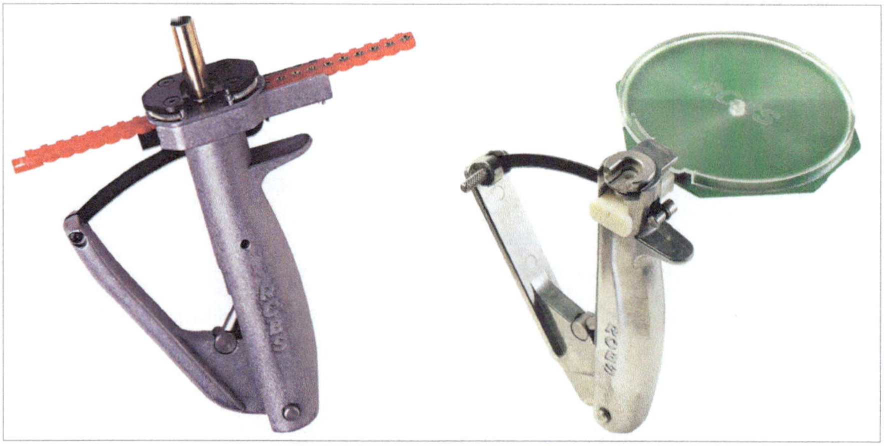

Rys. 3.35. Ręczne przyrządy do osadzania spłonek produkcji RCBS [publikacja za zgodą producenta]

Dla osób przedkładających jakość elaboracji nad jej szybkość warto polecić urządzenie do osadzania spłonek firmy Sinclair przedstawione na rys. 3.36. Co prawda nie posiada ono zasobnika na spłonki i każdą spłonkę trzeba indywidualnie wkładać do jego głowicy, ale zapewnia bardzo płynną pracę i możliwość precyzyjnej kontroli

Rys. 3.36. Ręczny przyrząd do osadzania spłonek produkcji Sinclair

siły nacisku i głębokości osadzenia spłonki. Dzięki temu przy pewnej wprawie można określić, czy kieszonka na spłonkę nie jest nadmiernie luźna oraz można wyczuć ściskanie spłonki, podczas którego kowadełko zagłębia się nieznacznie w miseczce spłonki typu Boxer. Jest to tzw. metoda na wyczucie. Przyrząd Sinclair może być również ustawiony tak, aby osadzał spłonki zawsze na taką samą głębokość przez regulację wkrętu ustalającego.

Spłonki do amunicji kal. .50 BMG są niemal wyłącznie osadzane za pomocą przystawek montowanych do pras elaboracyjnych (patrz rys. 3.37), gdyż przyrządy ręczne wymagałyby zbyt dużej siły nacisku.

Rys. 3.37. Przystawka do osadzania spłonek .50 BMG za pomocą prasy elaboracyjnej

Osadzanie spłonek jest zajęciem wymagającym sporej ostrożności. Zgniecenie spłonki może bowiem spowodować jej detonację. **Przy osadzaniu spłonek należy korzystać z okularów ochronnych. Zabrania się również demontowania zabezpieczeń mających uniemożliwić łańcuchowe zdetonowanie większej ilości spłonek.**

3.18. Młotek do rozcalania amunicji

Młotek umożliwia rozcalenie naboju i może być przydatny, zarówno gdy chcemy zapoznać się z budową naboju komercyjnego, jak i w sytuacji, kiedy z jakiegoś powodu musimy rozcalić partię wykonanej przez nas amunicji. Powodem takiego działania może być np. podejrzenie, że ładunek prochowy jest niewłaściwy, lub chęć rozebrania niewykorzystanych nabojów wykonanych w celu opracowania optymalnego ładunku prochowego. Nabój wkładamy do specjalnego zagłębienia w młotku (pociskiem w głąb) i zakręcamy nakrętkę, co powoduje zaciśnięcie się pazurów na kryzie i unieruchomienie naboju. Następnie uderzamy młotkiem (częścią znajdującą się z lewej strony na rys. 3.38) w sztywną przeszkodę, co powoduje, że siła bezwładności pocisku wyrywa go z łuski. Pocisk i proch wpadają do zagłębienia w młotku. Spotykane są również młotki wykorzystujące do unieruchomienia naboju standardowe stopki współpracujące z matrycami. Autor spotkał się jednak z przypadkami uszkodzenia stopek przy wybijaniu ciężkich pocisków z łusek o większych kalibrach, które tak silnie oddziaływały na kołnierze stopek, że powodowały ich deformację, a nawet wyrwanie.

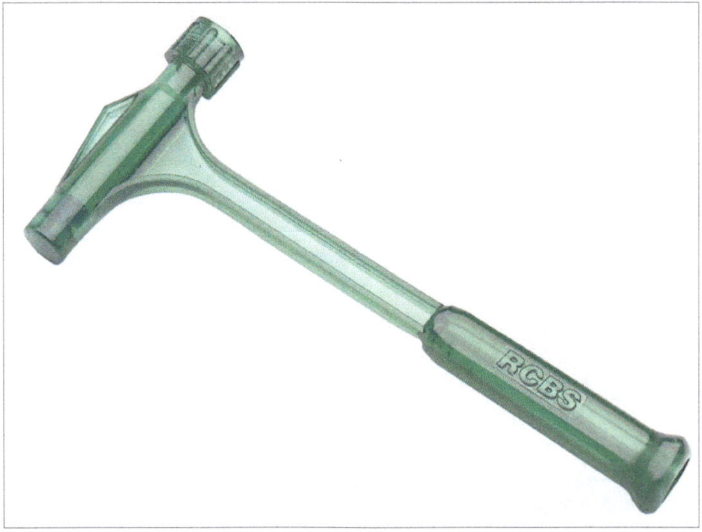

Rys. 3.38. Młotek do rozcalania amunicji produkcji RCBS [publikacja za zgodą producenta]

3.19. Nożyk do normalizowania szyjki łuski

Bardzo specjalistycznym przyrządem wykorzystywanym przez osoby elaborujące ultraprecyzyjną amunicję jest nożyk do obtaczania szyjki w łusce. W konkurencjach benchrest przykłada się bardzo dużą wagę do idealnego centrowania naboju w komorze oraz do minimalizowania siły zacisku pocisku w łusce. W tym celu szyjki łusek butelkowych przetaczane są tak, by miały mniejszą od nominalnej, ale dzięki temu bardzo jednolitą grubość. Wykonuje się to za pomocą ręcznych nożyków (patrz rys. 3.39). Przetaczanie szyjek w łuskach stosowane jest głównie wtedy, gdy w lufie karabinu zostanie wykonana bardzo precyzyjna komora nabojowa o zmniejszonej średnicy w rejonie szyjki łuski. Przy takim rozwiązaniu broń może być zasilana tylko specjalnymi dopasowanymi nabojami. Zastosowanie komercyjnych nabojów zgodnych ze standardami może być dla takiej broni wręcz niebezpieczne, gdyż zamiast niewielkiego luzu między szyjką naboju a komorą powstanie znaczny zacisk, co zwiększy ciśnienie gazów prochowych. Eksperymentowanie ze zmianą średnicy szyjki łuski i z nietypowymi komorami należy pozostawić osobom o bardzo dużej wiedzy z zakresu elaboracji i rusznikarstwa.

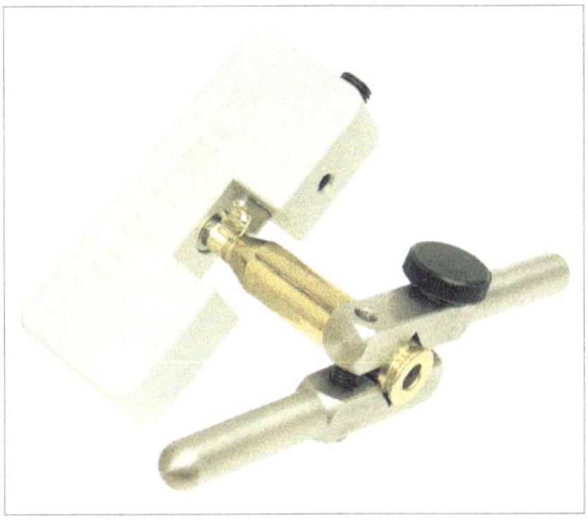

Rys. 3.39. Nożyk do normalizowania (obtaczania) szyjki łuski firmy Sinclair [publikacja za zgodą producenta]

Niekiedy celowe jest obtaczanie szyjek w łuskach, gdy amunicja ma mieć bardzo dużą celność, a grubość ścianek poszczególnych łusek różni się o ponad 0,075 mm[27]. W takim przypadku należy łuskę obtaczać tak, aby zabielić jedynie około 75% powierzchni szyjki łuski[28]. Jeśli reloader będzie dążyć do zabielenia całej szyjki, może doprowadzić to do nadmiernego pocienienia ścianek łuski.

3.20. Przyrządy do usuwania zagnieceń utrzymujących spłonki w amunicji wojskowej

Jeśli do elaboracji są wykorzystywane łuski pochodzące z amunicji wojskowej, to z dużą dozą prawdopodobieństwa można przypuszczać, że będą

[27] Różnica ta dotyczy zarówno grubości ścianki szyjki mierzonej w kilku miejscach w tej samej łusce, jak i różnic występujących pomiędzy poszczególnymi łuskami.

[28] Oznacza to, że zostaną obtoczone tylko rejony o największej grubości ścianek.

one miały zagniecenia przytrzymujące i uszczelniające spłonkę w gnieździe (patrz rys. 3.40). Próba wciśnięcia nowej spłonki bez usunięcia zagniecenia skończy się poważną deformacją spłonki, która w pewnych sytuacjach może doprowadzić do niewypału albo rozerwania spłonki podczas strzału. Usunięcie zagniecenia może być wykonane przez wciśnięcie do kieszonki na spłonkę specjalnego narzędzia rozpychającego zagniecenia i przywracającego nominalną średnicę kieszonki (np. RCBS Primer Pocket Swager Combo) lub za pomocą małego rozwiertaka (patrz rys. 3.41 i 3.42).

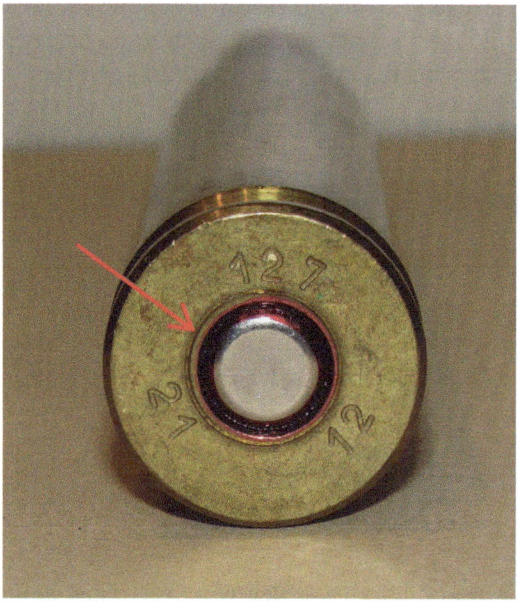

Rys. 3.40. Wojskowe łuski z zagnieceniami utrzymującymi spłonkę w kieszonce

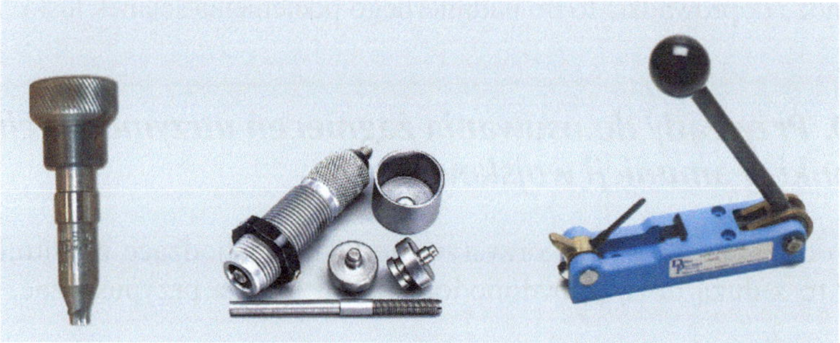

Rys. 3.41. Przyrządy do eliminowania zagniecenia kieszonki na spłonkę: z lewej rozwiertak firmy Wilson, w środku matryca firmy RCBS, a z prawej strony przyrząd firmy Dillon Precision

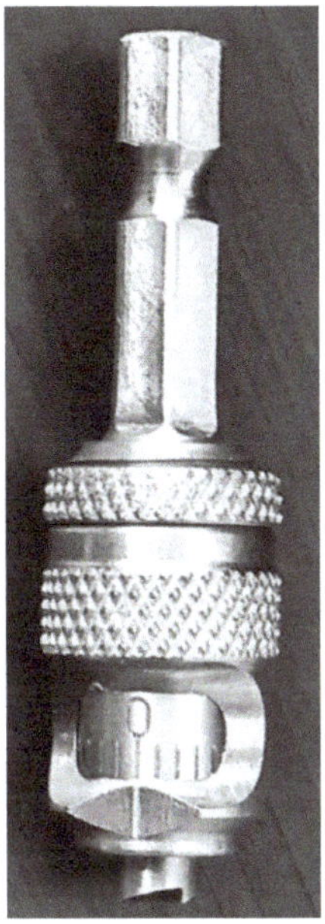

Rys. 3.42. Rozwiertak do usuwania zagnieceń przytrzymujących spłonki 21st Century Primer Pocket Uniformer

Do usuwania zgnieceń przytrzymujących spłonki w łuskach kal. .50 BMG autor wykorzystuje narzędzie skrawające wykonane w oparciu o rozwiertak o średnicy 8 mm, w którym został wyszlifowany trzpień prowadzący (patrz rys. 3.43). Podobne narzędzia można zakupić do usuwania zagnieceń spłonek karabinowych o rozmiarze SMALL i LARGE. Trzeba jednak jasno stwierdzić, że normalizowanie

Rys. 3.43. Rozwiertak do usuwania zagnieceń przytrzymujących spłonki w łuskach kal. .50 BMG

kieszonek, które były fabrycznie zagniecione, jest zajęciem raczej mało przyjemnym i w opinii autora nigdy nie prowadzi do uzyskania tak dobrego osadzenia nowej spłonki, jak w przypadku braku zagniecenia. Dlatego jeśli to możliwe, należy unikać powtórnego elaborowania łusek, które miały zagniecione fabrycznie spłonki.

3.21. Urządzenie do określania optymalnej głębokości osadzenia pocisku

Optymalne położenie pocisku w komorze nabojowej przed strzałem to takie położenie, gdy pocisk znajduje się bardzo blisko początku gwintu lufy, ale go nie dotyka. Położenie takie uzyskiwane jest tylko przy pewnej głębokości osadzenia pocisku w łusce. Ta głębokość osadzenia będzie inna dla każdego kształtu pocisku i dla każdej komory nabojowej. Jeśli reloader chce wykorzystać pełen potencjał celności swojej broni, to powinien wykonać pomiary umożliwiające określenie optymalnej głębokości osadzenia. Specjalistyczne przyrządy mogą znacznie ułatwić przeprowadzenie takich pomiarów.

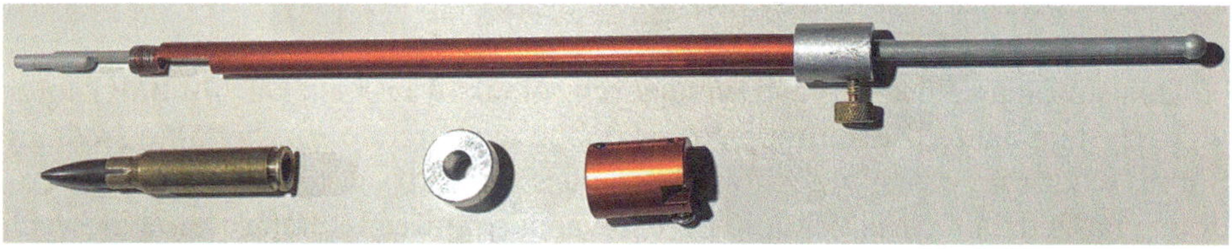

Rys. 3.44. Przyrząd do określania optymalnej głębokości osadzenia pocisku w łusce

Na rysunku 3.44 przedstawiono jedno z takich urządzeń produkcji firmy Hornady. Urządzenie składa się z metalowej rurki zakończonej z jednej strony gwintem, a z drugiej śrubką blokującą i popychacza swobodnie przemieszczającego się w tej rurce. Na gwint nakręcane są łuski poszczególnych kalibrów, w których dnie kieszonka na spłonkę została zastąpiona przez gwintowany otwór. Aby przyrząd mógł dokonywać pomiarów, do łuski należy głęboko wprowadzić pocisk takiego typu, jaki będzie używany podczas elaboracji. Reloader nie zawsze dysponuje fabrycznie wykonaną łuską wzorcową, którą można nakręcić na przyrząd produkowany przez firmę Hornady. Łuskę taką można jednak wykonać we własnym zakresie. Do tego celu należy wykorzystać nową albo skalibrowaną łuskę danego kalibru. W tym celu w szyjce naboju wykonujemy trzy albo cztery wzdłużne nacięcia. Gniazdo spłonki należy rozwiercić i nagwintować tak aby możliwe było wkręcenie do łuski przyrządu firmy Hornady. Oryginalny gwintownik 5/16″-36 UNS może nie być dostępny, ale można go zastąpić zbliżonym pod względem wymiarów gwintownikiem M8x0.75.

3.22. Programy komputerowe wspomagające elaborację

Początkujący reloaderzy powinni stosować się ściśle do zaleceń publikowanych przez producentów pocisków czy prochów, co zapewnia wystarczająco dobrą jakość amunicji i duży margines bezpieczeństwa. Po uzyskaniu sporego doświadczenia przychodzi jednak okres, gdy można zacząć bardziej kreatywne działania zmierzające do doskonalenia elaborowanej amunicji. Po osiągnięciu takiego stopnia profesjonalizmu niezbędnym narzędziem staje się program komputerowy umożliwiający prowadzenie symulacji procesów występujących podczas strzału i pozwalający na stosunkowo precyzyjne obliczanie ciśnień w komorze nabojowej oraz prędkości pocisku i czasu jego przebywania w lufie. Do programów takich należy pakiet Quick Load zawierający moduły obliczeniowe dla balistyki wewnętrznej i zewnętrznej (Quick Target).

Ekran programu Quick Load (patrz rys. 3.45) składa się z czterech okien. Pierwsze z nich (na rysunku w lewym górnym rogu) przeznaczone jest do wprowadzania podstawowych danych dotyczących wymiarów pocisku i łuski. Dla ułatwienia można i należy korzystać z obszernej bazy danych zawierającej podstawowe dane o łuskach i pociskach praktycznie wszystkich spotykanych kalibrów. Drugie

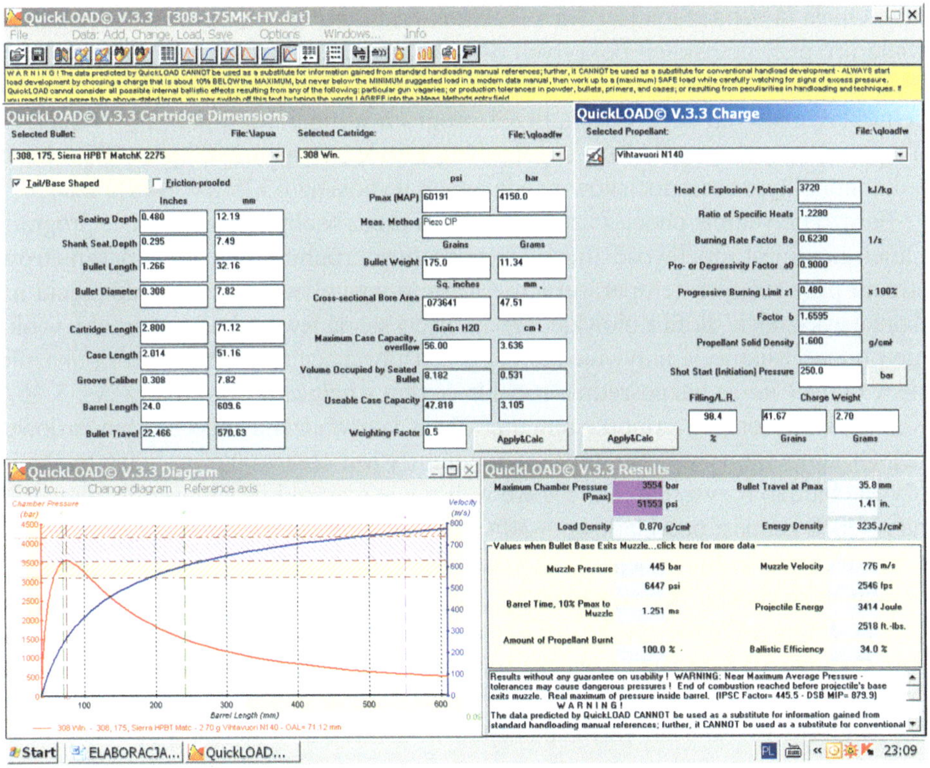

Rys. 3.45. Zrzut ekranu programu Quick Load

okno zawiera dane o ładunku prochowym. Wystarczy przy tym wybrać z rozwijanej listy rodzaj prochu oraz wpisać jego naważkę. W trzecim oknie wyświetlone zostają wyniki w postaci tabel lub wykresów, a w czwartym pojawiają się komentarze i najważniejsze wartości, takie jak obliczona prędkość wylotowa pocisku, okres przelotu przez lufę, stopień spalenia ładunku itp.

Korzystając z programów rozwiązujących zadania z zakresu balistyki wewnętrznej, trzeba sobie zdawać sprawę, że nie dają one stuprocentowej pewności uzyskania dokładnych wyników, ponieważ wiele czynników wpływających na zjawisko strzału nie jest w nich automatycznie uwzględnione (np. odległość pocisku od początku gwintu czy odchyłki średnicy przewodu lufy od średnicy nominalnej). Z tego powodu należy zachować szczególną ostrożność, opracowując ładunki wytwarzające ciśnienia zbliżone do maksymalnych ciśnień dopuszczonych przez SAAMI lub CIP[29], bo w tych warunkach nawet małe uproszczenie w modelu i w danych może prowadzić do istotnych przyrostów ciśnienia.

Program Quick Load posiada wiele zaawansowanych opcji, które pozwalają na „podregulowanie" wyników, aby jak najlepiej odpowiadały rzeczywistości. Szczególnie przydatna jest możliwość wprowadzania korekty do wartości ciśnienia niezbędnego dla wypchnięcia pocisku z szyjki łuski oraz wciśnięcia go w pola gwintu lufy. Opcja ta oznaczona jest *Start Pressure, Friction Proofed* i powinna być stosowana np. przy pociskach pokrytych disiarczkiem molibdenu czy przy pociskach monolitycznych. Przykładowo, o ile wartość ciśnienia początkowego dla pocisków pełnopłaszczowych sugerowana przez program wynosi 3625 psi (249,9 bar), to dla pocisków pokrytych MoS_2 sugerowana wartość wynosi 2400 psi (165,5 bar), a dla monolitycznych pocisków miedzianych wynosi aż 6525 psi (449,9 bar).

Bardzo przydatna, chociaż często pomijana przez osoby wykorzystujące program Quick Load jest możliwość zmiany temperatury prochu i określania parametrów strzału przy różnych temperaturach. Opcja ta wywoływana jest po kliknięciu na ikonkę w kształcie dłoni z ołówkiem znajdującej się na lewo od nazwy prochu w oknie *Charge*. Kliknięcie aktywuje ikonkę przedstawiającą termometr, która ukazuje się w oknie *Charge* bezpośrednio nad klawiszem *Apply and Calc* (patrz rys. 3.46). Kliknięcie na ikonkę z termometrem umożliwia wprowadzenie innej od standardowej (21°C) temperatury prochu. Opcja temperatury jest celowo ukryta, gdyż trzeba ją używać bardzo rozważnie. Omyłkowe wyliczenie naważki prochowej dla temperatury –30°C zamiast przykładowo +30°C może doprowadzić do bardzo poważnego wzrostu ciśnienia. Symulacja dla naboju .338 Lapua Magnum elaborowanego 6.0 g prochu VihtaVuori N165 wykazuje np., że przy temperaturze –30°C pocisk Lapua Scenar 250 gr osiągnie prędkość 876 m/s przy ciśnieniu 4367 barów, ale już przy temperaturze 30°C ta sama naważka spowoduje, że prędkość początkowa wzrośnie do 911 m/s, a ciśnienie wyniesie 5278 barów, czyli aż o 12% przekroczy ciśnienie dopuszczalne (4700 bar). Trzeba pamiętać, że kliknięcie na ikonkę w kształcie dłoni

[29] CIP – Commission Internationale Permanente pour l'Epreuve des Armes à Feu Portatives.

udostępnia również możliwość edycji parametrów prochu, ale tutaj autor ZDECYDOWANIE ODRADZA jakichkolwiek manipulacji, bo parametry te mają kluczowe znaczenie dla obliczeń i zostały eksperymentalnie określone dla wszystkich prochów, które uwzględnia program Quick Load.

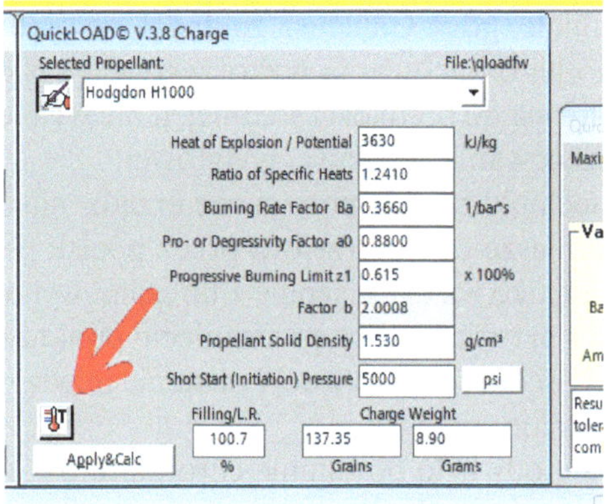

Rys. 3.46. Położenie ikonki umożliwiającej zmianę temperatury prochu

Oczywiście Quick Load nie jest jedynym pakietem programów balistycznych. Podobne funkcje może pełnić Load From A Disk czy Silhouette Ballistics.

3.23. Przyrządy do pomiaru prędkości pocisków

Dla zaawansowanego reloadara mierzenie prędkości pocisków jest zabiegiem niemal niezbędnym. Znajomość prędkości pocisku pozwala bowiem na przybliżone sprawdzenie, czy elaborowany nabój nie wytwarza nadmiernego ciśnienia oraz na precyzyjne obliczenie toru lotu pocisku. Dzięki pomiarom odchyłek prędkości od prędkości średniej można również określić jakość elaborowanych naboi. W przeszłości pomiar prędkości lotu pocisku był bardzo trudny i dla jego realizacji powstawały bardzo pomysłowe przyrządy. Pierwsze oszacowania toru lotu pocisku dokonywane były za pomocą metody obliczeniowej opracowanej w XVI w. przez włoskiego balistyka Niccolò Tartaglia. Następnie w XVII w. opis lotu pocisku został znacznie poprawiony przez Galileusza, którego model matematyczny, co prawda bardzo przybliżony, gdyż nieuwzględniający oporu powietrza, pozwalał powiązać prędkość wylotową pocisku z zasięgiem strzału. Prawdopodobnie pierwszym przyrządem przeznaczonym do pomiaru prędkości pocisku było wahadło balistyczne wynalezione w 1740 r. przez Beniamina Robinsa. Jego działanie polegało na przechwytywaniu pocisku przez duże wahadło, którego odchylenie od pionu pozwalało na określenie energii kinetycznej pocisku, dzięki czemu można było obliczyć jego prędkość w chwili uderzenia w wahadło.

Pikanterii wynalezieniu wahadła balistycznego dodaje pewien fakt: pomimo że wahadło balistyczne było relatywnie dokładne (jakkolwiek z uwagi na straty energii na ciepło i deformację pocisku lekko nie doszacowywało prędkość), spotkało się z miażdżącą krytyką balistyków, ponieważ mierzone przy jego pomocy prędkości pocisków były znacznie większe niż te, które obliczano za pomocą metody Galileusza. Jest to zrozumiałe, gdyż Galileusz zakładał, że prędkość pocisku w locie jest niezmienna, a do jej oszacowania wykorzystywał zasięg pocisku, przez co uzyskiwał wartość zbliżoną do prędkości średniej, a nie wylotowej. Musiało to więc prowadzić do niedoszacowania prędkości wylotowej.

Wraz z rozwojem techniki zaczęły powstawać urządzenia do pomiaru prędkości pocisku oparte na pomiarze czasu przelotu przez pocisk pewnego, niewielkiego dystansu. Były to np. szybko wirujące szpule z tarczami wykonanymi z pergaminu, które ulegały przebiciu przez pocisk, a przesunięcie punktów przebicia na dwóch ekranach, przy znanej prędkości obrotowej i odstępie między ekranami, pozwalało na obliczenie prędkości lotu pocisku.

Rozwinięciem tej metody było powstanie chronografów elektronicznych bazujących na precyzyjnych stoperach elektronicznych uruchamianych i zatrzymywanych przez bramki fotooptyczne pracujące albo z wykorzystaniem światła dziennego (patrz rys. 3.47) albo wykorzystujące wbudowane emitery promieniowania

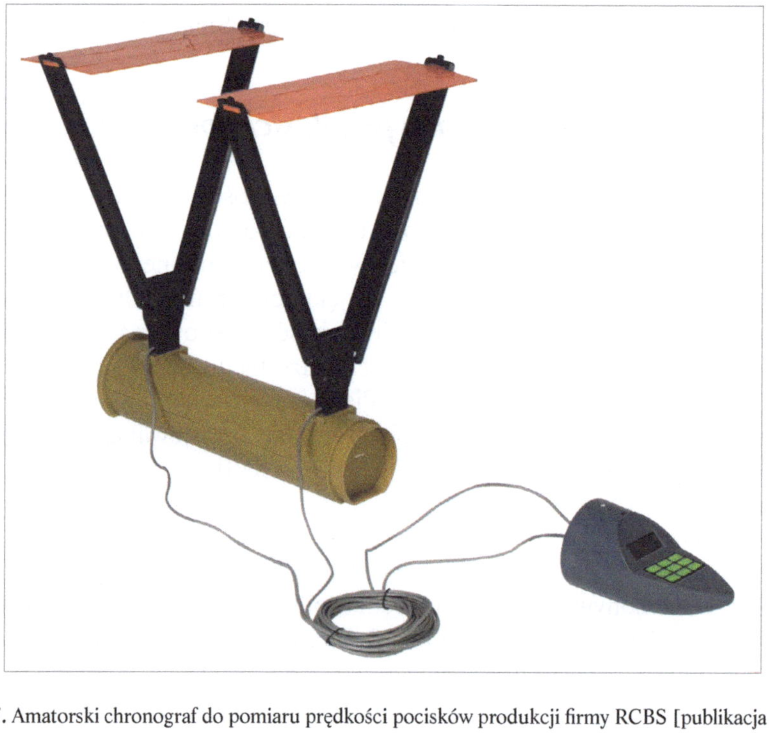

Rys. 3.47. Amatorski chronograf do pomiaru prędkości pocisków produkcji firmy RCBS [publikacja za zgodą producenta]

podczerwonego (patrz rys. 3.48). Chronografy stały się bardzo popularnymi instrumentami dostępnymi praktycznie dla wszystkich zainteresowanych ze względu na niską cenę i łatwość użycia.

Rys. 3.48. Półprofesjonalny chronograf Mehl BMC 18

Niektóre firmy produkujące lub badające amunicję dysponują krytymi tunelami do przestrzeliwania broni wyposażonymi w stałe bramki fotooptyczne pozwalające na pomiar prędkości w dowolnej odległości od wylotu lufy (patrz rys. 3.49). Takie urządzenia współpracują zazwyczaj ze stanowiskami strzeleckimi wyposażonymi w bardzo dokładnie wykonane lufy balistyczne pozwalające nie tylko na oddawanie strzałów w powtarzalny sposób (patrz rys. 3.50), ale również wyposażone w czujniki ciśnienia panującego podczas strzału w komorze nabojowej (patrz rys. 3.51).

Niestety chronografy fotooptyczne są obarczone kilkoma bardzo poważnymi wadami, z których użytkownicy nie zawsze zdają sobie sprawę. W tańszych rozwiązaniach prosty algorytm uruchamiający i zatrzymujące elektroniczny licznik czasu nie uwzględnia w dostatecznym stopniu różnic czułości bramki wejściowej i wyjściowej oraz różnic w oświetleniu tych bramek. W wyniku tego jedna z bramek może wyzwolić się już przy przejściu wierzchołka pocisku, a druga, mniej czuła, dopiero gdy element światłoczuły przysłonięty jest przez fragment pocisku o większej średnicy. W konsekwencji chronograf zmierzy czas przelotu z pewnym błędem. Z kolei jeśli pocisk przeleci przez bramki pod kątem zamiast dokładnie w osi przyrządu, powstanie błąd wynikający z tego, że droga pocisku będzie

Rys. 3.49. Profesjonalny chronograf zainstalowany w tunelu do badań balistycznych w firmie GGG [zdjęcie publikowane za zgodą firmy GGG]

Rys. 3.50. Lufa balistyczna w tunelu balistycznym firmy GGG [zdjęcie publikowane za zgodą firmy GGG]

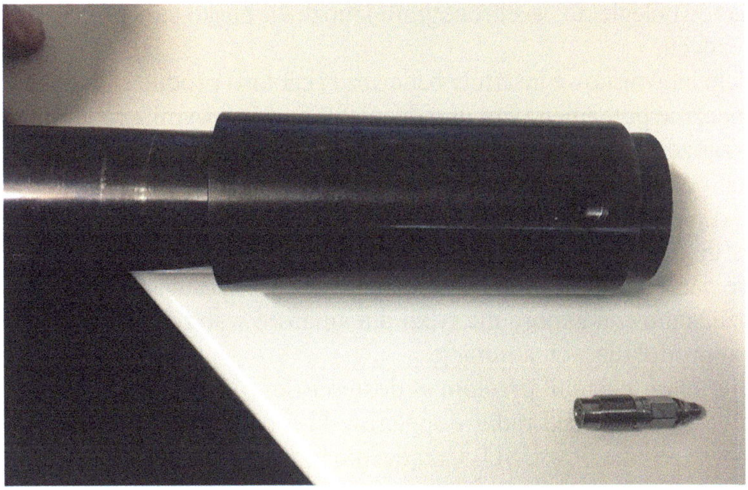

Rys. 3.51. Czujnik do pomiaru ciśnienia gazów w komorze nabojowej w firmie GGG [zdjęcie publikowane za zgodą firmy GGG]

nieznacznie dłuższa niż nominalna droga przyjmowana przez urządzenie do wykonywania obliczeń prędkości. Oczywiście błędy te można wyeliminować przez rozbudowywanie algorytmów, stosowanie bardziej ostrych kurtyn świetlnych i precyzyjnego centrowania przyrządu względem osi przewodu lufy, ale praktyka pokazuje, że w amatorskich pomiarach wykonywanych tanimi chronografami dokładność pomiaru była dość niska. Dla reloadera nawet błąd wynoszący jedynie ±1% ma duże znaczenie, bo dla większości pocisków karabinowych będzie to oznaczało odchyłki około ±8 m/s.

Autor wielokrotnie obserwował użytkowników popularnych chronografów, którzy w kolejnych seriach strzałów przeplatanych podejściem do tarcz uzyskiwali znacząco różne wyniki pomiarów średniej prędkości pocisków. Najprawdopodobniej w dużej mierze było to spowodowane innym torem lotu pocisku przez bramki pomiarowe, ponieważ przy każdej serii strzelec sytuował broń w trochę innym miejscu.

Prowadząc badania prędkości pocisków za pomocą chronografów fotooptycznych, należy zwrócić uwagę na trzy sprawy. Po pierwsze, chronograf musi być ustawiony w odległości przynajmniej 2 m od wylotu lufy, aby jego działanie nie było zakłócane przez gazy prochowe wylatujące z lufy. Po drugie, strzelając przez kurtyny świetlne, należy pamiętać, że linia celowania przechodzi powyżej osi przewodu lufy, często nawet o 70–80 mm. Trzeba to uwzględnić przy celowaniu, aby zabezpieczyć się przed trafieniem w obiektywy kurtyn, które zwykle są umieszczone w ich dolnej części. Poza tym im mniejszy jest pocisk, tym bliżej obiektywu powinien przelatywać, aby być prawidłowo rozpoznanym przez chronograf. Po trzecie, bardzo ważną sprawą jest wycelowanie broni tak, aby pocisk przechodził dokładnie równolegle do osi chronografu i możliwie blisko strefy środkowej bramek fotooptycznych.

Od wielu lat wojskowe instytuty badawcze i czołowi producenci amunicji dysponowali znacznie potężniejszymi urządzeniami pomiarowymi – radarami balistycznymi. Urządzenia te pracują w zupełnie inny sposób niż chronografy, ponieważ śledzą one pocisk przez długi okres lotu i wskazują jego prędkość nawet kilkaset metrów od wylotu lufy (pociski artyleryjskie mogą być śledzone znacznie dalej), wykorzystując fale radiowe o dużej częstotliwości. Radary balistyczne to niemal doskonałe narzędzia do badań balistycznych, ale przez długi czas ich cena była tak wysoka, że stanowiła zaporę nie tylko dla amatorów strzelania, ale nawet mniejszych firm produkujących amunicję.

Kilka lat temu nastąpił przełom w dostępności radarów balistycznych, ponieważ pojawił się amatorski radar dopplerowski o nazwie LabRadar, którego cena oscylowała w rejonie 500 USD. Urządzenie to co prawda nie pozwala na pomiar prędkości pocisków w odległości ponad 100–150 m (w zależności od kalibru), ale jego dokładność wynosi 0,1% (czyli w praktyce dla pocisków karabinowych ±1 m/s) i jest w zupełności wystarczająca dla potrzeb amatorów strzelania. LabRadar występuje w dwóch wersjach. Wersja sprzedawana w Europie ma zmniejszoną o 30% moc w stosunku do wersji dostępnej w USA i Kanadzie, co wynika z przepisów normujących parametry amatorskich urządzeń radiowych.

LabRadar jest bardzo łatwy w obsłudze, a jego ustawienie jest znacznie prostsze od ustawienia chronografu, ponieważ prawidłowa pozycja LabRadaru znajduje się w płaszczyźnie wylotu lufy w odległości do 30 cm od wylotu (patrz rys. 3.52). Pomiar może być wyzwalany akustycznie albo po wykryciu ruchu pocisku, przy

Rys. 3.52. LabRadar na stanowisku strzeleckim

czym zdecydowanie lepiej korzystać z wyzwalania akustycznego, gdyż w takim przypadku przyrząd pokazuje dokładną prędkość wylotową. Wyzwalanie ruchem przydatne jest w przypadku broni z tłumikiem i jako prędkość wylotową wskazuje tę w odległości kilku metrów od wylotu lufy, tzn. gdy pocisk wchodzi w stożek fal radarowych.

Próg wyzwalania akustycznego powinien być wyregulowany w zależności od „mocy" amunicji, ale jest to czynność bardzo prosta dokonywana z poziomu menu. Należy jedynie pamiętać, że poziom wyzwalania „1" odpowiada największej czułości, a poziom „5" najmniejszej, co w odczuciu autora nie jest intuicyjne. Przy strzelaniu z broni dużego kalibru (.338 Lapua Magnum, .408 CheyTac, .50 BMG) wyposażonej w hamulec wylotowy zalecane jest ustawienie przesłony chroniącej przyrząd przed bezpośrednim oddziaływaniem gazów prochowych. Przesłona taka widoczna jest na rys. 3.52. LabRadar można zaprogramować, aby podczas każdego strzału rejestrował prędkość dla sześciu wybranych odległości, co pozwala na zgrubną ocenę wpływu oporu powietrza na lot pocisku.

Pomimo że LabRadar spełniał prawie wszystkie potrzeby użytkowników, nie było to urządzenie idealne. LabRadar jest bowiem stosunkowo duży, wymaga bardzo precyzyjnego ustawienia w stosunku do osi lufy (zarówno w zakresie pozycji, jak i kierunku), zużywa dużo energii oraz zdarza mu się od czasu do czasu „zgubić" strzał. Sukces rynkowy LabRadaru spowodował, że wielu producentów przystąpiło do pracy nad radarowymi miernikami prędkości pocisków, w wyniku czego powstały nowe konstrukcje, w dużej mierze pozbawione wad pierwowzoru.

W 2023 r. na rynku pojawił się kompaktowy radar Garmin Xero C1 PRO (patrz rys. 3.53), który jest znacznie mniej czuły na dokładne ukierunkowanie. To małe urządzenie, dzięki czemu jest bardziej poręczne i mniej podatne na podmuch gazów wylotowych. Pomiar w tym radarze nie jest inicjowany hukiem wystrzału, przez co bez jakichkolwiek zmian ustawień można dokonywać pomiaru lotu pocisków wystrzeliwanych z broni z tłumikiem albo z broni pneumatycznej. Znamienne jest to, że kilka miesięcy później pojawił się również kompaktowy LabRadar LX (patrz rys. 3.54). Można więc powiedzieć, że obecnie strzelcy mają duży wybór wysokiej jakości radarowych mierników prędkości pocisków w cenie oscylującej wokół 500–700 USD.

Oprócz radarowych mierników prędkości pocisków stosowane są również urządzenia oparte na oddziaływaniu magnetycznym pocisku. Przykładem takiego urządzenia jest MagnetoSpeed (patrz rys. 3.55). Urządzenie to montowane jest pod wylotem lufy karabinu, tak aby pocisk przelatywał nad nim w odległości kilku milimetrów. Zmiany pola magnetycznego związane z przelotem pocisku są rejestrowane i analizowane w celu określenia prędkości jego lotu. Urządzenie jest bardzo proste w obsłudze, ale po założeniu na lufę może wprowadzać pewne zmiany w charakterze jej drgań. Trzeba to brać pod uwagę w sytuacjach, gdy jednocześnie obserwujemy bardzo dokładnie punkt trafienia i prędkość pocisku.

Rys. 3.53. Garmin C1

Rys. 3.54. LabRadar LX

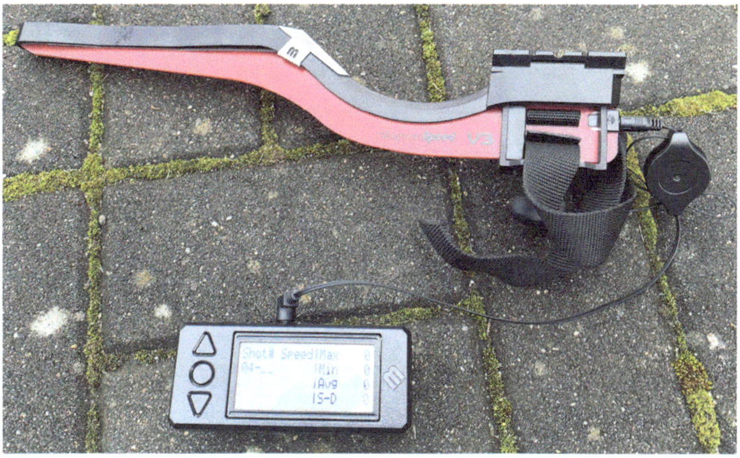

Rys. 3.55. MagnetoSpeed

4

Nadmierne ciśnienie i jego objawy

4.1. Ciśnienie maksymalne

W trakcie strzału w komorze nabojowej, a następnie w przewodzie lufy ciśnienie osiąga bardzo duże wartości. Niekiedy nawet mała zmiana warunków spalania, np. zwiększony opór przepychania pocisku przez przewód lufy, głębsze osadzenie pocisku, trochę większa naważka prochu, powoduje znaczny przyrost ciśnienia maksymalnego. W konsekwencji może nastąpić uszkodzenie lub zniszczenie broni, jak również zranienie lub nawet śmierć strzelca. W tabeli 4.1 przedstawiono maksymalne dopuszczalne ciśnienia dla kilku popularnych kalibrów.

W niektórych przypadkach maksymalne ciśnienie zalecane według SAAMI różni się od ciśnienia dopuszczalnego wymaganego według CIP, które jest powszechnie przyjęte w Europie.

Maksymalne ciśnienie występuje w początkowej fazie procesu spalania prochu, gdy pocisk pokonał w lufie bardzo małą odległość. Na przykład dla pocisków pistoletowych kal. 9 mm Parabellum ta odległość będzie wynosić około 4–6 mm (patrz również rys. 2.16), a dla pocisków karabinowych kal. .308 Winchester około 30–40 mm. Maksymalne ciśnienie poważnie wzrasta, gdy pocisk po wprowadzeniu do komory nabojowej dotyka stożka przejściowego, od którego rozpoczynają się pola gwintu przewodu lufy. Jeśli pomiędzy częścią prowadzącą pocisku i stożkiem przejściowym występuje luz wynoszący kilka dziesiątych części milimetra, to ciśnienie jest wyraźnie mniejsze, bo pocisk wbija się w gwint z pewną prędkością początkową.

Nadmierne ciśnienie, które może pojawić się podczas strzału, jest zmorą reloaderów elaborujących silną amunicję pistoletową i karabinową. Praktycznie żaden amator nie ma dostępu do specjalnych stanowisk do pomiaru ciśnienia w komorze nabojowej. Zresztą nawet takie stanowiska nie dają gwarancji, że amunicja nie wytworzy nadmiernego ciśnienia w egzemplarzu broni, w którym komora nabojowa lub przewód lufy mają nieznacznie inne wymiary niż wymiary przewodu lufy i komory nabojowej stanowiska pomiarowego. Zamiast więc na dokładnych pomiarach trzeba się oprzeć na obserwacjach i pomiarach pośrednich.

Tabela 4.1. Maksymalne dopuszczalne ciśnienia dla kilku wybranych kalibrów

Kaliber	Maksymalne ciśnienie [bar][1]	Uwagi
.222 Rem.	3700	CIP
.223 Rem.	4300	CIP
.308 Win.	4150	CIP
7.62×51	3800	NATO
.338 Lapua Mag.	4700	CIP
.375 Weatherby Mag.	4400	CIP
.38 Special	1500	CIP
	1172	SAAMI
.38 Super.	2300	CIP
	2516	+P SAAMI
.357 Mag.	3000	CIP
	2413	SAAMI
.40 S&W	2250	CIP
	2413	SAAMI
9 mm Para	2350	CIP
	2413	SAAMI
	2654	+P SAAMI
.408 Chey Tac	4400	CIP
.50 BMG	3700	CIP
	4170	EPVAT

[1] 1 bar ≈ 1 kG/cm^2

Powszechnie przyjmuje się, że obserwacje pod kątem symptomów wystąpienia nadmiernego ciśnienia należy wykonać, gdy:

- oddajemy pierwsze strzały z nowej broni, z broni po poważnej naprawie lufy lub zamka albo gdy używamy nowej, silnej amunicji fabrycznej,
- opracowywany nabój ma naważkę prochową zbliżoną do maksymalnej (90–100% dopuszczalnej masy prochu podawanej w tabelach),
- nabój o naważce prochowej zbliżonej do maksymalnej zostaje zastosowany w innym egzemplarzu broni niż ten, w którym był opracowywany,
- zmieniony został komponent amunicji (spłonki lub pociski innego producenta, a w przypadku nabojów o maksymalnej naważce również łuski),
- proch pochodzi z innej partii niż poprzednio stosowany,
- w czasie strzelania zaobserwowano nietypowe zachowanie się broni (większy hałas, odrzut, zaburzone funkcjonowanie zamka),

- pomiary prędkości pocisku wykazują wartości wyższe od spodziewanych,
- temperatura amunicji jest bardzo wysoka (np. amunicja została nagrzana przez promienie słoneczne, czego zresztą należy unikać).

Ocena ciśnienia na podstawie obserwacji pośrednich, takich jak prędkość pocisku, wygląd łuski lub spłonki, nie jest zbyt dokładna i wymaga sporej praktyki. Niemniej ta metoda pozostaje dla znacznej większości reloaderów jedyną możliwością wykrycia ciśnień zagrażających bardzo niebezpiecznymi wypadkami. Poważnym utrudnieniem oceny ciśnienia na podstawie wyglądu łuski i spłonki są stosunkowo duże różnice w twardości i grubości ścianek tych elementów, jakie obserwuje się w wyrobach pochodzących od różnych producentów. Również stan techniczny broni, szczególnie wymiary komory nabojowej i odległość bazowa, wpływa na wygląd łusek i spłonek. Najważniejsze objawy nadmiernego ciśnienia zostaną omówione w kolejnych podrozdziałach. Należy podkreślić, że łuski wykazujące ślady oddziaływania nadmiernego ciśnienia nie mogą być powtórnie wykorzystane do elaboracji. Na rysunku 4.1 przedstawiono przykładowe ślady nadmiernego ciśnienia na łuskach i spłonkach.

Rys. 4.1. Uszkodzenia spłonek i łusek wywołane nadmiernym ciśnieniem gazów prochowych w kolejności od najmniej poważnych do katastrofalnych: od lewej – spłaszczenie spłonki wywołane nieznacznie za wysokim ciśnieniem; odciśnięcia powierzchni czoła zamka na stopie łuski i przedmuch gazów wokół spłonki (ciemna obwódka) na skutek znacznego przekroczenia ciśnienia dopuszczalnego; silne zgniecenie stopy łuski i powiększenie jej średnicy oraz wydmuchanie spłonki – sytuacja bardzo niebezpieczna grożąca uszkodzeniem wzroku strzelca, a nawet rozerwaniem broni; rozerwana łuska z potencjalnie katastrofalnymi skutkami dla broni i strzelca [publikacja za zgodą firmy Nammo Lapua Oy]

4.2. Nadmierna prędkość pocisku

Prędkość wylotowa pocisku jest silnie powiązana z maksymalnym ciśnieniem, jakie podczas strzału panuje w przewodzie lufy. Nie jest to zależność ani prosta, ani pozbawiona wpływu innych parametrów (np. takich jak głębokość osadzenia pocisku, objętość łuski lub temperatura), ale może stanowić dużą pomoc w kontroli ciśnienia maksymalnego.

Każda profesjonalna tabela elaboracyjna, przygotowana przez producenta prochu, pocisków lub narzędzi do elaboracji amunicji, zawiera dla każdej polecanej kombinacji kalibru, prochu i pocisku informacje o minimalnej naważce tego prochu i odpowiadającej jej prędkości wylotowej oraz o naważce maksymalnej i uzyskiwanej za jej pomocą prędkości maksymalnej. Co prawda wyniki prezentowane przez producentów niekoniecznie muszą dokładnie odpowiadać temu, co uzyskujemy w naszej broni, ale jest to zazwyczaj zupełnie dobre przybliżenie. Na podstawie takich informacji oraz na podstawie pomiaru prędkości pocisków przez nas elaborowanych możemy sprawdzić, czy mieścimy się w bezpiecznym zakresie ciśnień.

Dane znajdujące się w tablicach są przygotowywane w taki sposób, aby zapewnić przynajmniej minimalny margines bezpieczeństwa w stosunku do standardów, przeznaczony na zneutralizowanie ewentualnych oddziaływań podnoszących poza kontrolą reloadera ciśnienie maksymalne w przygotowywanej przez niego amunicji[30]. Tak więc maksymalne publikowane naważki prochu powodują powstawanie ciśnień o kilka lub kilkanaście procent niższych od ciśnień dopuszczalnych przez CIP lub SAAMI, przy czym jeśli te ciśnienia są różne, to zazwyczaj wybierane jest ciśnienie mniejsze. Zawsze warto zapoznać się z informacjami na ten temat, które powinny być zamieszczone w tablicach. Świadomość występowania pewnych marginesów bezpieczeństwa **NIE UPOWAŻNIA** do podejmowania ryzyka nawet najmniejszego przekroczenia publikowanej naważki maksymalnej.

Na rysunku 4.2 przedstawiono przykładowe zależności maksymalnego ciśnienia gazów prochowych i prędkości wylotowej pocisku w funkcji naważki prochu. Wartości te zostały uzyskane na drodze obliczeń dla nabojów kal. .308 Winchester elaborowanych prochem VihtaVuori N140 i pociskiem Sierra MatchKing HPBT 168 gr. Zaznaczono również maksymalne ciśnienie dopuszczalne według CIP oraz dopuszczalne naważki prochu według danych producenta z 2006 r. Widać wyraźnie, że maksymalna dopuszczalna naważka prochu (2,78 g) powoduje powstanie ciśnienia maksymalnego około 3620 barów, czyli o około 15% mniejszego od dopuszczalnego. Przy takim ciśnieniu pocisk uzyskuje z lufy o długości 24 cali prędkość wylotową 798 m/s (jest to wynik obliczeń za pomocą programu Quick Load). W materiałach producenta prochu natomiast podawana jest niewiele niższa prędkość maksymalna wynosząca 780 m/s. Można więc uznać, że obliczenia w miarę dobrze odpowiadają wynikom pomiarów.

Jeśli więc w omawianym przykładzie pomiary kontrolne prędkości wylotowej wykazują prędkości niższe od 780 m/s, to z dużą dozą prawdopodobieństwa możemy przypuszczać, że nie zostało przekroczone maksymalne ciśnienie dopuszczalne.

---

[30] W niektórych tablicach podawane są maksymalne ładunki wyrażone pełną liczbą granów lub dziesiątych części grana (albo grama). W takim przypadku publikowany jest największy ładunek prochowy, który nie powoduje przekroczenia ciśnienia dopuszczalnego, nie zaś ładunek „zaokrąglony”.

Gdyby jednak pomiary wykazały prędkości wyższe, byłoby to sygnałem, że ciśnienie jest niebezpiecznie wysokie. Osiągnięcie prędkości 825 m/s lub wyższej dla tego prochu i pocisku to już oczywiste przekroczenie dopuszczalnego ciśnienia wynoszącego 4150 barów.

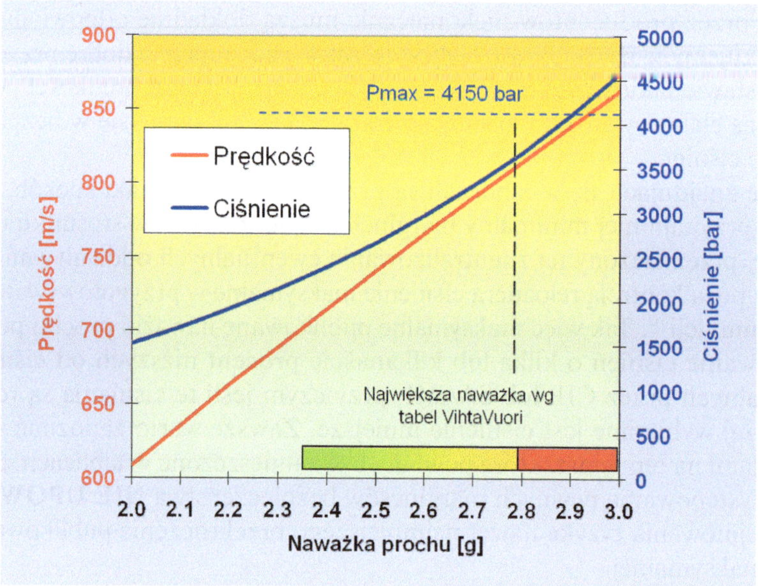

Rys. 4.2. Zależność prędkości wylotowej i maksymalnego ciśnienia od naważki prochu VihtaVuori N140 dla naboju kal. .308 Winchester z pociskiem Sierra MatchKing 168 gr. Prostokąt w odcieniu zielono-żółtym wskazuje na naważki rekomendowane przez producenta prochu. Prostokąt czerwony wskazuje na naważki przekraczające dopuszczalną masę prochu wynoszącą 2,78 g [wyniki uzyskane za pomocą programu Quick Load]

Pomiar prędkości pocisku jest dobrą metodą oceny maksymalnego ciśnienia tylko wtedy, gdy został użyty dokładnie ten sam proch, który jest opisany w tabelach, dokładnie ten sam pocisk i spłonka, oraz gdy strzały oddane były z lufy o zbliżonej długości (w większości przypadków dłuższa lufa powoduje uzyskiwanie wyższych prędkości). Metoda nie daje jednak możliwości wykrycia błędów w elaboracji, takich jak zastosowanie pocisku o innej masie lub niewłaściwego prochu. Gdyby w opisywanym powyżej przykładzie omyłkowo nabój został elaborowany pociskiem Sierra MatchKing 190 gr, to przy naważce prochu 2,78 g uzyskałby on prędkość 785 m/s (a więc wyglądającą bezpiecznie), ale w rzeczywistości ciśnienie wyniosłoby aż 4440 barów, czyli niemal 10% więcej od dopuszczalnego. Dla pocisku Sierra MatchKing 190 gr maksymalna dopuszczalna prędkość przy wykorzystaniu prochu N140 wynosi bowiem jedynie 764 m/s.

4.3. Bardzo silny odrzut broni

Ocena odrzutu broni nie może być metodą z wyboru do oceny maksymalnego ciśnienia panującego w przewodzie lufy, gdyż jak każda ocena subiektywna obarczona jest dużymi błędami. Odczucie odrzutu zmienia się w trakcie intensywnego strzelania, zależy również od stopnia koncentracji strzelca, jego indywidualnej budowy fizycznej i stanu psychofizycznego. Tym niemniej w pewnych warunkach nadmierny odrzut (i zazwyczaj większa głośność strzału) może być sygnałem alarmowym wskazującym na wystąpienie anomalii związanych z amunicją lub z przewodem lufy.

Energia odrzutu swobodnego klasycznej broni palnej zależy w przybliżeniu od kwadratu masy pocisku[31] oraz od kwadratu jego prędkości wylotowej. Jeśli więc podczas strzelania nastąpił odczuwalny wzrost siły związanej z odrzutem broni, to powodem tego niemal na pewno jest zbyt duża masa pocisku albo jego zbyt duża prędkość. Powinno to stanowić sygnał ostrzegawczy i spowodować natychmiastową reakcję strzelca. Reakcja ta powinna polegać na zaprzestaniu strzelania, odnalezieniu, jeśli to możliwe, ostatnio wystrzelonej łuski i poddaniu jej dokładnym oględzinom. Należy również dokonać przeglądu broni ze szczególnym uwzględnieniem zamka, komory nabojowej i przewodu lufy.

Jeśli wygląd łuski wskazywać będzie na wystąpienie nadmiernego ciśnienia (patrz kolejne podrozdziały), a stan broni będzie prawidłowy, to należy podejrzewać problemy z amunicją i zaprzestać jej używania. Jeśli amunicja była wykonana fabrycznie, to problem powinien być zgłoszony sprzedawcy lub wytwórcy, a jeśli była elaborowana samodzielnie, to trzeba ją rozcalić i sprawdzić wszystkie komponenty. **UWAGA! Odzyskanego prochu nie wolno ponownie używać, trzeba go utylizować.**

UWAGA!

Zbyt słaby odrzut broni powinien być również potraktowany jako sygnał ostrzegawczy. Świadczy on o nieprawidłowym przebiegu procesu spalania prochu albo o tym, że proch w ogóle się nie zapalił. Istnieje więc możliwość, że pocisk został z łuski wypchnięty, ale pozostał w przewodzie lufy. Zanim zostanie oddany kolejny strzał, TRZEBA KONIECZNIE sprawdzić drożność lufy.

Powodem słabszego strzału bywa błąd popełniony przy elaboracji – np. brak prochu w łusce lub jego zbyt mała masa, zawilgocenie prochu, lub – co może wydać się nieprawdopodobne – załadowanie broni amunicją innego kalibru. Autorowi znany jest przypadek pomieszania amunicji kal. .40 S&W z amunicją kal. 9 mm Parabellum i załadowania do magazynku pistoletu kal. .40 S&W kilku nabojów 9 mm. Pazur wyciągu jest w stanie utrzymać zbyt mały nabój w komorze nabojowej i umożliwia oddanie strzału, który jednak jest zbyt słaby, by broń została przeładowana, natomiast wiele gazów prochowych cofa się w kierunku zamka

[31] A dokładniej od kwadratu masy pocisku powiększonej o połowę masy ładunku miotającego.

z powodu złego uszczelnienia łuski w komorze. Sytuacja jest potencjalnie bardzo niebezpieczna, bo może doprowadzić do rozerwania łuski, uszkodzenia broni i ranienia strzelca. Miało to już kiedyś miejsce przy załadowaniu karabinu AK-47 nabojem 9 mm Makarow.

4.4. Trudności z otwarciem zamka

W broni z zamkiem ryglowanym zamek przenosi bardzo duże obciążenia związane z oddziaływaniem gazów prochowych, nie przemieszczając się praktycznie w stosunku do komory nabojowej i lufy. Siła oddziałująca na zamek jest ściśle uzależniona od ciśnienia panującego w komorze nabojowej i dla typowego karabinu wynosi około 30 000–40 000 N[32]. Siła ta jednak ustępuje po wyrównaniu się ciśnienia w lufie z ciśnieniem otoczenia, co następuje niemal natychmiast po wylocie pocisku z lufy.

Wystąpienie wyższych ciśnień niż dopuszczalne powoduje, że część denna łuski poddana zostaje tak dużym obciążeniom, że ulega plastycznym odkształceniom i „wpływa" we wszelkie dostępne przestrzenie znajdujące się pomiędzy powierzchnią oporową zamka a powierzchnią czoła komory nabojowej. W konsekwencji, nawet po wylocie pocisku z lufy, zamek jest bardzo silnie odpychany ku tyłowi, gdyż materiał łuski jest zaklinowany pomiędzy zamkiem i komorą nabojową. Powoduje to znaczne utrudnienie w odryglowaniu zamka. Zjawisko to jest szczególnie widoczne w broni powtarzalnej. W broni samopowtarzalnej natomiast następuje zjawisko kompensacji oddziaływań, gdyż zwiększony opór zamka pokonywany jest zazwyczaj przez również zwiększony przez nadmierne ciśnienie impuls odryglowujący, którym może być siła odrzutu lub ciśnienie gazów oddziałujących na tłok gazowy.

Trudności z odryglowaniem broni powtarzalnej powinny być zawsze traktowane jako potencjalny objaw wystąpienia bardzo wysokiego ciśnienia gazów prochowych. Autor był kilkakrotnie świadkiem takiej sytuacji. Problemy z odryglowaniem występowały przy tym u osób strzelających z karabinów zarówno amunicją fabryczną, jak i amunicją elaborowaną amatorsko. W trzech przypadkach do odryglowania zamka konieczne było uderzanie drewnianym młotkiem w rękojeść zamka.

Na rysunku 4.3 przedstawiono wygląd części dennej łuski pochodzącej z karabinu z zamkiem czterotaktowym systemu Mausera. Po strzale zamek był bardzo trudny do odryglowania, które wymagało puknięcia w rękojeść drewnianym klockiem. Szczegółowa analiza problemu wykazała, że przyczyną nadmiernego ciśnienia była zbyt duża naważka prochu związana z awarią wagi elektronicznej stosowanej przez właściciela broni przy elaboracji. Oprócz wyraźnych odkształceń powierzchni dennej łuski widoczne jest znaczne powiększenie kieszonki na spłonkę. Dla porównania z prawej strony rysunku przedstawiono dno nieuszkodzonej łuski.

[32] Odpowiada to około 3000–4000 kG.

Rys. 4.3. Z lewej – dno łuski kal. .308 Winchester odkształcone w wyniku nadmiernego ciśnienia. Widoczne ślady wypływającego materiału, który został ścięty podczas odryglowywania broni wyposażonej w zamek systemu Mausera. Widoczne jest również powiększenie średnicy kieszonki oraz średnicy zewnętrznej kryzy. Z prawej – dla porównania dno łuski nieuszkodzonej

4.5. Perforacja lub silne zgniecenie spłonki

Wygląd spłonki w wystrzelonej łusce może dostarczyć cennych informacji na temat poziomu ciśnień występujących podczas strzału. Nie są to, niestety, informacje w pełni obiektywne i łatwe do zinterpretowania, gdyż odkształcenia spłonki i ślad uderzenia iglicy zależą również od innych czynników, takich jak odległość bazowa (ang. *headspace*), typ spłonki i jej producent oraz kształt i masa iglicy.

Jako pewną wskazówkę można przyjąć, że spłonka może i wręcz powinna się spłaszczyć (patrz rys. 4.4), ale nie powinna „rozlać się" po całej dostępnej powierzchni kieszonki w dnie łuski. Ślad uderzenia iglicy powinien być wyraźnie widoczny. Nie powinien być obwiedziony wypływającym materiałem (patrz rys. 4.5) ani w żadnym przypadku nie powinna nastąpić perforacja spłonki.

Ponieważ na wygląd spłonki mają wpływ liczne czynniki, więc diagnozowanie na jego podstawie ciśnienia musi być poszerzone o pewne dodatkowe testy. Po pierwsze, trzeba sprawdzić, czy nieprawidłowości w wyglądzie spłonki nie są spowodowane problemami z bronią. Jeśli podobne objawy występują przy strzelaniu amunicją fabryczną pochodzącą od renomowanego producenta, jest to wskazówka, że być może odległość bazowa komory nabojowej odbiega od standardu albo że kształt iglicy czy jej masa są niewłaściwe. **Nie wolno jednak zakładać, że skoro amunicja fabryczna zachowuje się tak samo, to wszystko jest w porządku. Trzeba znaleźć i wyeliminować przyczynę problemu.** Jeśli w pistoletach z ryglowaniem przez przekoszenie lufy (np. Colt 1911, CZ 75/85, Glock, TT) ślad po iglicy ma wyraźną promieniową bruzdę (patrz rys. 4.6), może to oznaczać, że iglica zbyt

Rys. 4.4. Diagnozowanie ciśnienia na podstawie wyglądu spłonki. Spłonka z lewej strony wskazuje na niezbyt duże ciśnienie gazów prochowych, a spłonka z prawej strony na ciśnienie zbliżone do maksymalnego. UWAGA! Na wygląd spłonek ma wpływ stan broni i typ spłonki, dlatego należy bardzo ostrożnie interpretować stopień jej spłaszczenia

Rys. 4.5. Spłonki w trzech łuskach z lewej strony z wypływkami wskazującymi na zbyt duże ciśnienie lub złe ukształtowanie iglicy; łuska z prawej strony z prawidłowym kształtem wgłębienia po uderzeniu iglicy

Rys. 4.6. Wyżłobienia w spłonkach spowodowane zbyt późnym wycofaniem iglicy

wolno cofa się po strzale i łuska zaczepia się za nią, w momencie, gdy lufa jest przekoszona dla odryglowania. Kolejną próbą może być zastąpienie spłonek jednego producenta spłonkami innego producenta[33]. Na przykład spłonki Small Pistol firmy Federal mają opinię bardzo miękkich, a spłonki CCI Large Pistol bardzo twardych w stosunku do spłonek innych producentów.

4.6. Odkształcenia i rozerwania tułowia łuski w okolicy części dennej

Łuska prawie na całej powierzchni oparta jest o ścianki komory nabojowej, które przejmują nacisk gazów prochowych. Niemniej ze względu na nieuniknione luzy, przy każdym strzale łuska podlega pewnym odkształceniom plastycznym, które są rzeczą zupełnie normalną. Podczas kalibracji za pomocą matryc odkształcenia te są eliminowane i łuska przybiera kształt i wymiary przewidziane w odpowiednich standardach.

W przypadku gdy odległość bazowa komory jest zbyt duża, część denna łuski nie jest właściwie podparta i ma możliwość przesuwania się w kierunku osiowym. Ciśnienie gazów prochowych dociska przednią (szyjkową) część łuski do ścianek komory, a część denną usiłuje wypchnąć w kierunku czoła zamka. Siła tarcia występująca podczas silnego docisku między ściankami łuski i komorą nabojową, tam, gdzie ścianki są najcieńsze (tzn. z przodu), przeciwstawia się temu ruchowi i łuska ulega rozciągnięciu. Objawia się ono powstaniem przewężenia ścianek łuski od strony wewnętrznej, w rejonie części dennej, tak jak jest to widoczne na rys. 2.14. Przewężenie takie nie jest jednoznacznym dowodem nadmiernego ciśnienia, lecz wskazuje raczej na problemy z wymiarami komory nabojowej (lub łusek) i zbyt dużymi luzami na zamku. Tym niemniej zbyt wysokie ciśnienie może sprzyjać powstawaniu wspomnianego przewężenia.

Inaczej przedstawia się sprawa z rozdęciem, a nawet rozerwaniem łuski w rejonie części dennej. Dla ułatwienia wprowadzania nabojów z magazynka wiele egzemplarzy broni ma specjalnie wyprofilowany „wślizg" znajdujący się w dolnej, tylnej części komory nabojowej. W rejonie tego wślizgu łuska nie jest podparta ścianką komory nabojowej i jej wytrzymałość ograniczona jest do wytrzymałości zapewnianej przez masywną część denną. Dlatego właśnie w broni samopowtarzalnej przeznaczonej do strzelania amunicją dużej mocy, jeśli konstrukcyjnie występuje wybranie, to jest ono o niewielkiej głębokości i przez to obszar, na którym łuska nie jest pewnie podparta, jest niewielki (patrz rys. 4.7). Klasycznym przykładem występowania problemu rozdętych lub rozerwanych łusek były starsze pistolety oparte na systemie Colt 1911,

[33] Przy takim zabiegu należy jednak pierwsze naboje wykonać z nieznacznie zmniejszoną naważką prochu i obserwować ich zachowanie, powoli dochodząc do pierwotnej naważki, jeśli nie wystąpią objawy nadmiernego ciśnienia.

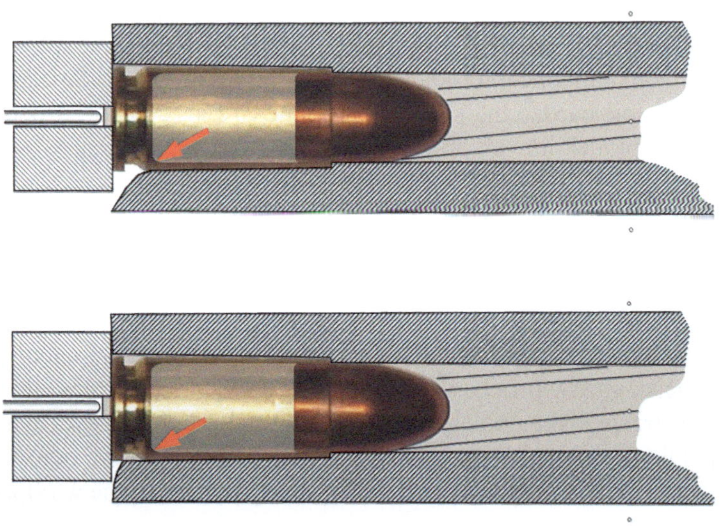

Rys. 4.7. Współpraca łuski z komorą nabojową w wersji standardowej (u góry) i podpartej (na dole)

lecz przystosowane do strzelania amunicją kal. .38 Super Automatic lub 9 mm Parabellum elaborowaną tak, aby spełniała wymogi klasy sprzętowej MAJOR w IPSC.

Niestety niektóre pistolety, w tym Glock kal. .40 S&W, dla uzyskania dużej pewności działania mają głębokie wycięcia wślizgów nabojowych. W konsekwencji przy silnym ładunku prochowym nadmierne ciśnienie gazów deformuje łuskę, wpychając ją do wyżłobienia albo wręcz rozrywając ją w tym miejscu, gdzie brakuje podparcia. Kilka łusek, które uległy uszkodzeniu w ten sposób, przedstawiono na rys. 4.8. Stan, w którym następuje wybrzuszenie lub perforacja łuski, należy uznać

Rys. 4.8. Uszkodzenia łusek kal. .40 S&W w wyniku nadmiernego ciśnienia przy niewystarczającym podparciu w komorze nabojowej. Łuski ułożone zostały tak, że ich część, która podczas strzału była na dole, znalazła się u góry dla lepszego ukazania uszkodzeń [łuski otrzymane od Janusza Pilcha]

za bardzo niebezpieczny. NIE WOLNO KONTYNUOWAĆ STRZELANIA Z AMUNICJI PODLEGAJĄCEJ TAKIM USZKODZENIOM.

Niektórzy reloaderzy dla zwiększenia trwałości łusek dokonują wyżarzania rekrystalizującego szyjki łuski, poprawiającego jej plastyczność zmniejszoną przez wielokrotne odkształcenia. Niestety zabieg taki niesie w sobie niebezpieczeństwo zmiękczenia części dennej łuski, co pociąga za sobą jej znaczne osłabienie. Wyniki symulacji komputerowej wpływu wyżarzenia części dennej łuski przedstawiono na rys. 4.9. Podobny efekt uzyskiwany jest jednak nawet przy twardej łusce, jeśli przekroczone zostanie ciśnienie dopuszczalne (patrz rys. 4.10).

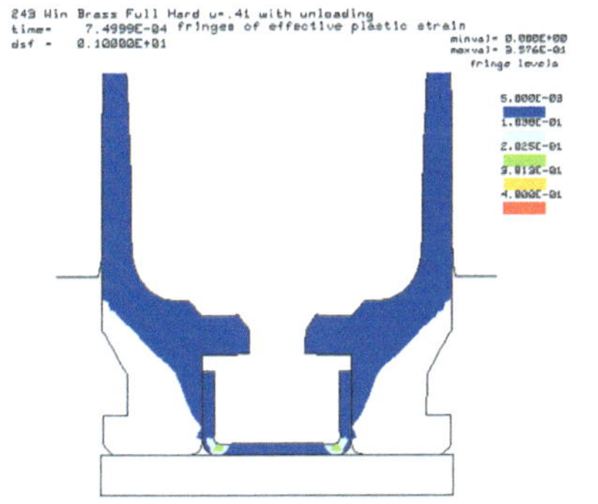

Rys. 4.9. Odkształcenia plastyczne łuski w części dennej. Z lewej strony łuska o odpowiedniej twardości, z prawej strony łuska po wyżarzeniu rekrystalizującym (zmiękczona)
Źródło: autor symulacji Al Harral „Varmint Al.", więcej informacji można znaleźć na stronie: www.varmintal.com.

Rys. 4.10. Rozdęcie łuski w rejonie części dennej

4.7. Spłaszczenie części dennej łuski

Mosiądz, z którego wykonane są łuski pistoletowe i karabinowe, jest stopem o stosunkowo niewielkiej twardości. Jeśli ciśnienie gazów prochowych przekracza ciśnienie dopuszczalne, to naciski występujące między częścią denną łuski a powierzchnią oporową zamka mogą przekroczyć granicę plastyczności i spowodować trwałe odkształcenie łuski. Ponieważ w trzonie zamkowym znajdują się zazwyczaj wycięcia niezbędne do funkcjonowania wyrzutnika i pazura wyrzutnika, więc właśnie w te miejsca wciskany jest materiał dna łuski. Na dnie łuski powstają więc swoiste odciski współpracującej z nim czołowej powierzchni zamka. Jest to objaw występowania nadmiernego ciśnienia gazów prochowych. Kilka takich deformacji przedstawiono na rys. 4.11.

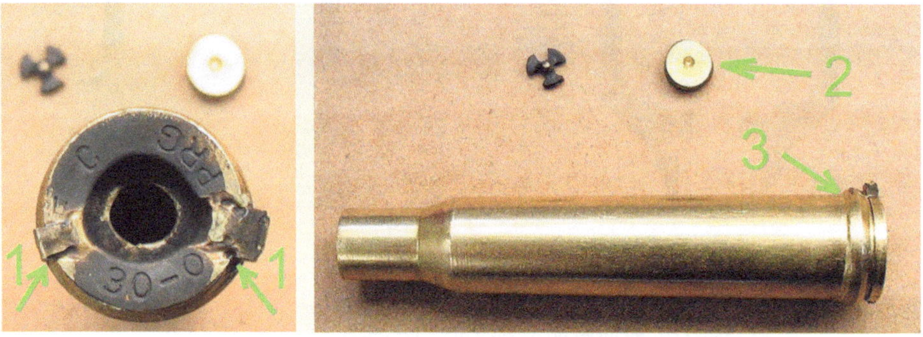

Rys. 4.11. Odkształcenia części dennej łuski kal. .30-06 wskazujące na nadmierne ciśnienie. Widoczne jest wypłynięcie metalu w miejscach, w których łuska nie była podparta czołem zamka posiadającym wycięcia na pazur wyrzutnika i wyrzutnik (1). Widać również ślady ścięcia wypływającego materiału, które powstały przy odryglowywaniu zamka. Spłonka (2) jest silnie zgnieciona, a wgłębienie pozostałe po uderzeniu iglicy zostało niemal wyprostowane pod wpływem ciśnienia. Kieszonka, w której wciśnięta była spłonka, została silnie powiększona, co spowodowało również rozdęcie spłonki i jej wypadnięcie. Z rozdętej spłonki wypadło nawet kowadełko. W rejonie, w którym komora nabojowa nie podtrzymywała łuski (3), nastąpiło silne odkształcenie części dennej łuski
Źródło: autor zdjęć: Peter Fortner.

4.8. Powiększenie kieszonki na spłonkę

Nadmierne ciśnienie, które powoduje rozpłaszczenie części dennej łuski, oddziałuje również na kieszonkę, w której osadzona jest spłonka (patrz rys. 4.3). Średnica kieszonki ulega więc powiększeniu w trakcie „wypływania" materiału łuski do szczeliny między powierzchnią oporową zamka a tylną powierzchnią komory nabojowej.

Oczywiście nie zawsze dochodzi do tak spektakularnych odkształceń jak na wspomnianym rysunku. Niekiedy deformacje są nieznaczne. Zawsze jednak, gdy spłonka samoistnie wypada z wystrzelonej łuski albo gdy podczas osadzania nowej spłonki wyczuwamy zmniejszony opór, należy założyć, że łuska poddana była nadmiernemu ciśnieniu. Łuska taka nie może być powtórnie użyta, a powód jej odkształcenia powinien być zidentyfikowany i wyeliminowany.

4.9. KaBOOM, czyli rozerwanie broni

Ekstremalnym efektem przekroczenia dopuszczalnego ciśnienia gazów prochowych może być rozerwanie elementów broni. Zjawisko takie nazywane jest gwarowo kaBOOM (kabum). W zależności od konstrukcji broni, wytrzymałości jej poszczególnych elementów, przyczyn i wielkości nadmiernego ciśnienia uszkodzenia broni mogą mieć różny charakter. Zdarza się, że po rozerwaniu łuski gazy prochowe pod wielkim ciśnieniem dostają się do szkieletu broni i powodują wyrwanie magazynka oraz deformację szkieletu i uszkodzenie zamka. Jest to spotykane szczególnie w pistoletach. Innym rodzajem uszkodzeń jest rozerwanie lufy lub komory nabojowej. Kolejne spotykane uszkodzenie to zniszczenie zamka, czasem połączone z zerwaniem rygli.

Oczywiście nie zawsze przyczyną tak poważnych wypadków jest przekroczenie dopuszczalnego ciśnienia gazów prochowych z winy amunicji. Często wina leży po stronie broni lub użytkownika. Pomimo rygorystycznej kontroli jakości zdarzają się wady materiałowe mogące prowadzić do rozerwania broni. Podobnie nadmierne zużycie elementów i ponadnormatywne powiększenie odległości bazowej mogą być przyczyną wypadku. Niekiedy zdarza się również uszkodzenie wynikające z obecności ciała obcego w lufie.

Wszelkie zdarzenia, w których niszczone są elementy mechaniczne broni, a gazy prochowe wydobywają się na zewnątrz w inny niż konstrukcyjnie przewidziany sposób, niosą ze sobą zagrożenie dla strzelca i osób postronnych. Trzeba to mieć zawsze na uwadze i stosować przynajmniej podstawowe zabezpieczenie, jakim są okulary strzeleckie. Nawet z pozoru niegroźna awaria broni może porazić gazami prochowymi i drobnymi odłamkami oczy strzelca, które szczególnie w broni długiej znajdują się bardzo blisko komory zamkowej.

Na rysunku 4.12 przedstawiono pistolet H&K USP45 rozerwany w wyniku nadmiernego ciśnienia. Uszkodzenie szkieletu nastąpiło na skutek przedostania się gazów prochowych z rozerwanej łuski do wnętrza szkieletu. Wszystkie przesłanki wskazują na to, że amatorsko elaborowana partia amunicji zawierała podwójne naważki prochu, prawdopodobnie Alliant Red Dot. Zamiast 4,15 gr prochu w każdym z nabojów była naważka wynosząca 8,3 gr, co podniosło ciśnienie z 1080 do 3800 barów przy dopuszczalnym ciśnieniu dla kal. .45ACP wynoszącym 1450 barów.

Na rysunku 4.13 przedstawiono efekt wsypania podczas elaboracji na prasie progresywnej podwójnej dawki prochu w rewolwerze Colt Anaconda kal. .44 Magnum. Zamiast spodziewanego ciśnienia 2000 barów mogło wystąpić ciśnienie wynoszące aż do 7300 barów!

Rys. 4.12. Pistolet H&K USP45 rozerwany podczas strzału w wyniku perforacji łuski na skutek wystąpienia nadmiernego ciśnienia gazów prochowych. Prawdopodobną przyczyną było oddanie strzału nabojem o podwójnej naważce prochu

Źródło: autor zdjęcia i pechowy właściciel broni: Joe Tourigny.

Rys. 4.13. Rozerwany w wyniku nadmiernej ilości prochu w łusce (podwójnej naważki) rewolwer Colt Anaconda kal. .44 Magnum

Źródło: autor zdjęcia i pechowy właściciel broni: Brian Maroldo.

Trochę trudniej wytłumaczyć awarię rewolweru Taurus kal. .357 Magnum przedstawionego na rys. 4.14, właściciel broni korzystał bowiem z fabrycznej amunicji. Bez przeprowadzenia badań metalograficznych bębna rewolweru nie można jednoznacznie wykluczyć problemów materiałowych, ale autor zna z doświadczenia sytuacje, w których fabryczna amunicja powodowała wystąpienie ciśnień znacznie przekraczających dopuszczalne. Historia zna udokumentowane przypadki podwójnych naważek prochu w amunicji fabrycznej. Istnieją również teorie mówiące o możliwości napełnienia naboju pyłem prochowym zamiast prochem granulowanym, jeśli nie jest przestrzegany reżym technologiczny. Oprócz tego inna teoria głosi, że w pewnych warunkach zbyt mała naważka prochu może doprowadzić do niezwykle gwałtownego wzrostu ciśnienia. Między innymi dlatego **nie wolno elaborować amunicji naważkami mniejszymi od publikowanych jako wartości minimalne!**

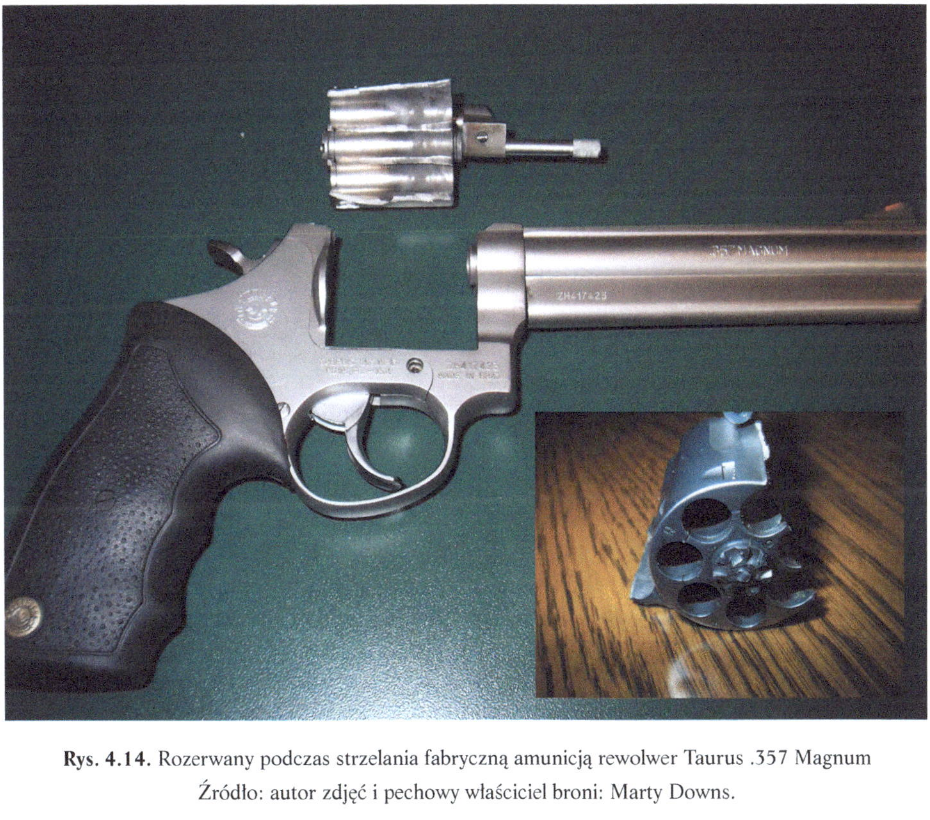

Rys. 4.14. Rozerwany podczas strzelania fabryczną amunicją rewolwer Taurus .357 Magnum
Źródło: autor zdjęć i pechowy właściciel broni: Marty Downs.

5

Opracowywanie optymalnych parametrów elaboracji

5.1. Kryteria optymalizacji

Aby uzyskać optymalny wynik elaboracji, w pierwszej kolejności należy określić, jakie mamy priorytety i w jaki sposób je sformalizować. Jeśli naszym priorytetem jest zmniejszenie kosztów amunicji (co jest szczególnie ważne w przypadku strzelców biorących udział w konkurencjach typu IPSC i pokrewnych), to optymalizacja jest stosunkowo łatwa – wybieramy komponenty o najniższej cenie, godząc się na pewną utratę precyzji broni. Broń jest uważana za celną, jeśli średni punkt trafienia pokrywa się z punktem celowania, a za precyzyjną wtedy, gdy cechuje się ona bardzo małym rozrzutem pocisków (patrz rys. 5.1). W języku potocznym konwencja ta często nie jest jednak przestrzegana. Za celność broni odpowiada jej użytkownik, który powinien za pomocą regulacji celownika doprowadzić do pokrycia się ŚPT z punktem celowania. Prawidłowa elaboracja amunicji i tuning broni mogą natomiast zwiększyć precyzję systemu broń-amunicja.

W pewnych przypadkach może nam jednak zależeć na uzyskaniu szczególnych cech elaborowanej amunicji, jak np. „faktor" (współczynnik mocy)[34]. W takiej sytuacji musimy przeanalizować wiele kombinacji pocisków i prochów, aby wybrać te, które zapewniają wymaganą moc amunicji, nie powodując jednocześnie wystąpienia nadmiernego ciśnienia. Takim wymagającym kalibrem jest przykładowo kal. 9 mm Para ładowany do faktora 160, który jest wymagany w klasie Open dla amunicji o poziomie mocy „Major".

W przypadku strzelców karabinowych zazwyczaj nadrzędnym kryterium podczas elaborowania amunicji jest uzyskanie możliwie małego rozrzutu pocisków na typowym dystansie strzelania. W tym miejscu trzeba zwrócić uwagę na to, że amunicja pozwalająca na uzyskiwanie bardzo małego rozrzutu na dystansie 100–200 m

[34] Ang. *Power Factor*, czyli iloczyn masy pocisku w granach i jego prędkości w stopach na sekundę podzielony przez 1000.

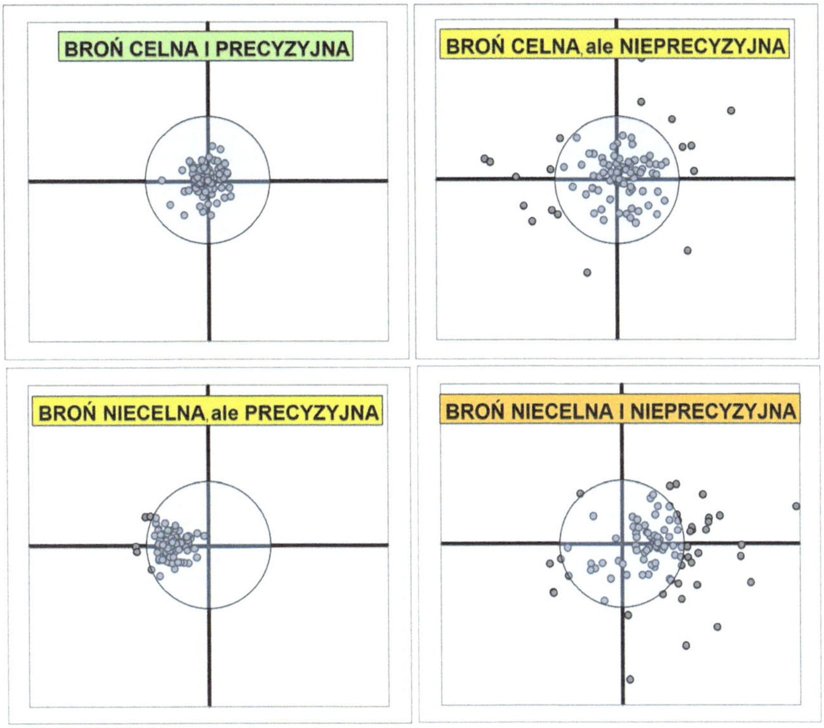

Rys. 5.1. Celność vs precyzja broni

niekoniecznie będzie zapewniać równie mały rozrzut na dalszych odległościach. Upraszczając, można powiedzieć, że o rozrzucie pocisków decydują dwa parametry wynikające bezpośrednio z elaboracji: stałość prędkości wylotowej pocisków oraz kierunek, w jakim są one wyrzucane z lufy. Oczywiście do tego dochodzą czynniki niezależne od elaboracji, takie jak warunki atmosferyczne czy jakość broni, pocisków i celownika oraz umiejętności strzelca.

Każda optymalizacja wymaga, aby jej kryteria były do jakiegoś stopnia mierzalne, bo tylko wtedy możliwa jest obiektywna ocena uzyskiwanych rozwiązań. Poniżej przedstawione są metody oceny rozrzutu pocisków, które uwzględniają losowy charakter procesów związanych ze strzelaniem.

Oficjalne miary stosowane przez producentów amunicji, szczególnie o przeznaczeniu wojskowym, to R100 i R50. Promień R100 to taki promień, który obejmuje 100% uzyskanych przestrzelin, a promień R50 to promień, który obejmuje 50% przestrzelin najbardziej zbliżonych do średniego punktu trafienia. O ile definicja R50 nie pozostawia wątpliwości, w jaki sposób wyznaczyć ten promień, to w przypadku R100 mogą się pojawić takie wątpliwości. W większości przypadków przyjmuje się, że podobnie jak przy R50 środek okręgu przypada w ŚPT. Autor spotkał się jednak z innym podejściem, w którym R100 to najmniejszy okrąg okalający wszystkie przestrzeliny, niekoniecznie ze środkiem w ŚPT [13]. W języku angielskim jest on nazywany *Covering Circle Radius* (CCR) [14].

W strzelectwie sportowym i wyczynowym oraz snajperskim do oceny rozrzutu rzadko stosowane są jednak promienie R50 i R100. Znacznie częściej natomiast jako miara rozrzutu podawana jest odległość między środkami najbardziej oddalonych przestrzelin (patrz rys. 5.2). Odległość ta, potocznie nazywana „skupieniem", jest zazwyczaj równa albo niewiele mniejsza od promienia R100. Jakkolwiek nie ma oficjalnej definicji określającej, jakie skupienie grupy pięciu pocisków wystrzelonych z odległości 100 m klasyfikuje system broni jako „precyzyjny", to umownie przyjmuje się, że dla kalibrów do .338 LM włącznie taką granicą jest skupienie wynoszące 14,5 mm (0,5 MOA[35]). Dla kalibrów większych (np. .408CT i .50 BMG) jest to 29 mm (1 MOA).

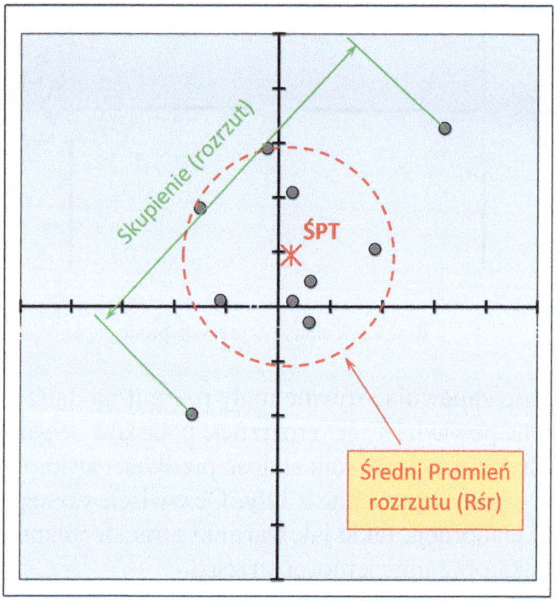

Rys. 5.2. Dziesięciostrzałowa grupa przestrzelin z zaznaczonym „skupieniem" oraz promieniem średnim

Skupienie zdefiniowane powyżej jest bardzo łatwe do wyznaczenia, gdyż wystarczy odnaleźć dwie najdalsze od siebie przestrzeliny i zmierzyć odległość między ich środkami. Niestety skupienie jest miarą niezbyt dobrze określającą precyzję systemu broni, bo nie uwzględnia wszystkich oddanych strzałów, i bazuje jedynie na dwóch ekstremalnych. Na rysunku 5.3 przedstawiono dwie

[35] MOA – minuta kątowa, jednostka miary kąta płaskiego. Przy strzelaniu na odległość 100 m jedna minuta kątowa odpowiada odcinkowi o długości 29,1 mm. Więcej na temat miar kątowych i statystycznych opisów rozrzutu pocisków znajduje się w książkach *Celność broni strzeleckiej* i *Balistyka dla snajperów*.

pięciostrzałowe grupy przestrzelin, które mają identyczne skupienie wynoszące 1,5 MOA. Zapewne większość Czytelników zgodzi się jednak z subiektywną oceną, że grupa na rysunku 5.3A jest „gorsza” niż ta, którą przedstawiono na rysunku 5.3B.

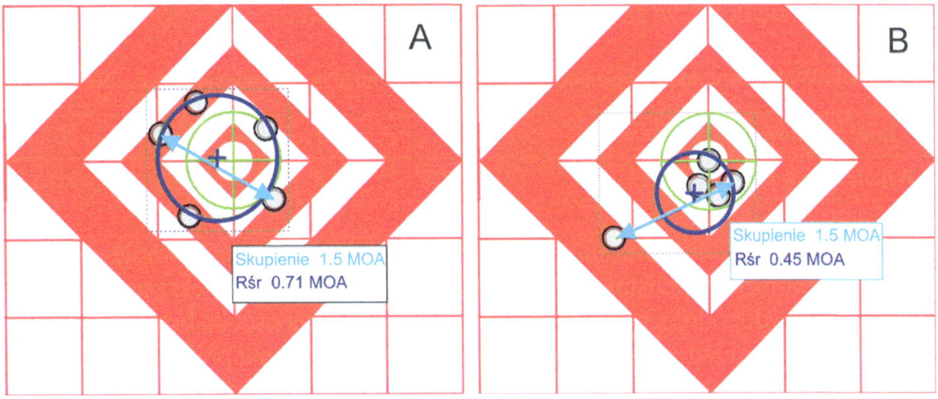

Rys. 5.3. Pięciostrzałowa grupa przestrzelin o tym samym skupieniu wynoszącym 1,5 MOA, ale różnych średnich promieniach (Rśr) tworzących okrąg oznaczony kolorem czarnym; na rys. A Rśr = 0,71 MOA, a na rys. B Rśr = 0,45 MOA

Miarą, która wydaje się być bardziej reprezentatywna i jednocześnie łatwa do wyznaczenia, jest średni promień (Rśr) stanowiący średnią arytmetyczną odległości wszystkich przestrzelin od ŚPT. Na rysunku 5.3 zaznaczone są kolorem czarnym okręgi wyznaczone przez średni promień wynoszący w przypadku „A” 0,71 MOA, a w przypadku „B” jedynie 0,45 MOA. Bez wątpienia wyznaczanie średnich promieni jest bardziej pracochłonne niż określanie odległości pomiędzy najdalszymi przestrzelinami, ale uzyskany wynik jest bardziej miarodajny. Istnieje wiele programów komputerowych i aplikacji, które znacznie ułatwiają analizę przestrzelin na podstawie skanu tarczy. Należy do nich między innymi OnTarget PC i OnTarget TDS [https://ontargetshooting.com/].

We wszystkich omówionych przykładach podstawą do estymacji skupienia czy Rśr były serie pięciostrzałowe, gdyż są one najczęściej stosowane przez strzelców do oceny broni i amunicji. Należy jednak zdawać sobie sprawę z tego, że pięć strzałów nie stanowi reprezentatywnej próbki, szczególnie w przypadku broni o dużym rozrzucie. Może się więc zdarzyć, że pięciostrzałowa seria zupełnie przypadkowo będzie się charakteryzować dobrym skupieniem, a kolejne strzały znacznie to skupienie pogorszą.

Na podstawie rozważań teoretycznych i symulacji komputerowej można jednak opracować tabelę ze współczynnikami korekcyjnymi pozwalającymi na przybliżone przeliczenia skupienia oraz średniego promienia na serie o innej liczbie strzałów, pamiętając jednak, że mamy do czynienia ze zjawiskami losowymi.

Współczynniki te przedstawione są w tab. 5.1. Jeśli przykładowo oddaliśmy piętnaście strzałów i uzyskany średni promień dla tej serii wyniósł 0,9 MOA, to możemy się spodziewać, że przy oddaniu jedynie pięciu strzałów promień ten wyniósłby $0{,}9 \times 0{,}7 = 0{,}63$ MOA. Podobnie, jeśli oddamy jedynie trzy strzały, uzyskując skupienie 1,5 cm, to oddając z tej samej broni i amunicji serię pięciostrzałową, powinniśmy się liczyć ze skupieniem $1{,}5 \times 1{,}3 = 1{,}95$ cm.

Tabela 5.1. Współczynniki pozwalające na przeliczenia pomiędzy seriami o różnej liczbie strzałów

Ilość strzałów w serii	3	**5**	10	15	20
Współczynnik korekcyjny	1,3	**1,0**	0,8	0,7	0,6

Jak wynika z powyższego, jakiekolwiek kategoryczne wnioskowanie o jakości broni czy amunicji na podstawie pojedynczych strzałów nie ma większego sensu, bo rachunek prawdopodobieństwa wymaga, aby analizowana próbka była dostatecznie liczna. Trudno jest jednak odpowiedzieć na pytanie, jak liczna próbka powinna być podstawą do wniosków dotyczących optymalizowania amunicji, bo trzeba również uwzględniać aspekty praktyczne. Do tych aspektów należy między innymi cena amunicji i zużycie lufy. Analiza rozkładów prawdopodobieństwa wskazuje, że bardzo wiarygodne wyniki można uzyskiwać przy pięciu seriach pięciostrzałowych. W 2024 r. cena wysokiej jakości naboju karabinowego w zależności od kalibru wynosiła od 7 do 80 zł, co oznacza, że koszt zbadania jednego wariantu przy 25 strzałach wahałby się między 175 a 2000 zł. Jeśli do tego dodamy jeszcze zużycie lufy, to sprawa staje się bardzo poważna.

Optymalizując amunicję pod kątem uzyskiwania możliwie małego rozrzutu pocisków, trzeba brać pod uwagę czynniki, które wpływają na zmianę kierunku wylotu pocisków opuszczających lufę (np. w związku z drganiami lufy lub niewyrównoważeniem pocisków), oraz to, że kolejne pociski opuszczające lufę poruszają się z inną prędkością. Oba te czynniki powodują, że punkt trafienia przy każdym strzale jest inny, nawet jeśli warunki atmosferyczne są stabilne, a strzelec nie popełnia żadnych błędów. Warto jednak zastanowić się, jakie są wzajemne relacje odchyleń punktów trafienia wynikających ze zmiennego kierunku wylotu pocisku oraz ze zmiennej prędkości wylotowej.

Na rysunku 5.4 przedstawione są obliczone odchyłki pionowe punktu trafienia dla pocisku kal. .408 CheyTac typu MTAC 420 gr dla zmiany kąta wylotu pocisku o 0,1 MIL (odpowiada to 1 cm na dystansie 100 m) oraz dla zmiany prędkości wylotowej o 10 m/s (z 910 m/s na 920 m/s).

Otóż na małych i średnich odległościach różnice prędkości wylotowej kolejnych pocisków mają mniejszy wpływ na odchyłkę pionową punktu trafienia niż zmiany kierunku wyrzucania pocisków związane np. z drganiami lufy. Trzeba zaznaczyć, że przyjęta do symulacji zmiana kąta wyrzucania pocisku o 0,1 MIL jest zmianą istotną, gdyż odpowiada ona 0,17 MOA. Wartość ta jest jak najbardziej realna,

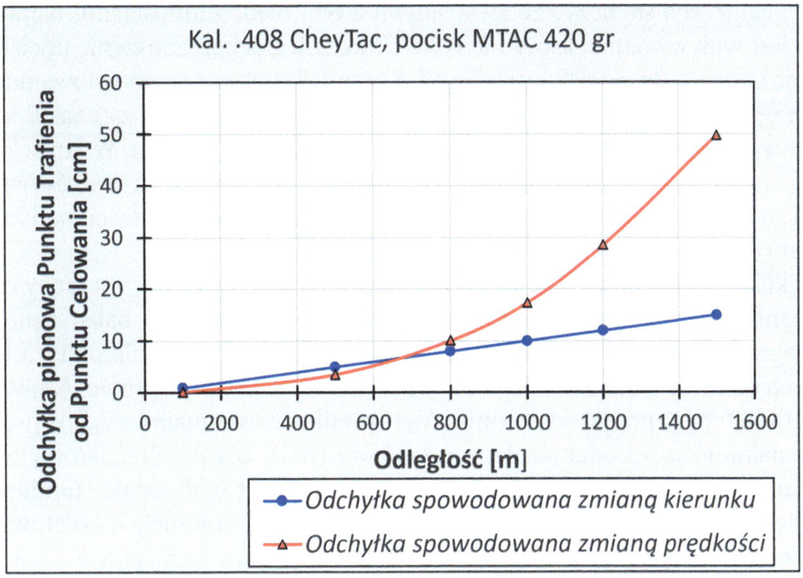

Rys. 5.4. Wpływ zmian kierunku wyrzucania pocisków i zmian prędkości wylotowej na punkt trafienia pocisków

gdyż zapewnia skupienie na poziomie 0,34 MOA. Dla odległości strzału wynoszącej 100 m przesunięcie punktu trafienia wywołane zmianą kąta rzutu o 0,1 MIL wyniesie w tym przypadku 1 cm, a zmianą prędkości wylotowej o 10 m/s tylko 0,1 cm. Ponieważ większość eksperymentów związanych z opracowywaniem optymalnych parametrów elaboracji dokonywana jest właśnie na tym dystansie, można powiedzieć, że wpływ zmian prędkości wylotowej pozostanie niezauważony.

Zupełnie inaczej przedstawia się sprawa, gdy strzelamy na duże odległości, gdyż jak wynika z rysunku 5.4, dla amunicji kal. .408CT powyżej odległości 700 m odchyłki punktu trafienia spowodowane zmianami prędkości wylotowej stają się większe od odchyłek kierunkowych. Przykładowo dla odległości 1500 m odchyłka kierunkowa wynosi w omawianym przypadku 15 cm, a odchyłka związana z różnicą prędkości wylotowej aż 50 cm.

Praktyczny wniosek, jaki nasuwa się z powyższych rozważań, jest taki, że optymalizując amunicję pod kątem minimalizacji rozrzutu podczas strzelania na niewielkie odległości, powiedzmy do 200–500 m w zależności od kalibru, powinniśmy koncentrować się na uzyskiwaniu jak najmniejszego rozrzutu (skupienia albo średniego promienia) związanego z szeroko pojętymi drganiami lufy oraz z niewyrównoważeniem pocisku.

Jeśli jednak naszym celem jest uzyskanie dużej precyzji podczas strzelania na duże odległości, a testy przeprowadzamy na dystansie 100 m, to ważnym kryterium powinno być zapewnienie możliwie stałej prędkości wylotowej pocisków. Oczywiście można rozważać prowadzenie badań amunicji na dystansach większych niż

100 m, ale trzeba się liczyć ze związanymi z tym niedogodnościami. Największą z nich jest wpływ wiatru, który nie tylko powoduje boczne znoszenie pocisku, ale również odchyla tor pocisku w górę albo w dół. W precyzyjnym celowaniu może również przeszkadzać miraż. Przy badaniach trwających dłuższy czas dochodzi jeszcze wpływ zmian temperatury powietrza na torze lotu pocisku. W konsekwencji wyniki optymalizacji mogą być zakłócone przez większą liczbę czynników wpływających znacznie na punkt trafienia przy strzelaniu na duże odległości, nad którymi nie mamy kontroli.

Od kilku lat dokładny pomiar prędkości wylotowej pocisków jest łatwy do zrealizowania, gdyż na rynku dostępne są stosunkowo tanie radary balistyczne i inne chronografy (patrz rozdział 3). Większość z nich automatycznie oblicza istotne parametry statystyczne charakteryzujące wykonane serie pomiarowe. Najważniejsze parametry to: prędkość średnia ($V_{śr}$), prędkość minimalna (V_{min}), prędkość maksymalna (V_{max}) i odchylenie standardowe (SD). Szczególnie istotnym parametrem jest odchylenie standardowe. Im większe jest odchylenie standardowe, tym większe jest rozproszenie danych wokół wartości średniej. Z kolei mniejsze odchylenie standardowe prędkości wskazuje na większe skoncentrowanie wokół prędkości średniej.

Nie wdając się w szczegółowe rozważania teoretyczne, należy stwierdzić, że rozkład prędkości pocisków zazwyczaj w dużym stopniu przypomina tzw. rozkład normalny, który jest bardzo powszechny w otaczającym nas świecie. Dla rozkładu normalnego prawdopodobieństwo, że wartość zmiennej (w naszym przypadku prędkości wylotowej) znajduje się w odległości nie większej niż jedno odchylenie standardowe, wynosi ok. 68%. Przykładowo, jeśli $V_{śr}$ = 850 m/s, a SD = 4 m/s, to statystycznie 68 na 100 strzałów będzie miało prędkość wylotową zawartą w przedziale 846–854 m/s. Dla tego rozkładu około 95% wartości prędkości znajdzie się natomiast w odległości nie większej niż 2*SD od $V_{śr}$, czyli w naszym przypadku między 842 a 858 m/s.

Korzystając z danych dotyczących prędkości pocisków, trzeba zdawać sobie sprawę, że prędkość wylotowa w znacznym stopniu zależy od temperatury ładunku prochowego. W zależności od typu prochu jest to zazwyczaj zmiana od 0,2 do 0,8 m/s przy zmianie temperatury prochu o 1°C (wyższa temperatura powoduje wyższą prędkość). Aby więc pomiary wahań prędkości wylotowej miały sens, amunicja musi mieć stałą temperaturę typową dla danych warunków strzelania.

5.2. Przyczyny występowania różnic prędkości wylotowej i zmian kierunku wyrzucania pocisków

W życiu codziennym często traktujemy przedmioty czy procesy jako „identyczne". W rzeczywistości jednak nawet poszczególne łyżeczki w zastawie stołowej różnią się między sobą, jeśli tylko zastosujemy wystarczająco dokładne metody pomiaru czy obserwacji. Taka sama sytuacja ma miejsce również w przypadku amunicji.

Analizując **czynniki wpływające na prędkość wylotową pocisków**, można wymienić: typ i jakość spłonki, objętość wewnętrzną łuski, sprężystość szyjki, zacisk szyjki łuski na pocisku, masę pocisku, średnicę pocisku, twardość materiału pocisku, głębokość osadzenia pocisku, stopień zabrudzenia przewodu lufy, ilość prochu w łusce, ułożenie prochu w łusce, parametry prochu itd. Każdy z tych czynników, nawet jeśli wydaje się nam, że bardzo dobrze go kontrolujemy, będzie powodować, że wystąpią niewielkie, ale być może istotne dla precyzji broni różnice w prędkości wylotowej. Jak wynika z rozważań teoretycznych i wieloletniej praktyki, na prędkość wylotową (i jej różnice przy poszczególnych strzałach) w szczególności wpływa naważka prochu i jego charakterystyka oraz głębokość osadzenia pocisku (patrz rozdział 5.4).

Pierwszym krokiem do zapewnienia, że różnice w prędkości wylotowej będą możliwie małe, jest oczywiście rygorystyczna kontrola poszczególnych komponentów i powtarzalność działań związanych z elaboracją. Wszelkie selekcjonowanie pocisków i łusek, ich normalizacja, zastosowanie dokładniejszych metod ważenia ładunku prochowego będą miały pozytywny wpływ na elaborowaną amunicję, ale w niektórych przypadkach wpływ ten będzie łatwo dostrzegalny, a w innych wręcz znikomy. Doświadczenie wskazuje jednak, że poprzez zmiany takich parametrów jak głębokość osadzenia pocisków można stworzyć amunicję o bardziej ustabilizowanej prędkości wylotowej. Aby tego dokonać, nie wystarczą jednak „budżetowe" metody, jak np. tzw. „drabinka dziesięciostrzałowa". Wiele osób dla znalezienia „obszaru nieczułości" prędkości wylotowej na drobne zmiany ładunku prochowego lub głębokości osadzenia pocisku przygotowuje 10 sztuk amunicji, w której każdy kolejny nabój ma zwiększoną o 0,1 lub 0,2 gr naważkę prochu albo różniącą się o 0,1 mm głębokość osadzenia pocisku.

Wystrzelenie wszystkich pocisków i pomiar ich prędkości wylotowej pozwala na stworzenie wykresu takiego jak na rys. 5.5. Założenie jest takie, że optymalne naważki to te, dla których wykres przebiega niemal poziomo, bo to są obszary, w których prędkość wylotowa jest najmniej uzależniona od drobnych różnic w naważce prochu czy głębokości osadzenia pocisku. Przykładowo dla serii 3 przedstawionej na rysunku 5.5 byłby to zakres ładunku 44,0–44,5 gr. Pomijając już to, że trudno sobie wyobrazić, jakie zjawiska fizyczne tłumaczyłyby te lokalne wahania „czułości" prędkości wylotowej na masę ładunku prochowego, trzeba sobie zdać sprawę, że prędkość wylotowa każdego z pocisków była uzależniona nie tylko od naważki, ale również od innych czynników, które nie były w pełni kontrolowane podczas testu. Również pomiar prędkości był obarczony jakimś nieznanym błędem. Popularny LabRadar zapewnia dokładność pomiaru na poziomie 0,1% wartości mierzonej, co oznacza przykładowo, że zamiast zmierzonej prędkości wynoszącej 860 m/s rzeczywista prędkość może zawierać się w przedziale 859,14 do 860,86 m/s.

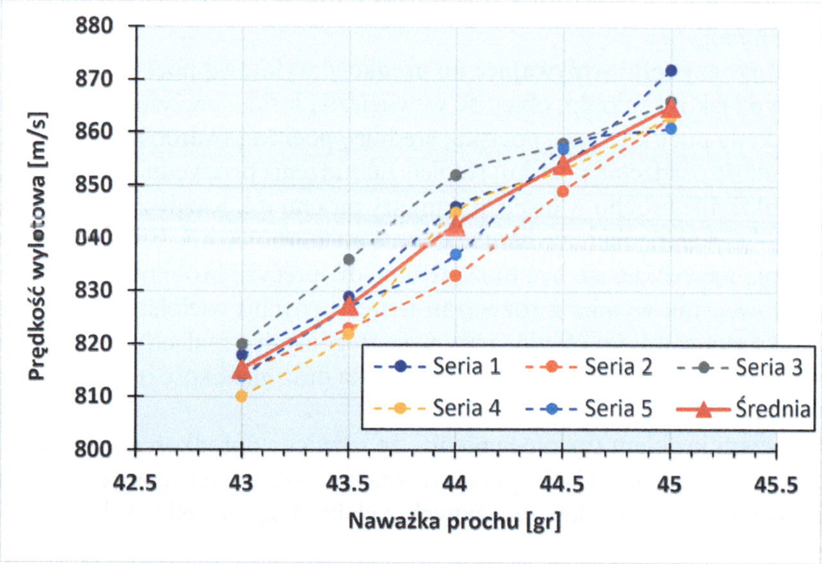

Rys. 5.5. Wpływ naważki prochowej na prędkość wylotową określany za pomocą „drabinki"

Na rysunku 5.5 przedstawiono wyniki badań wpływu naważki prochowej na prędkość wylotową pocisków kal. 6.5 Creedmoor, które powtórzono pięć razy. Jak widać, każda z wykonanych pięciu serii pomiarowych wykazała inny przebieg zależności prędkości wylotowej od masy ładunku prochowego. Zgodnie z przewidywaniem uśrednienie wyników otrzymanych z pięciu serii pomiarowych daje zależność niemal liniową, czyli wskazującą, że brak jest istotnych „obszarów nieczułości", których poszukujemy. Pewnego wyjaśnienia wymaga duży rozrzut prędkości wylotowych zaobserwowany w poszczególnych seriach pomiarowych. Wynikał on z tego, że podczas badań amunicja była elaborowana zgodnie z zalecaną głębokością osadzenia dla pocisku Hornady 147 gr (COAL = 72,12 mm), podczas gdy ten konkretnie karabin preferuje dla tego pocisku COAL = 73,10 mm, dla którego odchylenie standardowe prędkości jest ponad dwukrotnie mniejsze.

Oczywiście przykład przedstawiony na rys. 5.5 jest stosunkowo zgrubny, bo powstał przy użyciu ładunków różniących się od siebie aż o 0,5 gr. Jest on jednak jak najbardziej spójny z badaniami amerykańskiego specjalisty z zakresu balistyki i budowy broni Bryana Litza [15], który stosował przyrosty ładunku o 0,1 gr i który również stwierdził, że każda seria jest inna i że przy wielokrotnym powtarzaniu badań charakterystyka wpływu naważki na prędkość wylotową nie wykazuje istotnych lokalnych wypłaszczeń.

Trochę inaczej wygląda sprawa określania wpływu głębokości osadzenia pocisku na prędkość wylotową, która to głębokość wiąże się z drogą, jaką przebywa pocisk, zanim zacznie się przeciskać przez gwint. Tutaj łatwo jest znaleźć teoretyczne podstawy oddziaływania tej drogi na zmienność prędkość pocisku (patrz podrozdział 5.4).

W przypadku badania wpływu głębokości osadzenia pocisku na zmienność prędkości wylotowej stosowanie „drabinek" jest jak najbardziej uzasadnione, ale nie mogą to być „drabinki" oparte na pojedynczych próbkach. Aby uzyskać wiarygodne wyniki, dla każdych warunków trzeba badać przynajmniej pięciostrzałowe serie pocisków i dla każdej serii określać odchylenie standardowe. Po zidentyfikowaniu głębokości osadzenia pocisku dającej najmniejsze odchylenie standardowe (i ewentualnie najmniejszy promień średni przy analizie rozrzutu) trzeba jeszcze potwierdzić prawidłowość uzyskanych wyników poprzez wystrzelenie kolejnych serii. Jeśli wyniki (SD) są zbliżone, to można uznać, że proces optymalizacji został przeprowadzony prawidłowo.

Przykładowo w karabinie kal. .408 CheyTac autor, postępując zgodnie z opisaną metodą, uzyskał zmniejszenie odchylenia standardowego prędkości wylotowej z 4,7 m/s przy długości całkowitej naboju (OAL) wynoszącej 110,9 mm do wartości 2,2 m/s przy OAL = 112,8 mm. Dalsze zwiększanie COAL prowadziło do zwiększenia odchylenia standardowego do wartości 2,5 m/s przy OAL = 113,3 mm, dla którego pocisk opierał się już o początek gwintu.

Czynniki wpływające na kierunek wyrzucania pocisków są trudniejsze do uwzględnienia niż czynniki odpowiadające za prędkość, bo jest ich więcej. Strzał jest zjawiskiem dynamicznym i pobudza cały system broni do ruchu (odrzut i podrzut), a lufę dodatkowo do skomplikowanych drgań, które mają wiele postaci. Postacie te, nazywane modami, przedstawiono na rys. 5.6. Dane prezentowane na tym rysunku pochodzą ze strony domowej [https://www.varmintal.net/amode.htm] prowadzonej przez Ala Harrala. Na tej stronie można obejrzeć również animowane drgania lufy, co zdecydowanie ułatwia wyobrażenie sobie, jak w rzeczywistości wyglądają poszczególne postacie drgań. Trzeba jeszcze pamiętać, że wszystkie mody drgań występują jednocześnie i wcale nie muszą (w przypadku drgań poprzecznych) zachodzić w tej samej płaszczyźnie.

Na rysunku 5.6 oprócz schematów przedstawiających odkształcenia lufy są również podane częstotliwości charakterystyczne dla każdej z postaci drgań swobodnych. Częstotliwości te zostały obliczone dla lufy karabinu kal. .308 o długości 22" i średnicy w rejonie komory nabojowej wynoszącej 32 mm, przechodzącej płynnie do średnicy 23 mm w rejonie wylotu. Okres drgań o częstotliwości 1000 Hz wynosi 1 ms, co oznacza, że w czasie 1 ms następuje pełen cykl drgań. Czas około 1 ms to typowy czas przelotu pocisku przez przewód lufy karabinu (zazwyczaj mieści się on pomiędzy 0,8–1,8 ms). Oznacza to, że mody o częstotliwościach od ok. 500 Hz mogą już istotnie wpływać na kierunek wyrzucania pocisku z lufy, gdyż wylot lufy będzie stosunkowo szybko zmieniać swój kierunek (dla częstotliwości 500 Hz w czasie lotu pocisku lufa wykona pół cyklu drgań, czyli z jednej pozycji krańcowej przejdzie do drugiej pozycji krańcowej).

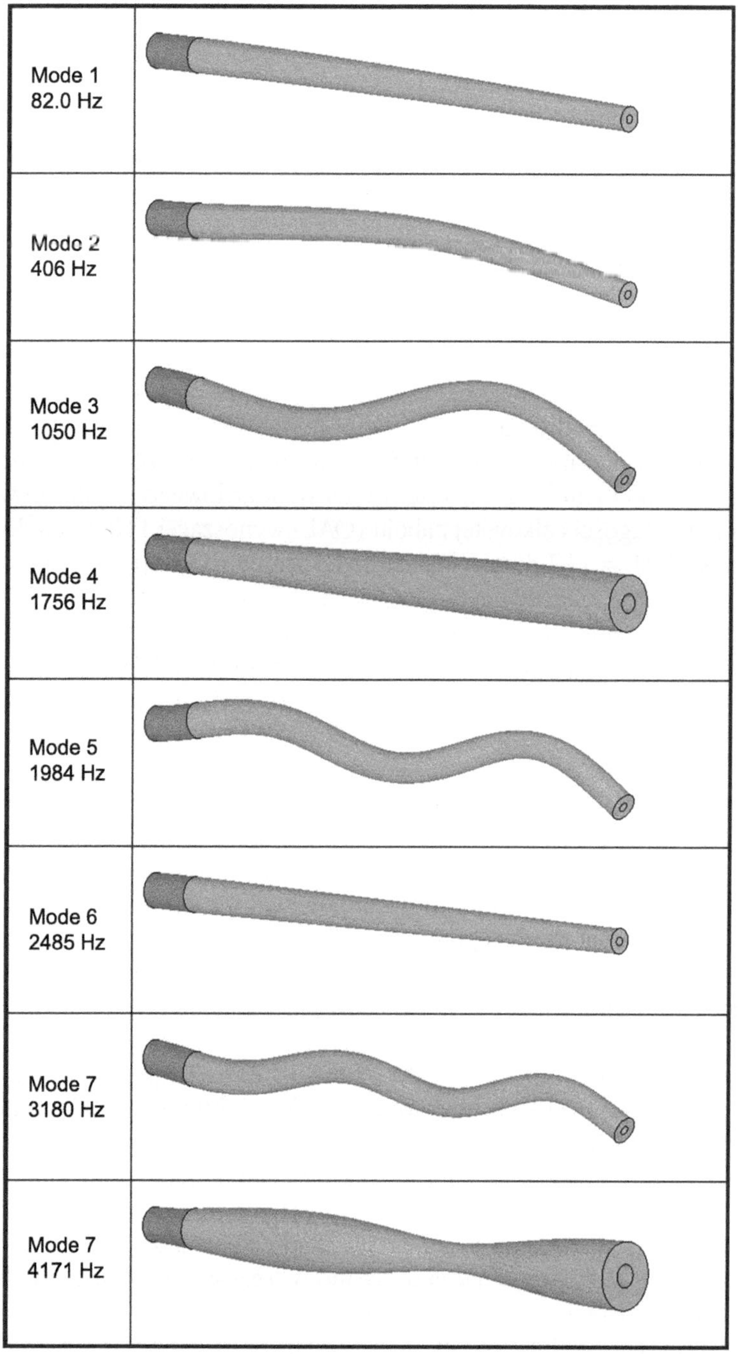

Rys. 5.6. Mody drgań typowej lufy karabinowej [publikacja za zgodą Ala Harrala, https://www.varmintal.net/amode.htm]

Poszczególne mody przedstawione na rys. 5.6 można opisać następująco:

- Moda 1 – wygięcie podobne do ugięcia trampoliny – bez węzłów, z jedną strzałką zlokalizowaną u wylotu lufy.
- Moda 2 – wygięcie z jednym węzłem i dwoma strzałkami.
- Moda 3 – wygięcie z dwoma węzłami i trzema strzałkami.
- Moda 4 – skręcanie.
- Moda 5 – wygięcie z trzema węzłami i czterema strzałkami.
- Moda 6 – drgania wzdłużne.
- Moda 7 – wygięcie z czterema węzłami i pięcioma strzałkami.
- Moda 8 – skręcanie z jednym węzłem.

Im wyższa moda drgań, tym amplituda drgań jest mniejsza, ale w trakcie pobytu pocisku w lufie zachodzi więcej cykli wyginania, a koniec lufy jest odginany pod większym kątem (przy założeniu podobnych amplitud). W konsekwencji pojawia się możliwość tuningowania lufy lub amunicji tak, aby pocisk wylatywał z lufy przy jej optymalnym wygięciu.

Drgania swobodne lufy to nie jedyny składnik całkowitego odkształcenia lufy w trakcie strzału. Przynajmniej równie istotne jest dynamiczne zginanie lufy spowodowane ciśnieniem gazów prochowych wywołujących odrzut i podrzut broni. Również tym zagadnieniem zajął się szczegółowo Al Harral [https://www.varmintal.net/aeste.htm]. Na drodze symulacyjnej oraz eksperymentalnej badał on tzw. projekcję wylotu lufy na cel. Projekcja ta to nic innego jak punkt stanowiący przecięcie się osi lufy wyznaczonej w rejonie jej wylotu z płaszczyzną celu znajdującego się w odległości 100 m. Upraszczając sprawę, można powiedzieć, że to punkt, w który skierowany jest **wylot lufy** na danym etapie strzału.

Na rysunku 5.7 przedstawiono przemieszczanie się w trakcie strzału punktu projekcji w stosunku do arbitralnie przyjętej bazy. Przed strzałem wylot lufy skierowany jest 13 mm poniżej punktu referencyjnego, aby następnie w wyniku odkształceń lufy kierować się wyżej, a po osiągnięciu poziomu maksymalnego znowu się obniżać. Na rysunku wyraźnie widać, że za najbardziej istotne zmiany położenia punktu projekcji odpowiada odrzut i podrzut – wyraźny „garb" przypadający w przedziale czasowym 0,8–1,2 ms, ale oprócz tego występują również szybkie oscylacje związane z drganiami swobodnymi lufy.

Analizując rysunek 5.7, trzeba zwrócić uwagę na dwa zakresy czasu lotu w lufie zaznaczone kolorem zielonym i czerwonym. Jeśli w wyniku zabiegów optymalizacyjnych uda się doprowadzić do tego, aby pociski opuszczały lufę w strefie zielonej, to nastąpi swoisty proces autokompensacji odchyłek prędkości wylotowej. Pocisk szybszy będzie bowiem opuszczał lufę przy jej mniejszym podniesieniu, a to skoryguje jego tor lotu i zbliży do toru lotu pocisku wolniejszego, który będzie wyrzucony pod nieznacznie większym kątem. Jeśli jednak czas lotu pocisku w lufie znajdzie się w strefie czerwonej, to kompensacja nie nastąpi, a wręcz przeciwnie, szybsze pociski będą wystrzeliwane pod większym kątem, a wolne pod mniejszym.

Podsumowując, należy stwierdzić, że **pocisk powinien opuszczać lufę wtedy, gdy jej projekcja (wygięcie części wylotowej) jest maksymalna** (bo w tym okresie projekcja najwolniej się zmienia), **albo jeszcze lepiej – na chwilę przed tym momentem, bo wtedy nastąpi swoista kompensacja odchyłek trajektorii lotu wynikających z kierunku wyrzucenia pocisku i jego prędkości.**

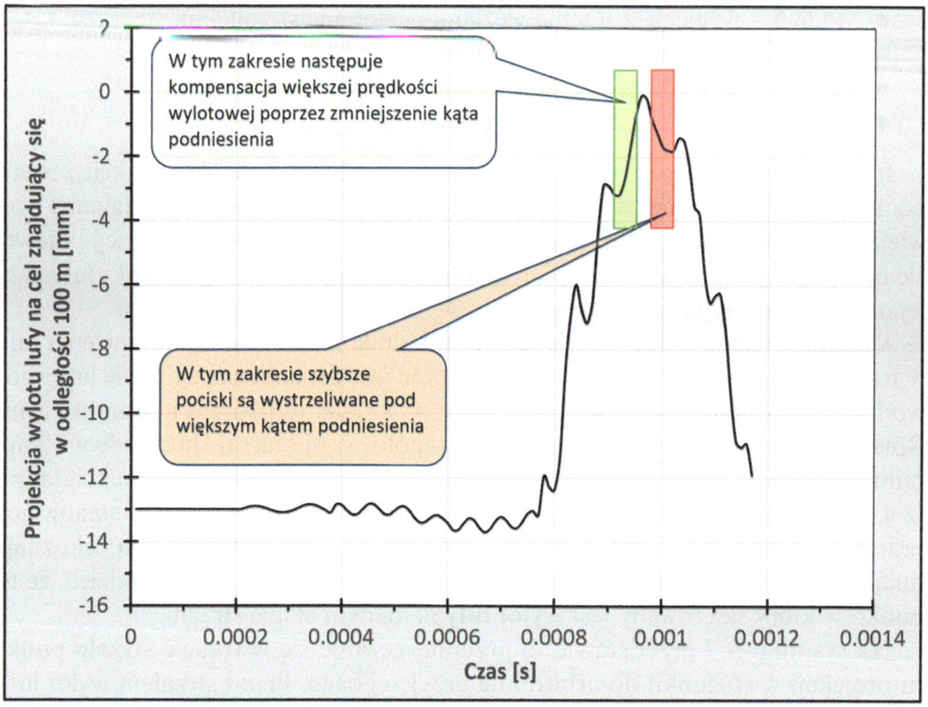

Rys. 5.7. Przemieszczenia w kierunku pionowym punktu projekcji wylotu lufy podczas strzału

Optymalizując amunicję pod względem uzyskania najlepszego skupienia, nie mamy zwykle możliwości wykonania symulacji komputerowej albo badań eksperymentalnych pozwalających na uzyskanie takiego wykresu jak przedstawiony na rys. 5.7. Pozostaje więc eksperymentowanie z różnymi naważkami prochu i głębokościami osadzenia pocisków, a być może również z różnymi gatunkami prochu. Trzeba jednak pamiętać, że wnioskowania również w tym przypadku nie można opierać na pojedynczych strzałach. Lepiej jest przebadać mniejszą liczbę kombinacji, ale za to zrobić to porządnie. Czyli do zgrubnych ustaleń wykonywać serie pięciostrzałowe, a dla potwierdzenia lub ewentualnego precyzyjnego dostrojenia wykonywać dodatkowo jedną albo dwie serie pięciostrzałowe.

W tym miejscu jeszcze jedna ważna uwaga. Prawidłowo przeprowadzona optymalizacja naważki prochowej i głębokości osadzenia pocisku tworzy nabój optymalny dla danych warunków strzelania, a niekoniecznie dla innych warunków strzelania! W szczególności dotyczy to temperatury ładunku prochowego. Jeśli dokonaliśmy optymalizacji przy temperaturze prochu 20°C, to tak zoptymalizowana amunicja zapewne nie będzie optymalna dla temperatury –10°C, bo w niskiej temperaturze pocisk dłużej będzie przebywać w lufie, czyli będzie ją opuszczać przy innej projekcji. I podobnie, jeśli zoptymalizowaliśmy głębokość osadzenia pocisku dla nowego karabinu, to po oddaniu tysiąca strzałów, gdy erozja przewodu lufy spowoduje przesunięcie początku gwintu o 0,5 czy nawet 1 mm, może być konieczne ponowne dokonanie optymalizacji.

5.3. Dobór pocisku

Dobór pocisków do samodzielnej elaboracji musi być poprzedzony analizą potrzeb i możliwości. Opracowanie optymalnego ładunku, szczególnie jeśli jako cel przyjmiemy uzyskanie maksymalnej precyzji broni, jest zadaniem żmudnym, praco- i czasochłonnym. Decydując się na konkretny pocisk, musimy więc zagwarantować sobie możliwość jego nabywania w dającej się przewidzieć perspektywie czasowej. Niestety w sklepach z bronią i amunicją w Polsce trudno uzyskać pewność, że dane pociski będą w ciągłej sprzedaży, jeśli kaliber pocisku nie jest w Polsce popularny, a producentem jest mała firma zagraniczna. Można oczywiście korzystać z zagranicznych sklepów wysyłkowych, ponieważ transport pocisków nieposiadających w sobie materiałów wybuchowych nie podlega ograniczeniom, ale dla wielu osób jest to rozwiązanie drogie i niewygodne, a w sporadycznych przypadkach może być jednak niezbędna licencja eksportowa. Dlatego wybierając pociski karabinowe do ewaluacji, najlepiej skoncentrować się na renomowanych, dużych producentach pocisków, takich jak Lapua, Hornady, Berger, Sierra czy Cutting Edge Bullets (pociski monolityczne). W przypadku pocisków pistoletowych, z uwagi na inne warunki strzelania, łatwiej jest zastąpić jedne pociski innymi, wspomniany problem jest mniej istotny.

W opinii autora najlepszym rozwiązaniem jest zakupienie niewielkiej ilości pocisków danego rodzaju i przeprowadzenie z nimi prób mających na celu opracowanie parametrów optymalnej elaboracji, a następnie po uzyskaniu zadowalających wyników zakupienie takiej ilości pocisków, aby pokryły nasze zapotrzebowanie przez dłuższy okres. Niektóre firmy sprzedają nawet specjalne zestawy startowe zawierające po kilkadziesiąt pocisków pistoletowych różnego typu, które pozwalają na dobór optymalnego pocisku przed podjęciem decyzji o zakupie kilku tysięcy pocisków. Można wtedy sprawdzić zarówno amunicję pod względem parametrów balistycznych, jak i pewności działania, gdyż niektóre pistolety preferują pewne kształty pocisków, a przy innych się zacinają. Również na targach broni istnieje często możliwość bezpłatnego otrzymania próbek pozwalających na sprawdzenie pocisków przed zakupem hurtowym. Niemniej, zakładając, że reloader jest zdeterminowany, aby uzyskać optymalną dla siebie amunicję, najważniejszą decyzją dotyczącą pocisku jest jego typ i masa.

Przyjmując, że celem elaboracji amunicji karabinowej jest uzyskanie największej precyzji przy rozsądnych kosztach, można szczególnie polecić kilka typów pocisków, które szeroko stosowane są przez strzelców sportowych i snajperów na całym świecie. Są to Sierra MatchKing (SMK), zwykle w wersji BT (czyli ze zwężającą się częścią denną), Lapua Scenar, Nosler Trophy Grade, Hornady BTHP Match i ELD Match oraz Lapua Lock Base (polecane szczególnie do elaboracji nabojów kal. .338 Lapua Magnum). Bardzo dobrą opinią cieszą się również pociski Hornady A-max produkowane w kalibrach .30 i .50. Cechą pocisków przeznaczonych do broni precyzyjnej jest to, że w części dennej nie mają one odsłoniętego rdzenia ołowianego, tak jak ma to miejsce w klasycznych pociskach pełnopłaszczowych (FMJ). Podczas strzału odsłonięty ołów ulega nadtopieniu, co pogarsza wyważenie pocisku i niekorzystnie odbija się na jego locie. Masę pocisków należy dobrać, mając na uwadze, że przy strzelaniu na dalsze odległości lepiej zachowują się pociski ciężkie, a na małe odległości – pociski lekkie. W żadnym jednak razie nie wolno stosować pocisków zbyt ciężkich dla danego skoku gwintu lufy (patrz tab. 2.3). Od kilku lat coraz popularniejsze są pociski monolityczne, które mają wiele pożądanych przez strzelców długodystansowych cech i mogą stanowić bardzo dobrą alternatywę dla pocisków „klasycznych". Pociski monolityczne zazwyczaj produkowane są przez mniejsze, lokalne firmy, takie jak Cutting Edge Bullets, Lehigh Bullets, Jaguar (patrz rys. 5.8).

Decydując się na pociski monolityczne, trzeba jednak pamiętać, że przy danej masie wymagają one krótszego skoku gwintu lufy niż pociski klasyczne. Wynika to z tego, że mosiądz i miedź, z których są wykonane, mają mniejszy ciężar właściwy niż ołów, przez co dla uzyskania zbliżonej masy pocisk musi być dłuższy, a im dłuższy pocisk, tym trudniej go ustabilizować żyroskopowo. Na rysunku 5.9 przedstawiono dwa pociski o zbliżonej masie. Z lewej pocisk .308 Scenar 185 gr, a z prawej pocisk monolityczny MTAC 182 gr. Wyraźnie widoczna jest istotna różnica długości tych pocisków. O ile pociski Scenar 185 gr mogą być wystrzeliwane z lufy o skoku 12″, to dla pocisków MTAC 182 gr wytwórca zaleca skok gwintu wynoszący 10″. Na rysunku 5.10 przedstawiono efekty strzelania na dystansie 100 m obu typami pocisków z karabinu o skoku gwintu 12″. Widoczna jest utrata stabilizacji w przypadku pocisków monolitycznych objawiająca się zarówno nieakceptowalnym rozrzutem (dwa pociski z serii pięciostrzałowej nie trafiły w ogóle w tarczę) oraz charakterystycznymi wydłużonymi, owalnymi przestrzelinami.

Dla myśliwych wybór pocisków jest znacznie większy i bardziej różnorodny. Trudno więc wskazać najlepsze pociski. Dokonując wyboru, należy uwzględnić przede wszystkim, w jakich warunkach i na jaką zwierzynę zamierza się polować oraz jakie fundusze można przeznaczyć na elaborację. Do najbardziej renomowanych producentów pocisków myśliwskich należą: Lapua, Nosler, Hornady, Sierra czy Barnes. Oferują one szeroki asortyment pocisków oraz zapewniają bardzo dobrą informację o ich przeznaczeniu i właściwościach. Biorąc pod uwagę, że myśliwi nie zużywają zwykle dużych ilości amunicji, zapewne warto zainwestować w pociski dobrej jakości, nawet jeśli są one wyraźnie droższe od pocisków gorszych.

Strzelcy „praktyczni", czyli sportowcy biorący udział w konkurencjach dynamicznych, niezależnie, czy karabinowych, czy pistoletowych, zużywają bardzo duże ilości amunicji, mają jednak mniejsze wymagania jakościowe. Dla nich optymalne

Rys. 5.8. Trzy generacje pocisków monolitycznych produkowanych przez Dariusza Kubika

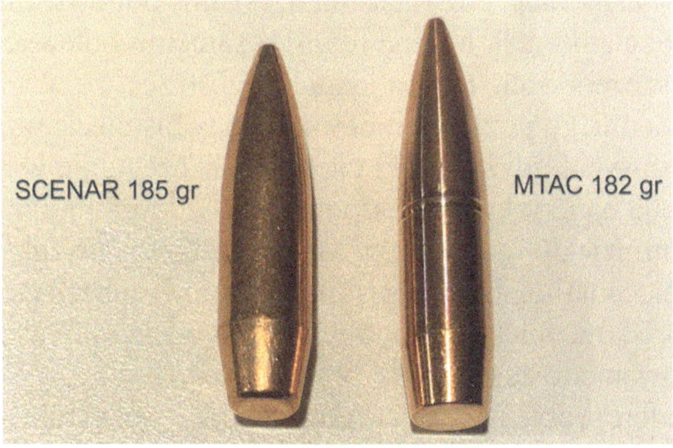

Rys. 5.9. Porównanie pocisków kal. 308 Scenar 185 gr (z lewej strony) i MTAC 182 gr (z prawej strony)

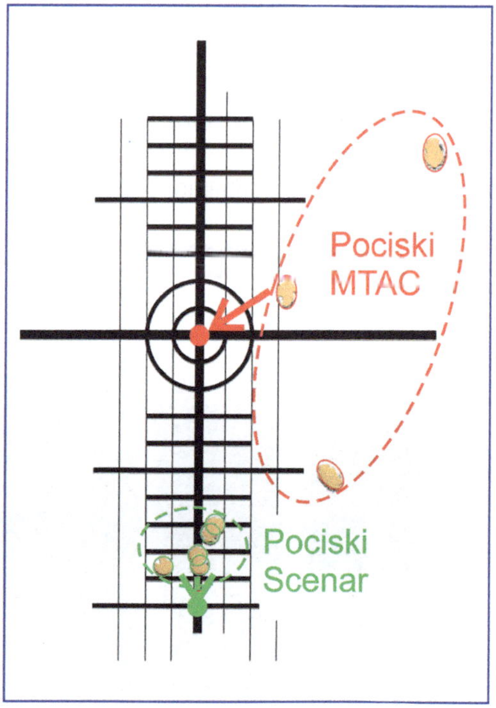

Rys. 5.10. Przestrzeliny wykonane przez pociski Scenar 185 gr i MTAC 182 gr wystrzelone z lufy o skoku gwint wynoszącym 12". Dwa z pocisków MTAC trafiły poza obszar tarczy. Kolorowe strzałki wskazują punkty celowania dla poszczególnych rodzajów amunicji

będą więc pociski tanie, często sprzedawane w opakowaniach zbiorczych po 500 lub 1000 sztuk (tzw. *bulk packs*). Dla karabinów wystarczają zazwyczaj standardowe pociski płaszczowe, np. firmy PMC, a dla pistoletów pociski ołowiane, najlepiej pokryte miedzią, np. firm Frontier, Rainier albo H&N. Masa powinna być dobrana w taki sposób, aby elaboracja pozwalała na uzyskanie odpowiedniej, przewidzianej regulaminami mocy amunicji. Można również samemu odlewać pociski, uzyskując dodatkowe oszczędności. Trzeba jednak przestrzec, że w wielu przypadkach uzyskanie odpowiedniego poziomu mocy naboju w pistolecie wymaga stosowania pocisków płaszczowych, gdyż pociski ołowiane, szczególnie w lufach polygonalnych, nie pozwalają na uzyskiwanie odpowiednio dużych prędkości.

Elaborując amunicję do rewolwerów Magnum, trzeba uwzględnić konieczność obciśnięcia (zagniecenia) łuski na pocisku, co stanowi zabezpieczenie przed przesuwaniem się pocisków w łuskach pod wpływem odrzutu. Należy więc wybierać pociski przystosowane do zagniatania (z kanelurem).

Jest jeszcze jeden problem, który – co prawda – występuje sporadycznie, ale w pewnych przypadkach może spowodować, że reloader zaczyna podejrzewać działanie sił magicznych. Problem ten polega na rozrywaniu się pocisków zaraz po opuszczeniu lufy. Zastosowanie pocisków o zbyt małej wytrzymałości, w przypadku gdy pocisk uzyskuje dużą prędkość i lufa ma krótki skok gwintu, może spowodować, że zaraz po opuszczeniu lufy ulegną one rozerwaniu na skutek działania siły odśrodkowej i nie dolecą do celu, nawet gdy znajduje się w małej odległości. Strzelający odnosi wręcz wrażenie, że pocisk dematerializuje się po wylocie z lufy. Przypadki rozerwania pocisków odnotowywane były np. przy elaborowaniu nabojów kal. .223 lekkimi pociskami przeznaczonymi do nabojów kal. .22 Hornet, jeśli karabin .223 miał mały skok gwintu lufy (7"), co przy bardzo wysokiej prędkości wylotowej powodowało nadanie pociskowi olbrzymiej prędkości obrotowej.

5.4. Określenie optymalnej głębokości osadzenia pocisku

Podstawowym źródłem informacji o wymiarach amunicji i komór nabojowych są normy opracowywane przez SAAMI[36]. Zawierają one dane o **maksymalnych** wymiarach naboju i **minimalnych** wymiarach komory nabojowej (patrz rys. 5.11). Z rysunków tych można odczytać m.in., jaka może być maksymalna długość naboju oraz jaka jest minimalna odległość między początkiem komory nabojowej a początkiem gwintu lufy. Przestrzeganie wymiarów SAAMI zapewnia pełną wymienność amunicji w stosunku do komór (czyli każdy nabój będzie pasował do każdej komory), ale nie zapewnia optymalnej precyzji broni.

Trzeba pamiętać, że różne pociski mają odmienne kształty powierzchni zewnętrznej i w związku z tym będą się one kontaktować z gwintem przewodu lufy w większej lub mniejszej odległości od wierzchołka (patrz rys. 5.12). Autor nie znalazł prawidłowej polskiej nazwy rejonu początku styku pocisku z polami gwintu, więc dla uproszczenia w dalszej części nazywany on będzie „krawędzią styku". Ponadto producenci wykonują w odmienny sposób komory nabojowe, szczególnie w zakresie głębokości komory liczonej do początku gwintu przewodu lufy (wymiar oznaczony kolorem granatowym na rys. 5.11). Dla precyzji broni istotne jest, żeby pocisk miał do przebycia możliwie małą drogę (*Ls*) od pozycji zajmowanej w komorze przed strzałem do styku z gwintem lufy. Optymalnie powinna to być zazwyczaj odległość nie większa niż kilka dziesiątych części milimetra. Z drugiej strony pocisk **nie powinien** opierać się przed strzałem o gwint lufy, bo to wyraźnie podwyższa maksymalne ciśnienie gazów prochowych[37]. Z doświadczeń autora

[36] Normy SAAMI mają charakter zaleceń.

[37] Jeśli pocisk opiera się o gwint lufy, to w początkowej fazie strzału gazy prochowe muszą **jednocześnie** pokonać opór zacisku pocisku w szyjce łuski i opór wciskania się pocisku w gwint. Jeśli natomiast zachowany jest pewien luz, to najpierw pokonywany jest opór zacisku w łusce, a potem dopiero opór wciskania się w gwint, przy czym wciskanie się w gwint następuje dynamicznie (z rozpędu), co znacznie ułatwia przemieszczanie się pocisku i udostępnia gazom prochowym większą objętość, którą mogą wypełnić. Odpowiedni „luz" jest szczególnie ważny w amunicji kal. .50 BMG, ponieważ dla tego kalibru pocisk musi mieć stosunkowo dużą prędkość w chwili wtłaczania się w gwint.

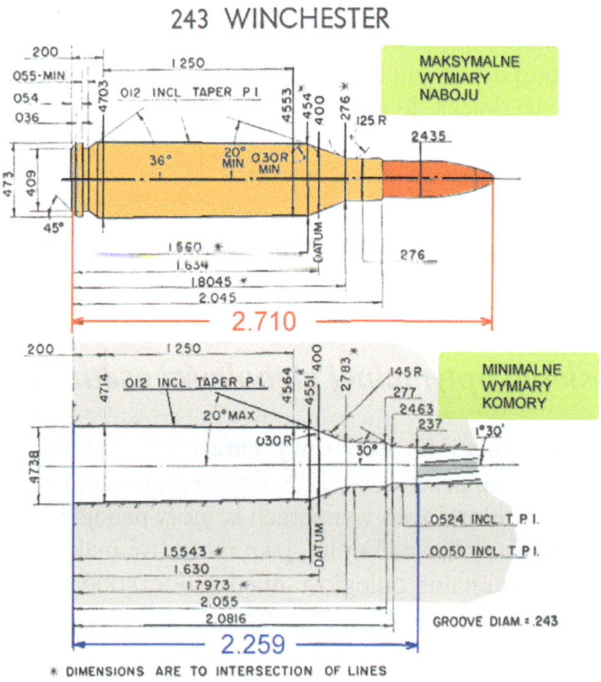

Rys. 5.11. Wymiary (w calach) naboju oraz komory nabojowej kal. .243 Winchester

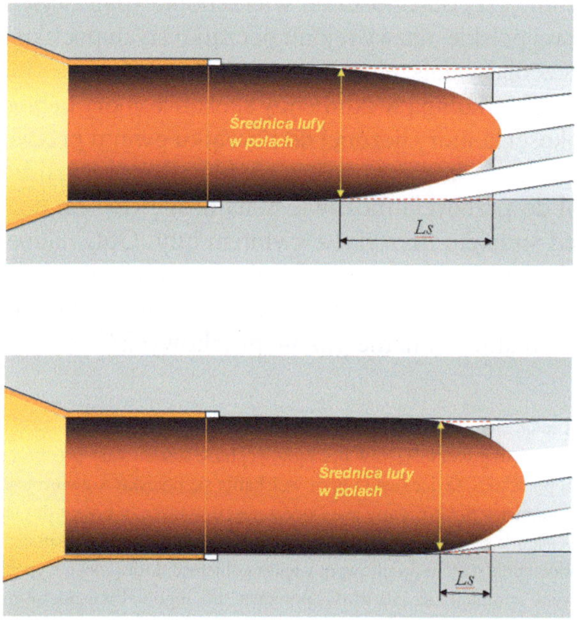

Rys. 5.12. Wpływ kształtu pocisku na jego swobodną drogę w komorze nabojowej (*Ls*). Na rysunku droga swobodna została znacznie powiększona dla uzyskania większej przejrzystości

wynika, że w przypadku elaborowania amunicji .50 BMG NIE NALEŻY stosować zasady minimalizacji odległości L_S bo powoduje to znaczny wzrost ciśnienia oraz powiększa rozrzut. Jako optymalną wartość L_S, w zależności od stosowanego pocisku oraz wymiarów komory nabojowej, należy przyjmować dla tego kalibru około 1–3 mm.

Autor zna przypadki, w których pociski amunicji kal. .308 renomowanego producenta po załadowaniu do karabinu kal. 7.62×51 innej renomowanej firmy wbijały się w pola gwintu na tyle głęboko, że w sposób bardzo widoczny wzrastało ciśnienie maksymalne, a co gorsza, przy próbie rozładowania broni (bez oddania strzału) pociski wyrywane były z łuski i pozostawały w lufie. Nie trzeba chyba nikogo przekonywać, jak niebezpieczne jest nieświadome pozostawienie pocisku w lufie. Powyżej opisany przykład wskazuje na to, że teoretycznie niemal identyczne kalibry .308 Winchester oraz 7.62×51 różnią się polami tolerancji wymiarów komory i naboju, co – na szczęście tylko w sporadycznych przypadkach – może powodować poważne problemy.

Zakładając, że reloader nie będzie ingerował w kształt komory nabojowej, jedyną możliwością dobrego dopasowania naboju i komory jest odpowiednio głębokie osadzenie pocisku. Zazwyczaj przy tym pocisk może być bardziej wysunięty z łuski niż w nabojach fabrycznych. Trzeba jednak pamiętać, że tak wykonany nabój może być niebezpieczny w innej komorze nabojowej niż ta, do której został dopasowany, oraz jeśli przekroczona jest długość całkowita OAL zalecana przez SAAMI, może nie pasować do magazynka. Im mocniejszy jest ładunek prochowy, tym musi być zachowany większy odstęp pocisku od początku gwintu lufy, aby nie doprowadzić do nadmiernego wzrostu ciśnienia.

Jakkolwiek wszystkie tabele elaboracyjne podają długość całkowitą naboju, jaką należy uzyskać podczas elaboracji (OAL), to jednak dla uzyskania precyzyjnej amunicji reloader musi bazować na odległości mierzonej od stopy łuski do krawędzi styku, jaką dany pocisk wykazuje w danej komorze. Taki pomiar zapewnia możliwość dostosowania głębokości osadzenia pocisku do rzeczywistego kształtu komory nabojowej i jednocześnie eliminuje błędy związane z drobnymi odchyłkami w kształcie części wierzchołkowej pocisku, które są nie do uniknięcia w produkcji.

Jeśli celem elaboracji amunicji jest chęć uzyskania najwyższej precyzji broni (dotyczy to przede wszystkim broni długiej) lub chęć uzyskania amunicji o największej mocy bez przekraczania dopuszczalnego ciśnienia gazów prochowych, to opracowywanie parametrów elaboracji powinno dotyczyć również pomiaru komory nabojowej i optymalizację głębokości osadzenia pocisku. Trzeba przy tym pamiętać, że uzyskane dane o komorze mogą się w trakcie eksploatacji broni zmienić, gdyż następuje erozja stożka przejściowego „odsuwająca” początek gwintu w głąb przewodu lufy. Po kilku tysiącach strzałów może więc być pożądane powtórzenie pomiarów i „doregulowanie” nabojów przez płytsze osadzanie pocisków.

Pierwszym etapem określenia optymalnej głębokości osadzenia jest wykonanie pomiaru głębokości komory nabojowej, a dokładniej mówiąc, pozycji stożka przejściowego. W zależności od posiadanego wyposażenia można tego dokonać kilkoma metodami. Trzeba pamiętać, że niezależnie od wybranej metody, do pomiarów musi być użyty dokładnie taki pocisk, jaki stosowany będzie podczas elaboracji!

Najwygodniejsze i najprostsze jest wykorzystanie specjalnego przyrządu pomiarowego omówionego w podrozdziale 3.21. W przyrządzie instalujemy łuskę odpowiedniego kalibru[38] oraz wkładamy pocisk dość głęboko do łuski. Następnie umieszczamy przyrząd w komorze nabojowej tak, aby łuska ustaliła się poprawnie w komorze i – delikatnie wciskając popychacz – wprowadzamy pocisk coraz głębiej do przewodu lufy. Wprowadzanie pocisku kończymy w chwili, gdy poczujemy, że opiera się on o stożek przejściowy i dalsze wsuwanie wymagałoby pokonania znacznie większego oporu. Przed wyjęciem z komory przyrząd blokujemy specjalną śrubą. Jest to bardzo istotna czynność, bo często, aby wysunąć przyrząd wraz z pociskiem, musimy go lekko popchnąć za pomocą wycioru, co przy braku blokady mogłoby doprowadzić do wciśnięcia pocisku w łuskę. Po wyjęciu z komory położenie pocisku w lufie może być określone albo przez pomiar OAL, albo – co bardziej zalecane – przez pomiar odległości od stopy łuski do krawędzi styku – CBTO (ang. *Cartridge Base to Ogive*). Będzie to omówione w dalszej części rozdziału.

Druga metoda nie wymaga posiadania specjalnego przyrządu, a jedynie zmodyfikowanej we własnym zakresie łuski. Do modyfikacji przeznaczamy łuskę, która została przez nas wykalibrowana i pozbawiona spłonki. Szyjkę tej łuski rozcinamy na cztery „listki", tak jak to jest widoczne na rys. 5.13, a krawędzie dokładnie wygładzamy, aby nie było zadr i dużych chropowatości. Do łuski wkładamy pocisk, który powinien płynnie przesuwać się w szyjce pod wpływem nieznacznego nacisku palcem. Łuskę z bardzo płytko osadzonym pociskiem wkładamy do komory i delikatnie dosuwamy do oporu. W tym czasie pocisk powinien oprzeć się o stożek przejściowy, a następnie, zapierając się o niego, wcisnąć do łuski na większą głębokość. Łuskę trzeba bardzo delikatnie wyjmować z komory nabojowej, aby nie zmienić pozycji pocisku. Dla pewności pomiar należy wykonać kilka razy. Przy tej metodzie, ze względu na brak blokady, nie można pomóc sobie wyciorem.

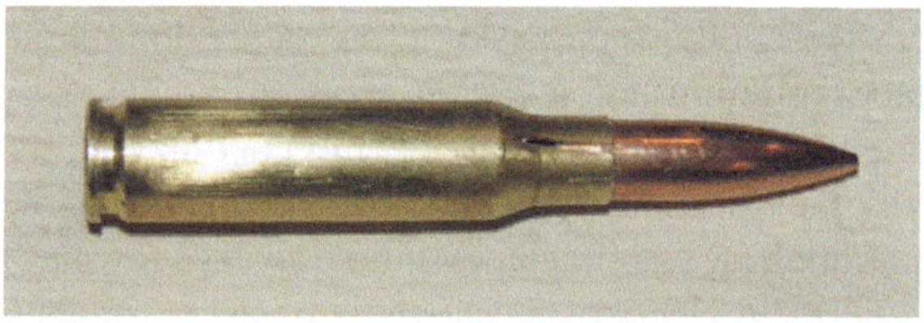

Rys. 5.13. Zmodyfikowana łuska do pomiaru odległości stożka przejściowego

Trzecia metoda nie wymaga żadnego oprzyrządowania, ale wymaga sporego wyczucia i cierpliwości. W metodzie tej do wykalibrowanej łuski **pozbawionej spłonki**

[38] Może to być specjalna łuska zmodyfikowana przez producenta albo własna, przerobiona łuska z częścią denną dostosowaną do zamocowania w urządzeniu.

wprasowany jest na prasie elaboracyjnej pocisk. Pocisk ten powinien być wprasowany na tyle płytko, aby z całą pewnością oparł się na stożku przejściowym. Pocisk pokrywa się specjalnym tuszem traserskim albo – przy braku takiego tuszu – maluje się go spirytusowym flamastrem. Pocisk można również pokryć sadzą, ale ta metoda wymaga szczególnie dużej staranności we wprowadzaniu naboju do komory.

Wprowadzenie naboju do komory spowoduje styk pocisku ze stożkiem przejściowym udokumentowany znakiem na tuszu lub sadzy. Naboju nie należy mocno wciskać do komory, poprzestając na uzyskaniu lekko zwiększonego oporu. Następnie nieznacznie głębiej wciska się pocisk na prasie i po ponownym pokryciu tuszem obserwuje się znaki styku ze stożkiem przejściowym. Powyższe czynności powtarza się tak długo, aż znaki styku przestaną być widoczne. Jeśli próby prowadzone były starannie, to uzyskany nabój będzie miał długość nieznacznie krótszą od długości powodującej styk pocisku ze stożkiem przejściowym.

Niezależnie od tego, jaka metoda została wykorzystana do określenia położenia stożka przejściowego, w wyniku powyżej opisanych działań uzyskujemy nabój wzorcowy z tak osadzonym pociskiem, że albo opiera się on bardzo delikatnie o stożek przejściowy (pierwsze dwie metody), albo jest od niego minimalnie odsunięty (trzecia metoda). Posługiwanie się wzorcowym pociskiem nie byłoby praktyczne, więc należy dokonać jego pomiaru i potem bazować na wynikach pomiarów, a nie na wzorcu. Pomiar może być dokonany za pomocą suwmiarki z noniuszem o dokładności nie mniejszej niż 1/10 mm albo w odniesieniu do długości całkowitej naboju, albo bazując na krawędzi styku, co jest znacznie lepszym rozwiązaniem. Aby pomiar mógł bazować na krawędzi styku, konieczne jest zastosowanie specjalnych tulejek z kalibrowanymi otworami, które opierają się na zewnętrznej powierzchni pocisku w taki sposób jak stożek przejściowy. Do każdego kalibru lufy muszą być używane inne tulejki. Sposób pomiaru długości całkowitej OAL przedstawiono na rys. 5.14, a pomiar bazujący na krawędzi styku CBTO – na rys. 5.15. Na rysunku 5.16 przedstawiono porównanie długości OAL i CBTO. Ponieważ przy pomiarze odległości CBTO wynik zależy zarówno od średnicy otworu w tulejce, jak i kształtu krawędzi tego otworu, to podczas elaboracji amunicji zawsze należy stosować ten sam przyrząd, bo tylko wtedy zagwarantowana jest powtarzalność wyników. Przy zmianie przyrządu cały proces pomiaru CBTO powinien być powtórzony.

Wynik pomiarów stanowi podstawę do regulacji matrycy osadzającej pociski w łusce. W zależności od egzemplarza broni zazwyczaj najlepszą precyzję uzyskuje się wtedy, gdy między stożkiem przejściowym a pociskiem występuje luz wynoszący 0,1–0,5 mm (UWAGA! Ta wartość nie dotyczy kal. .50 BMG). Zaleca się rozpoczynanie optymalizacji amunicji przy luzie około 0,25 mm, a następnie ewentualne sprawdzenie, czy pewne zmniejszenie lub zwiększenie luzu wpływa korzystnie na zmniejszenie rozrzutu i odchylenie standardowe prędkości wylotowej. Trzeba jednak pamiętać, że brak luzu znacznie podwyższa ciśnienie maksymalne i może być niebezpieczny. W nabojach o małej objętości łuski również duży wzrost

Rys. 5.14. Pomiar długości całkowitej (OAL) naboju kal. .308 Winchester

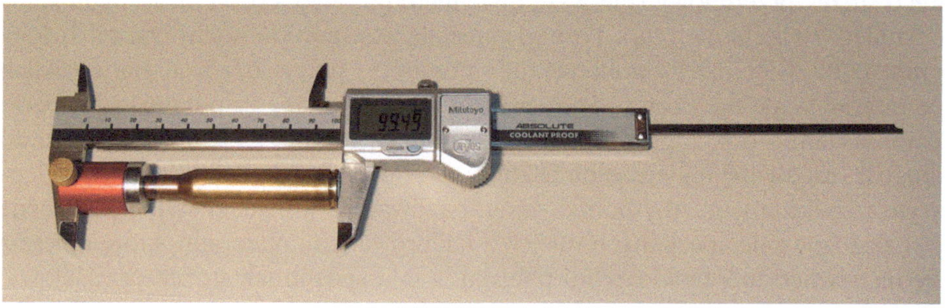

Rys. 5.15. Pomiar odległości od krawędzi styku z lufą do dna łuski (CBTO) dla pocisku kal. .338 Lapua Magnum

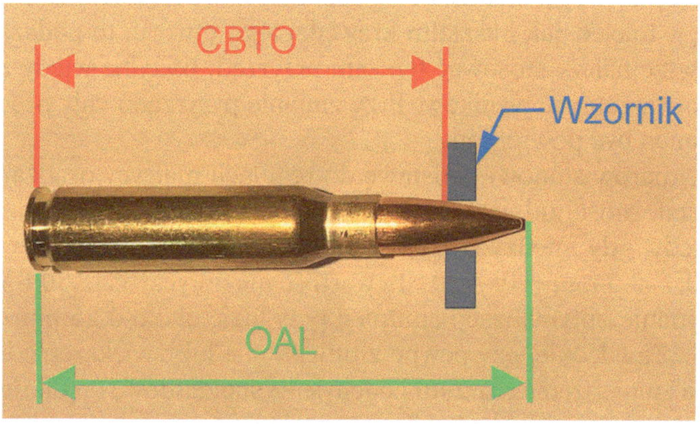

Rys. 5.16. Porównanie pomiaru OAL i CBTO

luzu może prowadzić do wzrostu ciśnienia, gdyż głębiej osadzony pocisk zajmuje więcej miejsca w łusce, co zmniejsza jej efektywną objętość i prowadzi do wzrostu ciśnienia (patrz rys. 5.17).

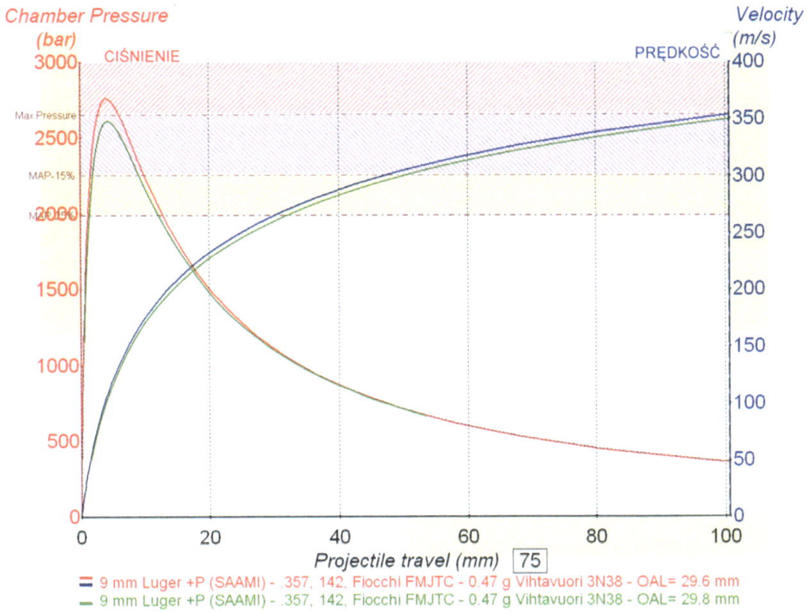

Rys. 5.17. Wpływ głębokości osadzenia pocisku na ciśnienie w naboju 9 mm Parabellum elaborowanym do poziomu MAJOR według regulaminu IPSC. Kolor zielony OAL = 29,8 mm, kolory czerwony i granatowy – OAL = 29,6 mm. Wyniki symulacji za pomocą programu Quick Load

UWAGA!

Amunicja, która w wyniku optymalizacji głębokości osadzenia pocisku nie spełnia wymagań zawartych w normach SAAMI, nie może być wykorzystywana w innej broni niż ta, do której została dopasowana. Złamanie tej zasady może doprowadzić do nadmiernego wzrostu ciśnienia, uszkodzenia broni i zranienia lub śmierci strzelca.

5.5. Dobór prochu i wielkości ładunku prochowego

Bez wątpienia w warunkach polskich jednym z najważniejszych czynników determinujących dobór prochu jest jego stała dostępność. W stosunku do sytuacji sprzed kilku lat mamy obecnie znacznie większy wybór prochów renomowanych firm, takich jak VihtaVuori, Hodgdon, Reload Swiss czy Vectan, i każdy może znaleźć proch dla niego odpowiedni zarówno pod względem parametrów, jak i ceny, ale z różnych powodów bywają przerwy w dostawach, a nawet całkowite zaprzestanie importu (jak to miało miejsce w przypadku niektórych prochów firmy Hodgdon).

Dobór prochu najlepiej zacząć od przestudiowania tabel elaboracyjnych. Zawierają one informacje o tym, jaki proch nadaje się do konkretnego naboju i jakich osiągów możemy się po nim spodziewać. Dobre tabele elaboracyjne posiadają dodatkowo informacje, która kombinacja prochu i pocisku pozwala na osiągnięcie najlepszego skupienia (przynajmniej statystycznie). W dalszej części książki znajdują się zestawienia przykładowych danych elaboracyjnych dla kilku popularnych kalibrów.

Każda profesjonalna tablica powinna zawierać dane o minimalnej naważce prochu (ang. *starting load* albo *minimal load*) i odpowiadającej tej naważce prędkości pocisku oraz o naważce maksymalnej (również z podaniem odpowiadającej jej prędkości). Są to wielkości nieprzekraczalne ani w kierunku zmniejszania, ani powiększania ładunku prochowego! Zasadniczo, mając do wyboru kilka prochów, wybiera się ten, który daje pełniejsze wypełnienie łuski, albo w szczególnych przypadkach ten, który pozwala na osiągnięcie największej prędkości. Opracowując ładunek prochowy, należy zawsze zaczynać próby od ładunków zbliżonych do ładunku minimalnego i powiększać je tylko wtedy, gdy nie zaobserwowano oznak nadmiernego ciśnienia gazów prochowych (patrz rozdział 4).

W wielu przypadkach celem elaboracji jest otrzymanie amunicji pozwalającej na uzyskanie największej energii wylotowej pocisku. W takiej sytuacji powiększanie ładunku prochowego powinno odbywać się tak długo, aż pojawią się oznaki nadmiernego ciśnienia lub zostanie osiągnięty maksymalny ładunek opisany w tabelach. Często jednak, głównie dla broni długiej, za kryterium optymalizacji amunicji przyjmuje się jej precyzję i wtedy dobór ładunku prochowego jest bardziej skomplikowany.

Istnieje kilka metod doboru optymalnej z punktu widzenia precyzji naważki prochu. Jedna z nich polega na wykonaniu po kilka lub kilkanaście sztuk nabojów z różnymi, arbitralnie przyjętymi naważkami i sprawdzeniu, jaki dają rozrzut przy bardzo precyzyjnym strzelaniu. Testy zaczyna się zawsze od ładunków najmniejszych i obserwuje się, czy nie występują oznaki nadmiernego ciśnienia. Jeśli takie oznaki występują, to należy natychmiast zaprzestać strzelania i pozostałe naboje rozcalić w celu odzyskania komponentów (z wyjątkiem prochu, który powinien zostać zniszczony). Po wytypowaniu najlepszej naważki można przyjąć ją jako optymalną albo wykonać kolejne partie nabojów o naważkach niewiele różniących się od wybranej. Może się bowiem zdarzyć, że po nieznacznym zwiększeniu lub zmniejszeniu naważki efekt będzie jeszcze lepszy.

Druga metoda, szczegółowo opisana w [2], polega na wykonaniu po jednym naboju o naważkach różniących się między sobą stałą wartością. Zazwyczaj zakres od naważki najmniejszej do największej dzieli się na 20 różnych części, co daje łącznie 21 nabojów. Naboje powinny być oznaczone w sposób umożliwiający ich jednoznaczną identyfikację i wystrzelone bardzo precyzyjnie w kolejności wzrastających ładunków. Każda uzyskana przestrzelina powinna być oznaczona tak, aby można ją było jednoznacznie przyporządkować nabojowi i jego ładunkowi. Analiza przestrzelin polega na znalezieniu kolejnych pocisków w serii, których przestrzeliny ułożyły się obok siebie (czyli, dla których przyrost ładunku spowodował jedynie minimalne przesunięcie punktu trafienia). Ładunek znajdujący się pośrodku takiej grupy można uznać za optymalny. Najłatwiej wykonać to, łącząc przestrzeliny liniami w kolejności wzrastającego ładunku. Strzelanie testowe należy przeprowadzać w bardzo dobrych warunkach, przy braku wiatru i dobrym oświetleniu. Najlepiej, aby broń była pewnie podparta. Nawet jeden niecelny strzał zawiniony przez strzelca może zakłócić poważnie wyniki optymalizacji!

Należy podkreślić, że metoda ta sprawdza się jedynie dla broni bardzo dobrej jakości obsługiwanej przez doświadczonego strzelca, gdyż ocena wyników zakłada, że strzały były oddawane zawsze w taki sam sposób i w to samo miejsce. Metoda nie umożliwia rozróżnienia błędów strzelającego od naturalnego przesunięcia punktu trafienia związanego z naważką. Jeśli istnieją wątpliwości co do przebiegu testu, to należy go powtórzyć i porównać wyniki dwóch albo nawet trzech testów wykonanych w identycznych warunkach. Autor z wielką rezerwą podchodzi do wszelkich metod optymalizacji opartych na pojedynczych strzałach, gdyż nie ma praktycznie możliwości, aby w sposób pewny wyeliminować wpływ innych parametrów niż parametr badany. Oznacza to, że efekt na tarczy nie musi być wcale spowodowany „optymalną" naważką prochu, tylko może wynikać przykładowo z drobnego, acz nieuniknionego błędu strzelca, innego zacisku pocisku w szyjce łuski itd.

Ważne jest również to, aby warunki prowadzenia testów odpowiadały typowym warunkom (szczególnie w zakresie temperatury), w jakich zoptymalizowana amunicja będzie w przyszłości wykorzystywana, ponieważ amunicja optymalna dla temperatur około 20°C niekoniecznie będzie optymalna również w temperaturze –20°C. Zmiany temperatury powodują znaczne zmiany w prędkości wylotowej pocisków (w niektórych przypadkach prędkość zmniejsza się nawet o 1 m/s przy obniżeniu temperatury o 1°C). Ponieważ lufa podczas strzału drga więc zmiana czasu przejścia przez lufę powoduje, że w chwili wylotu końcówka lufy przy większej prędkości wylotowej znajduje się w innym położeniu niż przy prędkości mniejszej. Szczegółowy opis tego problemu znajduje się w podrozdziale 5.2 oraz w [2].

Strzelcy, którzy dążą do najwyższej osiągalnej precyzji systemu broń/amunicja (np. biorący udział w zawodach benchrest), powinni optymalizować amunicję dla zadanych przedziałów temperatury. W większości przypadków amunicja strzelająca najcelniej w temperaturze 10°C będzie miała inną (zapewne większą) naważkę prochu niż amunicja zoptymalizowana dla 25°C.

Jeśli elaborowana amunicja przeznaczona jest do pistoletu z kompensatorem, to dodatkowo na wybór prochu wpływa potrzeba zapewnienia efektywnej pracy urządzenia. Kompensator działa tym lepiej, im więcej gazów go opuszcza i im większe jest ich ciśnienie. Dlatego też w amunicji do takiej broni często stosuje się skompresowane[39] ładunki wolnego prochu.

Bardzo dużym ułatwieniem przy doborze prochu i naważki są programy komputerowe rozwiązujące zadania z dziedziny balistyki wewnętrznej. Autor korzysta z programu Quick Load, który pozwala na symulowanie zjawisk zachodzących w trakcie strzału i w bardzo dokładny sposób przewiduje ciśnienie gazów prochowych i prędkość pocisku. Jest on bardzo cennym uzupełnieniem tabel elaboracyjnych.

W zdecydowanej większości przypadków elaboracja ma prowadzić do uzyskania amunicji o wysokich osiągach zarówno w zakresie precyzji, jak i energii pocisku. Zdarza się jednak, że reloaderzy dążą do uzyskania amunicji o parametrach obniżonych, szczególnie w zakresie prędkości wylotowej. Sytuacja taka ma miejsce przy elaboracji amunicji poddźwiękowej albo amunicji przeznaczonej do badania wpływu odległości strzału na balistykę końcową. Wydawać by się mogło, że zmniejszenie naważki prochowej powinno być prostym i skutecznym sposobem obniżenia prędkości wylotowej do wymaganego poziomu. Tak jednak nie jest! **Tabele elaboracyjne podają najmniejsze dopuszczalne naważki prochu i w żadnym przypadku nie wolno schodzić poniżej tej dolnej granicy.** Wielokrotnie zaobserwowano, że naboje, w których jest bardzo mało prochu, mają tendencję do wytwarzania bardzo wysokich ciśnień, nawet takich, które są niebezpieczne dla broni i strzelca. Problem z nadmiernym ciśnieniem generowanym przez zbyt małe ładunki prochowe powinien być dobrze zbadany, ale niestety tak nie jest, między innymi dlatego, że występuje sporadycznie i trudno go celowo spowodować. Zainteresowani Czytelnicy mogą zapoznać się z nim, wyszukując w internecie hasło „Secondary Explosion Effect” lub „Under Charge and Overpressure”.

Wysnuto dwie hipotezy na temat problemu nadmiernego ciśnienia generowanego przez zbyt małe ładunki prochowe. W myśl pierwszej z nich uważa się, że ze względu na niewielkie wypełnienie łuski prochem w chwili zainicjowania spłonki strumień gorących gazów, wylatując z kanału ogniowego, uderza w ziarna prochu, nadając im dużą prędkość. Ziarna te następnie rozbijają się o dno pocisku, tworząc drobny pył. Pył ten gwałtownie wybucha, na podobnej zasadzie jak w sprzyjających warunkach wybuchają inne pyły, np. mąka.

W myśl drugiej hipotezy uważa się, że ze względu na zbyt małe wypełnienie łuski prochem w początkowej fazie palenia prochu przyrost ciśnienia gazów jest zbyt mały, aby poruszyć pocisk. Gdy jednak spali się warstewka spowalniająca proces palenia, którą pokryte są ziarna większości prochów, to ciśnienie zaczyna gwałtownie przyrastać, gdyż objętość zawarta pomiędzy dnem nieruchomego pocisku a ściankami łuski jest bardzo mała, a proch pozbawiony warstewki spowalniającej bardzo gwałtownie się spala.

[39] Ładunek skompresowany to taki ładunek, w którym objętość prochu jest o kilka procent większa od efektywnej pojemności łuski. Podczas wciskania pocisku następuje kompresowanie (ściskanie) prochu. Podczas kompresowania nie mogą być rozgniatane ziarna prochu!

W opinii autora obie hipotezy nie stoją ze sobą w sprzeczności i oba zjawiska (wypalenie warstewki spowalniającej oraz rozpylenie) występują jednocześnie. Tak czy inaczej, jeśli reloader zamierza przygotować amunicję charakteryzującą się niskimi prędkościami wylotowymi, to musi zastosować do elaboracji specjalne prochy o niskiej gęstości nasypowej i opracować naważkę, wykorzystując odpowiedni program (np. Quick Load). Trzeba jednak pamiętać, że **jest to działanie wykraczające daleko poza standardową elaborację amunicji i jest obarczone zwiększonym ryzykiem**. Nie należy go podejmować bez znacznego doświadczenia w elaboracji. Na rynku w Polsce dostępne są praktycznie tylko dwa prochy nadające się do elaboracji amunicji o zmniejszonej prędkości wylotowej, to jest VihtaVuori N32C (TIN STAR) i Reload Swiss RS14.

6

Ogólny przegląd etapów elaborowania amunicji

Dla uproszczenia przyjmijmy, że – mówiąc o amunicji karabinowej – będziemy mieli na myśli naboje z łuskami butelkowymi, a naszym głównym zadaniem będzie stworzenie bardzo precyzyjnego naboju. Mówiąc natomiast o amunicji pistoletowej, będziemy mieli na myśli naboje z łuskami walcowymi lub stożkowymi, a głównym celem elaboracji będzie zmniejszenie kosztów amunicji. Dodatkowym celem dla osób uprawiających strzelectwo dynamiczne będzie mogło być również wyprodukowanie silnej amunicji spełniającej wymagania kategorii MAJOR. Procedury omawiane będą przy założeniu, że stosowana jest prasa jedno- lub wielogniazdowa.

Schemat blokowy przedstawiony na rys. 6.1 ukazuje czynności, jakie trzeba wykonać przy elaboracji amunicji pistoletowej. Kolor czerwony oznacza czynności obowiązkowe, które muszą być wykonane, a kolor zielony czynności, których wykonanie jest opcjonalne, ale pożądane z punktu widzenia celu, jakim jest uzyskanie bardziej niezawodnej, precyzyjnej lub tańszej amunicji. Jednak schematy te nie wyczerpują wszystkich zabiegów, które można przeprowadzać podczas reloadingu, poprzestając tylko na najważniejszych i najczęściej wykonywanych.

Elaborację amunicji należy zawsze rozpocząć od wizualnej inspekcji posiadanych łusek. Umożliwia to wyselekcjonowanie łusek, których stan techniczny nie budzi zastrzeżeń. Na tym etapie łuski powinny być również oczyszczone. Dobrym zwyczajem jest ewidencjonowanie liczby elaboracji, jakim poddane są poszczególne łuski, gdyż każdorazowo łuska zmienienia swoje wymiary oraz zmienia się twardość materiału. Niestety trwałe zaznaczanie na łuskach do broni strzeleckiej kolejnych elaboracji jest utrudnione, więc kontrola powinna odbywać się metodami formalnymi, np. stosując opisy na pudełkach. Jako ciekawostkę można przytoczyć, że od ponad stu lat wykonywana jest wielokrotna elaboracja nabojów artyleryjskich i w tym przypadku na łusce wybija się znaczki pozwalające na określenie liczby dokonanych elaboracji (patrz rys. 6.2).

Kolejnym etapem pracy jest kalibrowanie łusek za pomocą dwóch z trzech matryc znajdujących się w zestawie. Pierwsza matryca kalibruje powierzchnię zewnętrzną

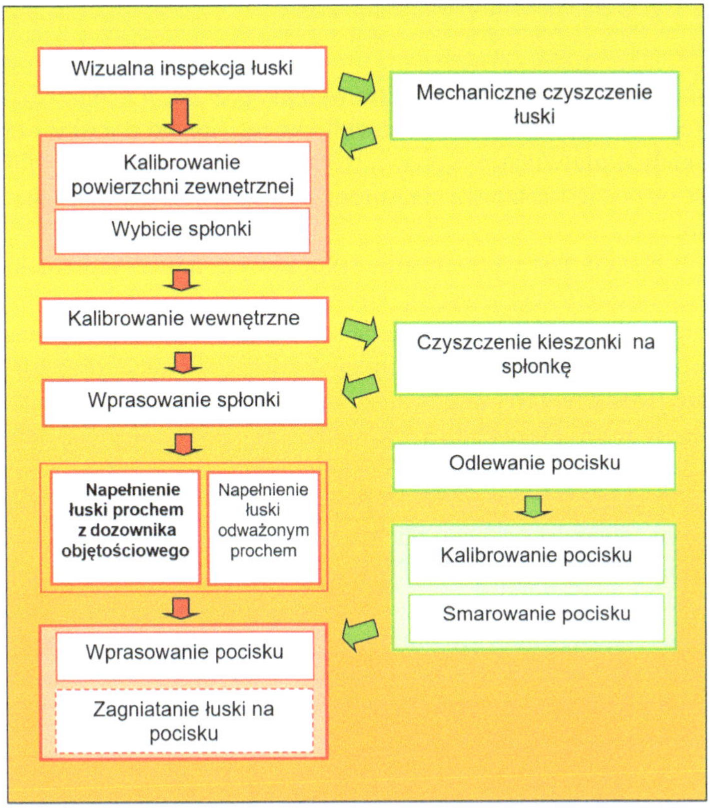

Rys. 6.1. Czynności przy elaborowaniu amunicji pistoletowej

Rys. 6.2. Łuska artyleryjska z 1915 r. ze znakami wskazującymi na trzynastokrotną elaborację

łuski (ściska łuskę) i w końcowej fazie wybija spłonkę, a druga rozpiera wylot łuski do średnicy pozwalającej na prawidłowe wciśnięcie pocisku i ewentualnie kształtuje kielich ułatwiający wprowadzenie pocisku. Po wykonaniu kalibracji dobrze jest oczyścić kieszonkę na spłonkę specjalnym pędzelkiem lub innym narzędziem.

Kolejnym etapem jest wprasowanie spłonki oraz napełnienie łuski prochem. Przy amunicji pistoletowej zazwyczaj odmierzanie prochu odbywa się metodą objętościową, co znacznie skraca czas operacji. Przy dobieraniu optymalnego ładunku prochowego oraz przy produkcji amunicji o bardzo wysokiej precyzji stosowana powinna być jednak metoda wagowa.

Niektóre osoby pragnące zmniejszyć koszt amunicji pistoletowej odlewają własne pociski ołowiane. Pociski takie muszą jednak być wykalibrowane i nasmarowane. Służy do tego specjalna prasa. Produkując pociski, trzeba zdawać sobie sprawę, że ołów jest metalem szkodliwym dla zdrowia i wdychanie oparów powstających przy jego topieniu może być niebezpieczne. W żadnym przypadku nie należy używać pocisków nienasmarowanych.

Końcowym etapem elaboracji amunicji pistoletowej jest wprasowanie pocisku odbywające się przy pomocy trzeciej matrycy. Matryce wprasowujące pociski eliminują również kielichowate rozszerzenie wylotowej części łuski, a także mogą zagniatać łuskę w kanelurach pocisku.

Jak widać z powyższego, bardzo pobieżnego opisu, elaborowanie amunicji pistoletowej jest stosunkowo łatwe i szybkie. Poszczególne czynności oraz zasady regulowania matryc będą omówione szczegółowo w dalszych rozdziałach książki.

Elaborowanie amunicji karabinowej (łuski butelkowe) jest trochę bardziej pracochłonne. Poszczególne czynności z tym związane przedstawiono na schemacie (patrz rys. 6.3). Podobnie jak w przypadku amunicji pistoletowej, pierwszą czynnością jest skrupulatne zweryfikowanie stanu łuski. Uzyskanie precyzyjnej amunicji wymaga również posegregowania łusek według producentów. Po wyselekcjonowaniu łusek można oczyścić je mechanicznie w urządzeniu wibracyjnym, co poprawi ich wygląd i zmniejszy zużycie matryc. Bezpośrednio przed kalibrowaniem łuski muszą być pokryte cienką warstewką specjalnego oleju zapobiegającego ich zatarciu w matrycy. Wielokrotne kalibrowanie łusek powoduje zmiany w strukturze materiału, z jakiego są wykonane. Następuje bowiem utwardzanie tych części łuski, które są cyklicznie rozciągane podczas strzału i ściskane podczas formatowania. Szczególnie dotyczy to rejonu szyjki łuski, co ma negatywny wpływ na równomierność zacisku pocisku oraz prowadzi do uszkodzeń zmęczeniowych. Dlatego niektórzy reloaderzy po segregacji łusek dokonują wyżarzania rejonu szyjki łuski. Wyżarzanie może dotyczyć jedynie rejonu szyjki i w żadnym razie nie powinno obejmować rejonów centralnych oraz dennych! Prawidłowe wyżarzanie pozostawia na powierzchni łuski charakterystyczne przebarwienie (patrz rys. 6.4). Do wyżarzania stosuje się albo palniki gazowe wraz z obrotowymi uchwytami, w których umieszczane są łuski albo podgrzewacze indukcyjne.

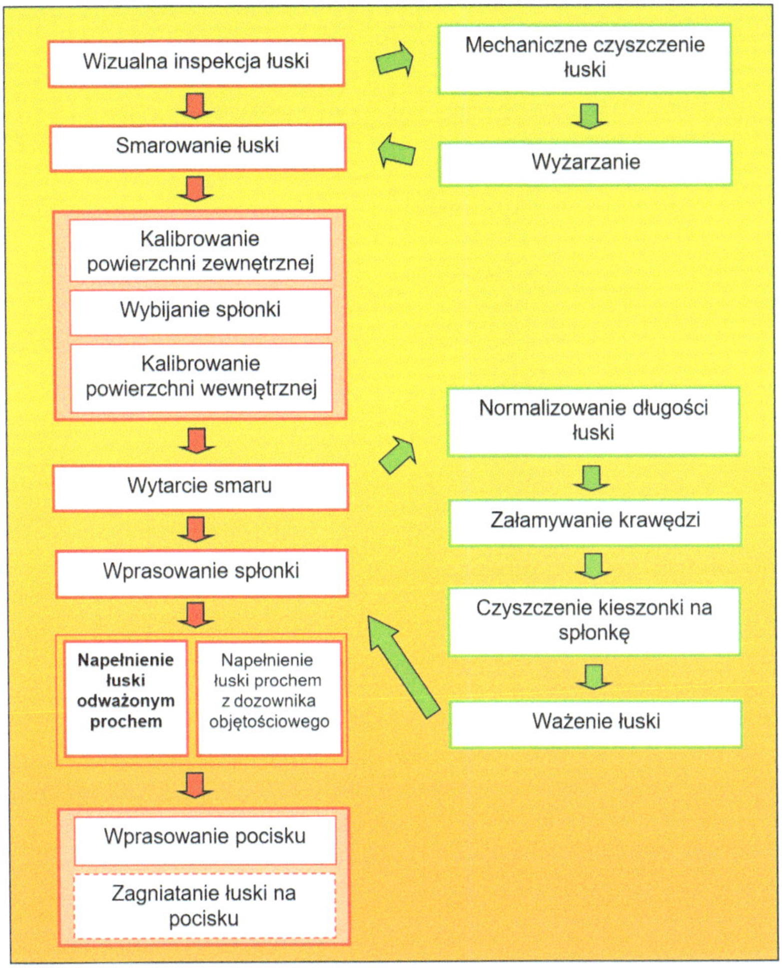

Rys. 6.3. Czynności przy elaborowaniu amunicji karabinowej

Matryca kalibrująca znajdująca się w typowym zestawie dwumatrycowym przywraca wymiary zewnętrzne korpusu łuski i wybija spłonkę, a przy wychodzeniu z łuski powoduje dodatkowo wykalibrowanie szyjki umożliwiające właściwe osadzenie pocisku. W niektórych matrycach szyjka łuski może być również formatowana za pomocą wymiennych tulejek. Jak pamiętamy, w przypadku amunicji pistoletowej czynności te musiały być wykonane za pomocą dwóch oddzielnych matryc. Po wyjęciu z matrycy łuska musi być dobrze wytarta z oleju. Po tym zabiegu łuska zasadniczo jest gotowa do wprasowania spłonki.

Przed wprasowaniem spłonki warto jednak wykonać kilka dodatkowych czynności, które znacznie podniosą jakość naszego wyrobu. Czynności te polegają na trymowaniu długości łuski do wartości nominalnej, normalizowaniu szyjki łuski,

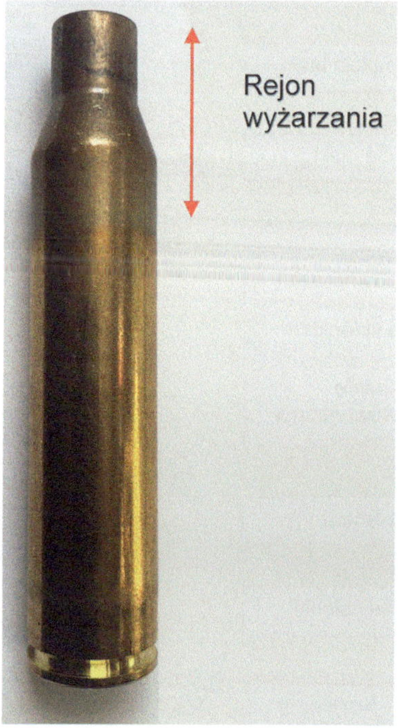

Rys. 6.4. Rejon wyżarzania łusek butelkowych

załamaniu ostrych krawędzi i wyczyszczeniu kieszonki na spłonkę. W amunicji o najwyższej jakości poprawiany jest również otwór zapałowy, mający często nierówne krawędzie od strony wnętrza łuski. Jeśli decydujemy się na posegregowanie łusek na grupy o różnym ciężarze (w założeniu zapewnia to zbliżoną pojemność łusek i powtarzalność ciśnień), to właśnie teraz jest na to właściwa chwila.

Kolejne czynności, które trzeba wykonać, to wprasowanie spłonki i napełnienie łuski prochem. Ponieważ naszym celem jest uzyskanie amunicji bardzo precyzyjnej, więc najlepiej odmierzać proch metodą wagową. Do zakończenia elaboracji pozostaje już tylko wprasowanie pocisku (pociski też mogą być selekcjonowane wagowo) i ewentualne zagniecenie łuski w kanelurze.

Podobnie jak w przypadku elaboracji amunicji pistoletowej, wszystkie wspomniane czynności będą omówione szczegółowo w dalszych rozdziałach.

7

Wizualna inspekcja łusek

Szczegółowe omawianie elaboracji rozpoczniemy od pierwszej i jednocześnie bardzo ważnej dla bezpieczeństwa strzelca czynności, jaką jest gromadzenie, segregowanie i inspekcja łusek. Osoby strzelające w warunkach statycznych z karabinów powtarzalnych lub rewolwerów mają ułatwione zadanie, gdyż bez problemu mogą odkładać wystrzelone łuski do pudełek. Właściciele broni samopowtarzalnej i strzelcy dynamiczni muszą, niestety, zbierać łuski z podłoża strzelnicy. Są więc one często zabrudzone, niekiedy zgniecione i zdarza się, że wśród zebranych łusek znajdują się takie, które pochodzą z innej broni i co do których nie wiemy, czy były elaborowane, a jeśli tak, to ile razy.

Bez wątpienia najlepiej jest wykorzystywać jedynie własne łuski, których historię znamy i kontrolujemy. Na zawodach IPSC często zbierane są łuski innych zawodników, co pociąga za sobą pewne ryzyko. Nie wiemy, ile razy łuska była już elaborowana, a poza tym mogła być wystrzelona w broni o bardzo luźnej, zużytej komorze nabojowej. Powoduje to ryzyko osłabienia łuski i może doprowadzić do jej rozerwania.

W tym miejscu należy odpowiedzieć sobie na pytanie: ile razy można bezpiecznie elaborować łuskę? Niestety pytanie nie jest proste, gdyż wszystko zależy od jakości łuski, precyzji wykonania komory nabojowej, umiejętności reloadera, parametrów stosowanego ładunku prochowego oraz innych, mniej ważnych czynników. **Jako ogólną zasadę należy przyjąć, że w broni powtarzalnej ze względów bezpieczeństwa nie należy wykorzystywać łusek więcej niż siedem razy (wliczając w to również elaborację fabryczną), a przy elaborowaniu w pobliżu ciśnień maksymalnych nie więcej niż pięć razy**[40]. Łuski pochodzące z broni samopowtarzalnej (szczególnie z karabinów samopowtarzalnych) są zwykle bardziej zniekształcone i często mają powierzchniowe uszkodzenia, co może w skrajnych przypadkach nawet uniemożliwiać ich powtórne użycie. Tak czy inaczej, autor dla amunicji do karabinów samo-

[40] Bardzo zaawansowani reloaderzy, którzy stosują kalibrowanie szyjkowe i wyżarzanie szyjek łusek oraz mają w swojej broni ciasne komory nabojowe, wykorzystują łuski znacznie dłużej, ale przy normalnej elaboracji podane ilości ładowań nie powinny być przekraczane.

powtarzalnych nigdy nie przekracza czterech elaboracji. Podobnie łuski z opasaniem (ang. *belted*), np. 7 mm Remington Magnum czy .300 Winchester Magnum nie powinny być wykorzystywane więcej niż dwa, trzy razy.

Pomimo że brzmi to bardzo nieprawdopodobnie, niektóre partie bardzo ekskluzywnej amunicji kal. .408 CheyTac były elaborowane w łuskach o niewłaściwej strukturze krystalicznej (zapewne spowodowanej wadliwą obróbką cieplną), w wyniku czego łuski w rejonie szyjki były spękane już w nabojach produkcji fabrycznej. Spękania były tak poważne, że w około 1% nabojów w skrzynkach amunicyjnych pociski wypadały z łusek przy wyjmowaniu ze skrzynek. Po pierwszym strzale łuski wyglądały tak, jak przedstawia to rys. 7.1. Należy kategorycznie przestrzec przed wykorzystywaniem amunicji, w której łuski nie posiadają wystarczającej wytrzymałości na obciążenia mechaniczne!

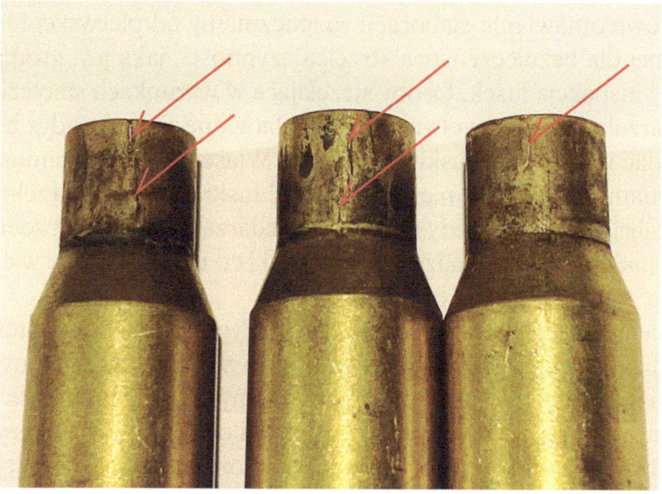

Rys. 7.1. Łuski kal. .408 CheyTac uszkodzone po pierwszym wystrzale na skutek wad materiałowych

Jeśli reloader spotka się z omówionym powyżej przypadkiem to nie wystarczy jedynie odrzucić wyraźnie uszkodzone łuski, ale trzeba zdecydować się na bardziej radykalne postępowanie, tzn. zutylizować całą partię amunicji lub wystrzelonych łusek.

Uszkodzenie łuski podczas strzału w większości rodzajów broni stanowi wielkie niebezpieczeństwo zarówno dla broni, jak i strzelca oraz osób postronnych. Cofające się gazy, których rozerwana łuska nie jest w stanie zatrzymać, mogą doprowadzić do rozerwania broni, uszkodzenia dłoni lub wzroku, a nawet śmierci związanej z obrażeniami głowy. W żadnym przypadku nie wolno elaborować łusek wskazujących na uszkodzenia lub zużycie, ponieważ może to doprowadzić do ich rozerwania podczas strzału.

Pierwsza selekcja łusek powinna wyeliminować przypadkowo zebrane łuski ze spłonkami Berdana i łuski w sposób oczywisty uszkodzone mechanicznie. Selekcja powinna również wyeliminować łuski stalowe i bardzo rzadko występujące w Polsce łuski aluminiowe. Nie zaleca się elaborowania łusek niklowanych, chociaż jest to technicznie możliwe. Dobrze jest na tym etapie posegregować łuski według producenta. Taka selekcja jest obowiązkowa w dwóch przypadkach. Pierwszy przypadek to elaborowanie bardzo precyzyjnej amunicji karabinowej. Drugi przypadek to elaboracja naważkami prochu bliskimi maksymalnym, dopuszczalnymi dla danego rodzaju amunicji. Nawet małe różnice między łuskami różnych producentów (szczególnie w objętości łuski) mogą powodować istotne różnice w procesie spalania, skutkujące poważnymi zmianami ciśnienia gazów prochowych.

Jednym z kalibrów bezwzględnie wymagających segregacji łusek według producentów jest kal. 9 mm Major. Naboje 9 mm Major to tradycyjne naboje 9 mm Parabellum, ładowane znacznie mocniejszym ładunkiem prochowym w celu uzyskania tzw. faktora o wartości ponad 160. Aby go uzyskać, pocisk 124-granowy musi zostać rozpędzony do prędkości 395 m/s, podczas gdy typowa prędkość dla tego pocisku wynosi około 340–350 m/s. Naboje 9 mm Major pracują przy tak wysokich ciśnieniach, że minimalne zmniejszenie objętości łuski może doprowadzić do jej rozerwania.

Po wyselekcjonowaniu łusek do elaboracji należy je oczyścić ręcznie lub mechanicznie i poddać szczegółowym oględzinom. Trzeba sprawdzić, czy łuski nie są pęknięte, czy nie mają głębokich zacięć, wgnieceń lub innych odkształceń. Należy również wyeliminować wszystkie łuski wskazujące na działanie nadmiernego ciśnienia, posiadające rozpłaszczone, a nawet perforowane spłonki, deformacje kieszonek na spłonkę lub tylnej powierzchni oporowej łuski. Czyszczenie powinno obejmować oczyszczenie szczoteczką mosiężną wewnętrznej powierzchni łuski w rejonie osadzenia pocisku (patrz rys. 7.2). Ma to duże znaczenie dla uzyskania dobrego pasowania pocisku w łusce i znacznie ogranicza zużycie matrycy.

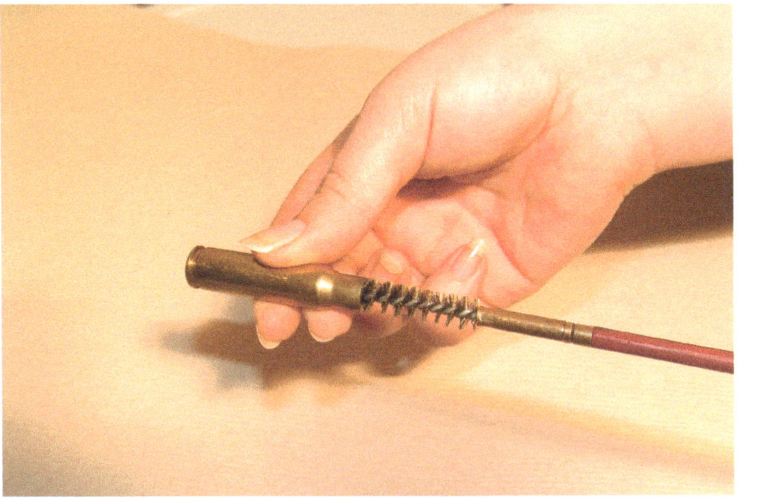

Rys. 7.2. Czyszczenie wewnętrznej powierzchni szyjki łuski

Regułą jest, że łuski z broni powtarzalnej wykazują mniej uszkodzeń od łusek z broni samopowtarzalnej. Niektóre karabiny, np. Wiepr, niszczą łuski w takim stopniu, że nie nadają się one do dalszej elaboracji (patrz rys. 7.3).

Rys. 7.3. Łuski wystrzelone w karabinie Wiepr .308 Super, nienadające się do elaboracji z powodu głębokich zgnieceń powstałych od uderzenia w krawędź okna wyrzutowego

8

Mechaniczne czyszczenie łusek

Przy elaboracji dużej ilości nabojów warto zastanowić się nad zmechanizowaniem niezbyt przyjemnej czynności, jaką jest czyszczenie łusek. Na rynku dostępne są specjalistyczne urządzenia, które najczęściej wykorzystują metody wibracyjne. Typowy wibracyjny tumbler należy napełnić granulatem czyszczącym wyprodukowanym z otrębów kukurydzianych lub rozkruszonych skorup orzecha. Do granulatu można dodać nieznaczną ilość specjalnego proszku polerskiego przeznaczonego do tego celu. Następnie przez kilka minut należy wibrować mieszaninę granulatu i proszku w celu jej ujednorodnienia. Kolejną czynnością jest wsypanie łusek, które powinny być wibrowane przez przynajmniej półtorej godziny (patrz rys. 8.1). Po upływie tego czasu należy całą zawartość tumblera przesypać do specjalnego separatora (patrz rys. 8.2), który umożliwia oddzielenie łusek od granulatu. Niektóre tumblery (np. z serii Lyman Auto-Flo) skonstruowane są tak, by można w nich przeprowadzić rozdzielenie łusek i środka czyszczącego, ale doświadczenia autora wskazują, że separacja nie jest całkowita, bo wewnątrz łusek pozostaje sporo

Rys. 8.1. Czyszczenie łusek w tumblerze (zdjęta górna pokrywa)

Rys. 8.2. Oddzielanie łusek od granulatu czyszczącego

środka czyszczącego, a cały proces jest bardzo uciążliwy. Oczywiście można również dokonać separacji ręcznie przez wyciąganie łusek i wysypywanie z nich środka czyszczącego. Z uwagi na to, że zanieczyszczenia pochodzące z wystrzelonych łusek są bardzo brudzące i niszczą skórę dłoni, ręczne wyjmowanie łusek z tumblera należy wykonywać w jednorazowych rękawiczkach ochronnych.

Należy upewnić się, że wszystkie łuski zostały dokładnie opróżnione z granulatu, gdyż jego pozostałości zakłócałyby dalszą obróbkę łusek, a gdyby nie zostały usunięte przed napełnieniem prochem, to nawet mogłyby doprowadzić do nadmiernego ciśnienia w czasie strzału.

Do tumblera nie należy wsypywać łusek różnych kalibrów, szczególnie jeśli różnią się znacznie rozmiarem. Zmieszanie łusek może spowodować, że mniejsze łuski wpadną do większych i będzie problem z ich wyjęciem. Jeśli przez przeoczenie mała łuska pozostanie wewnątrz większej łuski butelkowej, to podczas operacji wyciskania spłonki można złamać iglicę, którą zakończony jest trzpień wybijaka.

Nie należy również próbować wibrowania łusek po usunięciu spłonek w nadziei, że w ten sposób nastąpi wyczyszczenie kieszonek, w których osadzone były spłonki. Praktyka wykazuje, że kieszonka pozostaje brudna, a ziarenka granulatu czyszczącego wbijają się w otwór ogniowy, skutecznie go blokując.

9

Kalibrowanie łusek

9.1. *Kalibrowanie pełne i szyjkowe*

Kalibrowanie łusek ma za zadanie nadać im pewne, zwykle nominalne wymiary po odkształceniach, jakim uległy podczas strzelania w poprzednim cyklu użytkowania. W przypadku łusek butelkowych, w zależności od tego, z jakiej broni łuska została wystrzelona i jakie będzie przeznaczenie elaborowanej amunicji, mamy do wyboru dwa typy kalibrowania łusek: kalibrowanie pełne i kalibrowanie szyjkowe.

Kalibrowanie pełne przywraca wymiary nominalne niemal całej łusce z wyjątkiem jej części dennej. Kalibrowanie szyjkowe łuski, tak jak wskazuje nazwa, wpływa wyłącznie na średnicę łuski w części szyjkowej (patrz rys. 9.1).

Wybór metody kalibrowania powinien być oparty na pewnych, ogólnie akceptowanych zasadach. Zasady te przytoczone są poniżej:

- Jeśli łuska nie pochodzi z broni, do której będzie użyta, to zawsze należy wykonać kalibrowanie pełne (bo komora, w której łuska była wykorzystana poprzednio, mogła mieć większe wymiary).
- Jeśli amunicja będzie przeznaczona do broni samopowtarzalnej, to zaleca się wykonać kalibrowanie pełne (bo ułatwia to wprowadzenie naboju do komory i zabezpiecza przed problemami z zaryglowaniem zamka).
- Jeśli amunicja będzie przeznaczona do broni powtarzalnej, a łuska była wystrzelona w tym właśnie egzemplarzu broni, to korzystne jest wykonanie kalibrowania szyjkowego (bo łuska jest dobrze dopasowana do komory, a kalibrowanie szyjkowe mniej niekorzystnie wpływa na trwałość łuski niż kalibrowanie pełne i w wielu przypadkach nieznacznie polepsza celność amunicji).
- Jeśli łuska była kilkakrotnie (trzy–cztery razy) z rzędu kalibrowana szyjkowo i pojawiają się problemy z zaryglowaniem zamka, to należy przeprowadzić kalibrowanie całkowite dla usunięcia zakumulowanych odkształceń łuski towarzyszących kolejnym strzałom.

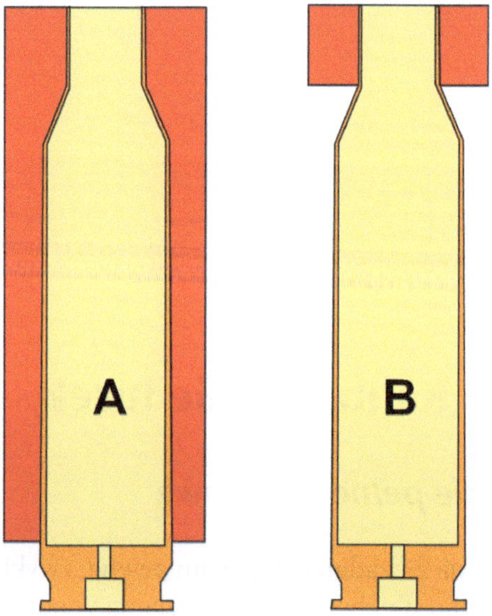

Rys. 9.1. Porównanie stref kalibrowania pełnego (A) i szyjkowego (B)

Zasadniczo do kalibrowania szyjkowego powinny być stosowane inne matryce niż do kalibrowania pełnego. Można jednak tak ustawić matrycę przeznaczoną do kalibrowania pełnego, aby wykonywała zadanie podobnie jak matryca szyjkowa. Jeśli podczas kalibrowania łuska nie zostanie wciśnięta do końca matrycy, to wykalibrowaniu ulegnie prawie cała szyjka łuski i do pewnego stopnia również tułów łuski. Bez zmian pozostaje tylko stożek przejściowy, który nie wchodzi w kontakt z matrycą. Takie kalibrowanie różni się od szyjkowego tym, że częściowo obejmuje również tułów łuski, dlatego też bywa nazywane kalibrowaniem częściowym. Osoby zajmujące się elaborowaniem ekstremalnie celnej amunicji bardzo dużo eksperymentują przy doborze matryc kalibrujących i często mają własne recepty na ich ustawienie.

W klasycznych matrycach podczas ruchu łuski w górę następuje kalibrowanie powierzchni zewnętrznej, a szyjka ulega stosunkowo dużemu zawężeniu. W tym czasie również wybijak umieszczony w matrycy usuwa starą spłonkę. Podczas ruchu łuski w dół specjalny przepychacz, przeciskając się przez szyjkę zawężoną w pierwszej fazie kalibrowania, rozpycha ją do średnicy zapewniającej prawidłowe osadzenie pocisku. W konsekwencji szyjka dwukrotnie podlega dużym odkształceniom, co źle wpływa na jej trwałość. Niektóre matryce przeznaczone do produkcji amunicji najwyższej jakości mają wymienne szyjkowe wkładki kalibracyjne pozwalające na dostosowanie matrycy do grubości ścianek szyjki łuski i pożądanego zacisku naboju. Jeśli wszystkie łuski mają bardzo podobną grubość ścianek, to matryce te można wyregulować w taki sposób, że nie jest konieczne używanie przepychacza, gdyż zawężenie szyjki wykonane podczas ruchu łuski do góry jest dokładnie takie, jak potrzeba.

Matryce z wyjmowanymi wkładkami pozwalają na dwustopniowe kalibrowanie szyjki łuski butelkowej. Zamocowanie tulejki z pewnym luzem poosiowym powoduje, że szyjka zostaje wykalibrowana jedynie w rejonie wylotowym, a w rejonie stożka pozostaje odkształcona do wymiaru komory nabojowej uzyskanego podczas oddawania poprzedniego strzału. Tego typu kalibrację można wykonywać tylko dla łuski pochodzącej z tego samego egzemplarza broni! Niewielki uskok, jaki powstaje na szyjce w rejonie przejścia w stożek (patrz rys. 9.2), powoduje bardzo precyzyjne wycentrowanie naboju w komorze nabojowej (na części niewykalibrowanej), co polepsza w wielu przypadkach celność amunicji, a jednocześnie zapewni prawidłowe osadzenie pocisku (pocisk przytrzymywany jest przez wykalibrowaną część szyjki). Podobnie można wyregulować matryce przeznaczone do kalibrowania szyjkowego.

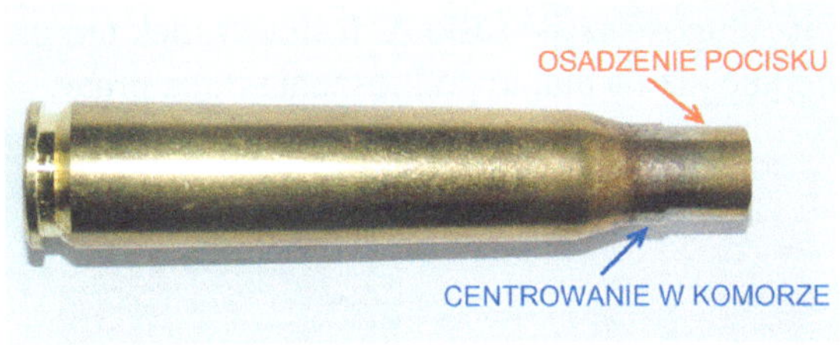

Rys. 9.2. Dwustopniowe kalibrowanie szyjki łuski (rysunek przejaskrawia różnicę średnic szyjki, gdyż w rzeczywistości wynosi ona około 0,05–0,1 mm)

9.2. Regulacja matryc kalibrujących

Zanim rozpocznie się proces kalibrowania łusek, konieczne jest precyzyjne wyregulowanie matryc kalibrujących. W zestawie matryc zawsze znajduje się instrukcja ułatwiająca wykonanie tego zadania. Poniżej zostanie omówiony proces regulacji na przykładzie typowych zestawów matryc do łusek butelkowych oraz cylindrycznych i stożkowych. Regulując matrycę, trzeba pamiętać, że współpracuje ona ściśle ze stopką. Z tego powodu warto stosować stopki tego samego producenta, co producent matryc. Tak czy inaczej, dla uzyskania powtarzalnych wyników elaboracji należy zawsze stosować tę samą stopkę, przy której wyregulowana była matryca.

9.2.1. Regulacja matrycy kalibrującej do łusek butelkowych

W typowym zestawie matryc do łusek butelkowych znajdują się zazwyczaj dwie matryce. Pierwsza z nich służy do kalibrowania powierzchni zewnętrznych, wyprasowywania spłonki i rozepchnięcia (wykalibrowania) szyjki, a druga do osadzania pocisku.

Pierwszą czynnością jest wyregulowanie wysunięcia trzpienia, który służy do wyprasowywania spłonek. Sposób regulacji pokazany jest na rys. 9.3. Aby wykonać regulację, należy poluźnić nakrętkę *1*, a następnie, korzystając z pokrętła *2*, tak długo ustawiać trzpień *3*, aż będzie on wysunięty o około 5 mm[41] w stosunku do czołowej powierzchni matrycy. Po wyregulowaniu wysunięcia należy zablokować trzpień przez dokręcenie nakrętki *1*. W żadnym razie uchwyt mocujący trzpień nie może podczas procesu kalibracji dochodzić do dna łuski, gdyż grozi to uszkodzeniem matrycy. Trzeba również zwrócić uwagę, że jeśli decydujemy się na to, żeby wyprasowywać spłonki w oddzielnym procesie (czasem z wykorzystaniem innego narzędzia) niż kalibrowanie łuski, to trzpień należy zdemontować. Nie wolno natomiast podnosić go maksymalnie do góry, bo powoduje to jednocześnie podniesienie ekspandera – przepychacza kalibrującego wnętrze szyjki. Przepychacz ten NIE MOŻE ZNALEŹĆ SIĘ W SZYJCE wtedy, gdy szyjka jest ściskana przez matrycę, bo nastąpi zakleszczenie. Prawidłowe położenie przepychacza przedstawione jest na rys 9.4a. Odległość **B** musi być większa niż długość szyjki łuski **A.** Jeśli warunek ten nie jest spełniony, to zakleszczenie występuje już na etapie podnoszenia tłoka prasy.

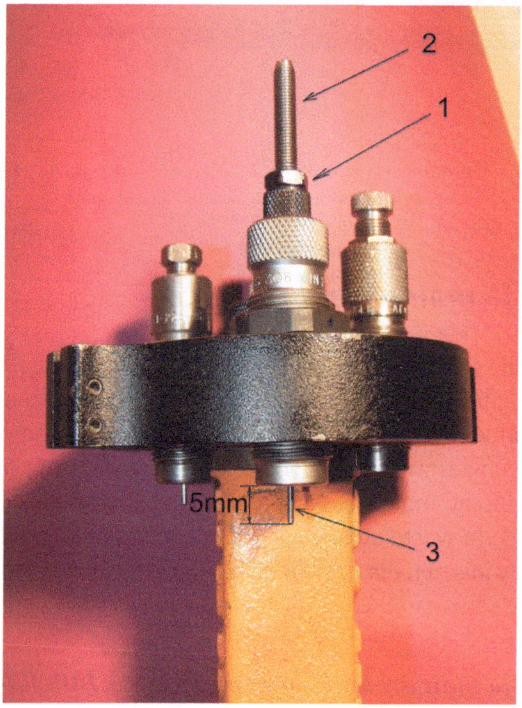

Rys. 9.3. Regulacja wysunięcia trzpienia do wyciskania spłonek

[41] Wysunięcie może być nieznacznie mniejsze dla kalibracji łusek o cienkiej części dennej oraz większe dla łusek o szczególnie grubej części dennej.

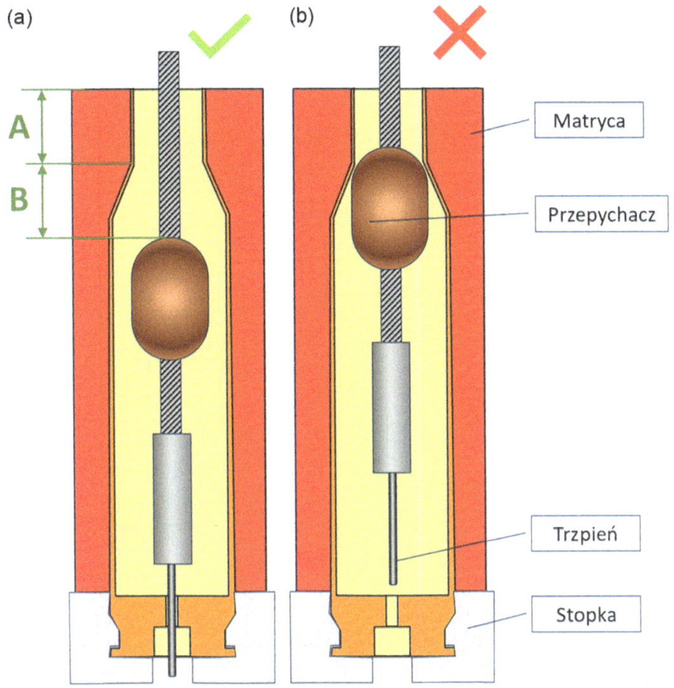

Rys. 9.4. Prawidłowe ustawienie przepychacza (a) oraz nieprawidłowe ustawienie przepychacza (b) powodujące zakleszczenie wynikające z jednoczesnego ściskania i rozszerzania szyjki łuski. Do sytuacji przedstawionej na rysunku (b) może dojść, jeśli przepychacz zostanie podniesiony za pomocą pokrętła po wprowadzeniu łuski do matrycy. Jeśli natomiast przepychacz został umieszczony zbyt wysoko przed wprowadzeniem łuski do matrycy, to zacięcie nastąpi już podczas podnoszenia tłoka prasy, gdy tylko przepychacz zetknie się z szyjką łuski

Kolejną czynnością regulacyjną jest ustawienie matrycy w stosunku do korpusu prasy. Sposób regulacji przedstawiono na rys. 9.5. Na początku należy poluźnić wkręt *1* blokujący nakrętkę *2*, odkręcić nakrętkę tak daleko, aby nie przeszkadzała przy regulacji i następnie wkręcić matrycę do głowicy prasy. Matryca powinna być wkręcona tak głęboko, aby przy wykonaniu pełnego ruchu dźwigni prasy, stopka, znajdując się w górnym położeniu, delikatnie dotykała powierzchni czołowej matrycy. Po uzyskaniu tego stanu należy obniżyć stopkę przez przesunięcie dźwigni i dokręcić matrycę głębiej o około 1/8 do 1/4 obrotu[42]. Utrzymując palcami matrycę, należy dokręcić nakrętkę kontrującą *2*, a następnie zablokować ją wkrętem *1*. Jeśli w końcowej fazie ruchu dźwigni prasy następuje dociśnięcie stopki do matrycy, a następnie odczuwalny jest przeskok przez martwy punkt, to matryca jest prawidłowo wyregulowana. Powyższa procedura pozwala na prawidłowe ustawienie większości typowych matryc, ale zdarzają się również matryce,

[42] Niektóre firmy produkujące matryce nie zalecają wykonania tego dodatkowego dokręcania matrycy.

w których regulacja jest inna. Należą do niej między innymi precyzyjne matryce firmy Triebel, w których matryca nie powinna dotykać stopki, co jest jasno wskazane w instrukcji.

Rys. 9.5. Regulacja położenia matrycy

Opisana powyżej procedura stosowana jest zarówno przy regulacji matryc do kalibrowania pełnego, jak i szyjkowego. Jeśli przeprowadzone ma być kalibrowanie częściowe, to przy regulacji matrycy oraz później przy kalibrowaniu łusek należy pomiędzy stopkę i czołową powierzchnię matrycy wkładać blaszkę dystansową (patrz rys. 9.6). Grubość blaszki powinna być dobrana indywidualnie w zależności od kalibru, ale jako pierwsze przybliżenie można przyjąć 0,1–0,3 mm.

Niektóre matryce do elaboracji amunicji o najwyższej jakości wyposażone są w wymienne wkładki kalibrujące szyjkę łuski (patrz matryca z prawej strony na rys. 3.11). Średnicę wkładki należy dobrać w następujący sposób. Śrubą mikrometryczną albo suwmiarką cyfrową należy wykonać pomiary średnicy zewnętrznej szyjek w kilku nabojach, w których są już osadzone pociski. Pomiar powinien być dokonany z dokładnością nie gorszą niż 0,01 mm. Zarówno pociski, jak i łuski powinny być tego samego typu jak te, które chcemy elaborować. Od tak uzyskanej średnicy (najmniejszej wśród zmierzonych) odejmujemy 0,050 mm i jest to średnica tulejki kalibracyjnej, jaką należy wstawić do matrycy. Niektórzy reloaderzy nie kalibrują wnętrza szyjki łuski i w takim przypadku tulejka powinna mieć średnicę mniejszą od najmniejszej zmierzonej średnicy o 0,025 mm. Zasadniczo poprzestanie na kalibracji szyjki za pomocą tulejki, ale bez przepychacza powinno być stosowane tylko do łusek, które mają znormalizowaną grubość materiału w rejonie szyjki, np. za pomocą przyrządu przedstawionego na rys. 3.39. Przytoczone wartości są jedynie orientacyjne, a wartości dokładne należy ustalić eksperymentalnie, gdyż zależą one zarówno od kalibru, jak i własności mechanicznych materiału łusek. Większość producentów matryc z wymiennymi wkładkami zaleca, aby wkładka po dokręceniu tulejki ustalającej zachowała minimalne możliwości przemieszczania się (czyli nie była zaciśnięta), co pozwala na dokładniejsze ułożenie tulejki w gnieździe matrycy.

Rys. 9.6. Wkładanie blaszki dystansowej przy kalibrowaniu częściowym

9.2.2. Regulacja matryc kalibrujących do łusek walcowych i stożkowych

W typowym zestawie matryc do łusek walcowych i stożkowych znajdują się trzy matryce. Pierwsza z nich służy do kalibrowania powierzchni zewnętrznych i wyprasowywania spłonki, druga do rozepchnięcia szyjki i wykonania kielichowatego wywinięcia ułatwiającego wprowadzenie pocisku, a trzecia do osadzania pocisku i ewentualnego zagniecenia łuski wokół niego.

Regulacja pierwszej matrycy odbywa się identycznie, jak to zostało opisane w podrozdziale 9.2.1. Druga matryca, służąca do rozepchnięcia szyjki, powinna być tak wyregulowana, aby tworzyła u wylotu łuski małe kielichowate wywinięcie ułatwiające wprowadzenie pocisku do łuski. Po rozluźnieniu wkrętu blokującego i odkręceniu nakrętki matryca powinna być wkręcona do korpusu prasy na taką głębokość, aby w górnym położeniu stopka dotykała do jej powierzchni czołowej. Po uzyskaniu tego stanu nakrętka powinna być dokręcona i zablokowana wkrętem.

Kolejnym etapem regulacji drugiej matrycy jest ustawienie ekspandera na taką głębokość, aby wykonywał on prawidłowe wywinięcie krawędzi łuski. Nakrętka kontrująca ekspander powinna zostać poluźniona, a trzpień ekspandera lekko wkręcony. Następnie do stopki należy włożyć łuskę, która była już wykalibrowana w pierwszej matrycy, oraz wykonać pełen cykl dźwignią prasy. Jeśli na łusce nie ma śladów wywinięcia, to należy nieznacznie wkręcić trzpień ekspandera i wykonać kolejny cykl dźwignią. Czynności powtarza się tak długo, aż krawędź łuski przybierze wygląd przedstawiony na rys. 9.7 dla łuski środkowej. Po uzyskaniu właściwego kształtu kielicha trzpień trzeba zablokować nakrętką.

Rys. 9.7. Z lewej – łuska bez kielicha, w środku – łuska z prawidłowym kielichem, z prawej – łuska ze zbyt dużym kielichem

Doświadczenie wskazuje na to, że pomimo zachowywania dużej staranności od czasu do czasu iglica (trzpień) wypychacza spłonek ulega zgięciu albo złamaniu. Problem ten pojawia się zazwyczaj, gdy trzpień nie jest wystarczająco mocno dokręcony i kołysze się podczas wprowadzania do łuski albo gdy w łusce znajduje się jakiś obiekt (np. łuska mniejszego kalibru). Czasem, gdy łuski zbierane są z podłoża, można przez pomyłkę do zestawu swoich łusek dołączyć „obcą" łuskę ze spłonką typu Berdan, która, jak wiadomo, nie ma centralnego otworu ogniowego, czyli stwarza duże szanse na złamanie iglicy. Autor spotkał się również z pojedynczymi egzemplarzami łusek dostosowanych do spłonek Boxer, w których otwór ogniowy był na tyle wąski, że typowy trzpień do wyprasowywania spłonek nie mieścił się w tym otworze. Dlatego większość producentów wykonuje trzpienie tak, aby możliwa była ich wymiana (patrz rys. 9.8). Mając to na uwadze, warto zawczasu zaopatrzyć się w kilka zapasowych trzpieni, co zaoszczędzi w przyszłości sporo kłopotów.

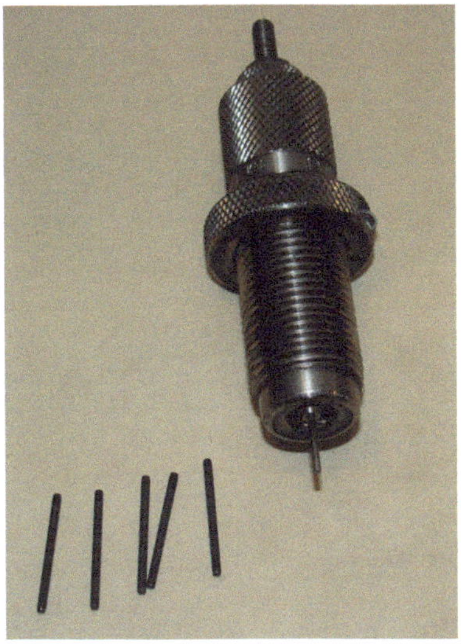

Rys. 9.8. Wymienne trzpienie do wybijania spłonek

9.3. Kalibrowanie łusek butelkowych

Przed rozpoczęciem kalibrowania łusek butelkowych konieczne jest podjęcie decyzji, czy przeprowadzone ma być kalibrowanie pełne, szyjkowe, czy może częściowe (patrz podrozdział 9.1) oraz zamontowanie i wyregulowanie odpowiedniej matrycy. Przed wyregulowaniem matrycy należy zainstalować w tłoczysku prasy stopkę dostosowaną do elaborowanego kalibru.

Łuski butelkowe przed wykonaniem kalibracji wymagają nasmarowania. Zaniechanie tej operacji prowadzi do zakleszczania się łusek. Może nawet dojść do urwania kryzy przy próbie wyciągnięcia łuski z matrycy. Smarowanie wykonuje się, wykorzystując nasączoną specjalnym smarem poduszkę (patrz podrozdział 3.8). Komercyjne smary do kalibrowania łusek są rozpuszczalne w wodzie, więc po zakończeniu kalibrowania łuski można wymyć wodą z łagodnym detergentem. Niektórzy reloaderzy korzystają jednak z syntetycznego oleju silnikowego, który ma tak dobre własności smarne, że można smarować tylko co piątą albo co dziesiątą łuskę. Autor osobiście preferuje środki smarne w sprayu, które są bardzo łatwe do stosowania.

Łuskę smaruje się przez przetaczanie jej po poduszce, tak aby smar nie pokrył części szyjkowej, co przedstawiono na rys. 9.9. Zbyt duża ilość smaru może doprowadzić do powstania specyficznych wgnieceń w łusce widocznych na rys. 9.10.

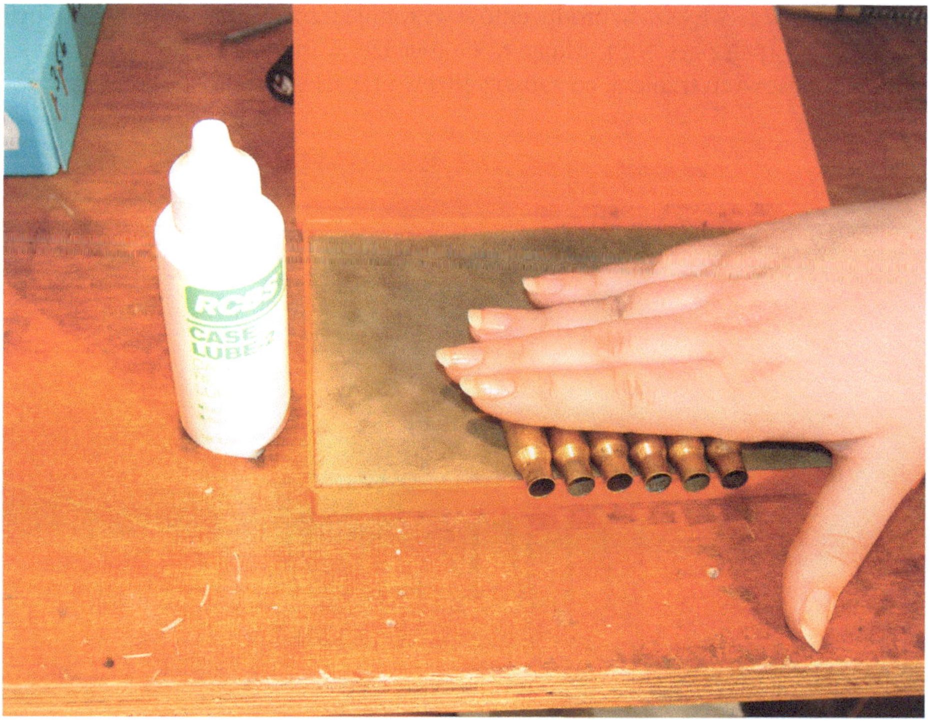

Rys. 9.9. Smarowanie zewnętrznej powierzchni tułowia łuski

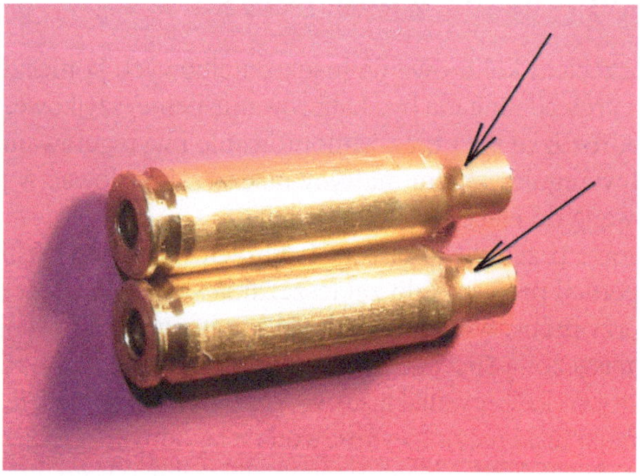

Rys. 9.10. Wgniecenia w łuskach spowodowane nadmierną ilością smaru

Łuska powinna być pokryta bardzo cienką warstewką oleju, który nie może z niej spływać. Po nasmarowaniu powierzchni zewnętrznej warto jest bardzo lekko, za pomocą nylonowej szczoteczki nasmarować wnętrze szyjki łuski. Ułatwia to proces kalibrowania i zmniejsza zużycie wkładki kalibrującej (ekspandera). Szczoteczka nie powinna być maczana w oleju, a jedynie przetoczona po powierzchni poduszeczki z olejem (patrz rys. 9.11). Do smarowania szyjki można również stosować specjalne środki smarne w postaci suchego pyłu dwusiarczku molibdenu. Dostępne są bowiem pojemniczki wypełnione kulkami ceramicznymi pokrytymi pyłem MoS_2. Wystarczy wepchnąć szyjkę łuski do takiego pojemniczka, a suchy smar zostanie przeniesiony z ceramicznych kulek na wewnętrzną powierzchnię szyjki łuski (patrz rysunek 9.12).

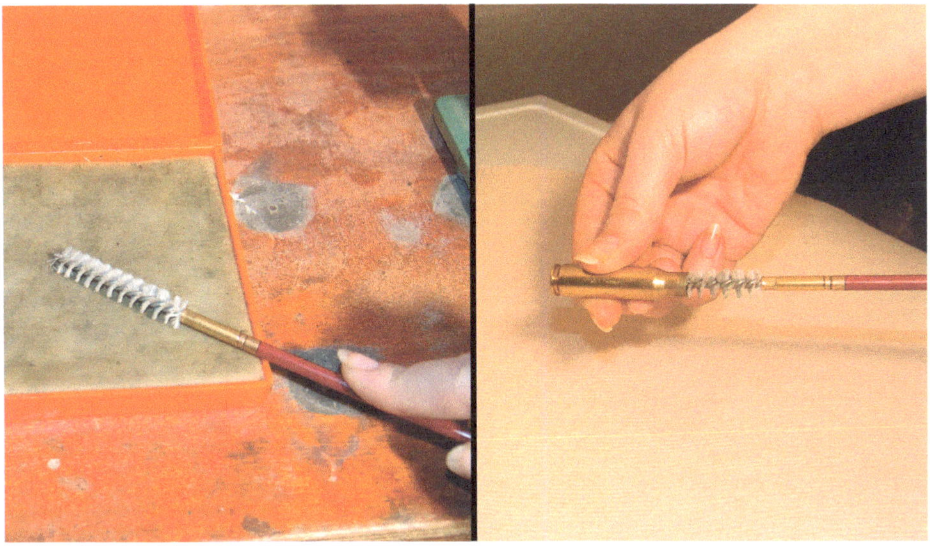

Rys. 9.11. Smarowanie szyjki łuski za pomocą szczoteczki

Rys. 9.12. Smarowanie szyjki łuski za pomocą smaru suchego

Rys. 9.13. Kalibrowanie powierzchni zewnętrznych łuski butelkowej

Następnie łuskę umieszcza się w stopce zamontowanej w tłoczysku prasy i wykonuje pełny ruch dźwignią (patrz rys. 9.13). W pierwszej fazie następuje kalibrowanie powierzchni zewnętrznych i wybicie spłonki, a przy ruchu powrotnym wykalibrowanie wewnętrznej powierzchni szyjki łuski (patrz rys. 9.14). Ważne jest, aby pod koniec ruchu dało się odczuć przeskoczenie dźwigni przez górny martwy punkt lub dociśnięcie do oporu, co gwarantuje przy prawidłowo wyregulowanej matrycy odpowiednie wykalibrowanie łuski. Powyższa uwaga dotyczy jednak tylko tych matryc, które po prawidłowym ustawieniu mają wchodzić w kontakt ze stopką i na przykład nie dotyczy precyzyjnych matryc firmy Triebel. W trakcie kalibrowania wyciskana jest spłonka, która wpada do pojemnika zamocowanego przy podstawie prasy. Jeśli spłonka bardzo łatwo daje się usunąć z łuski lub wręcz sama z niej wypada, to łuskę należy traktować jako podejrzaną o wystąpienie nadmiernego ciśnienia. Łuskę taką należy wyeliminować. Dobrze jest rozgnieść szczypcami jej szyjkę, aby przez pomyłkę nie wprowadzić jej powtórnie do obiegu.

UWAGA!

NIE WOLNO WYPRASOWYWAĆ NIEZAINICJOWANYCH SPŁONEK, GDYŻ MOŻE TO DOPROWADZIĆ DO ICH WYBUCHU!

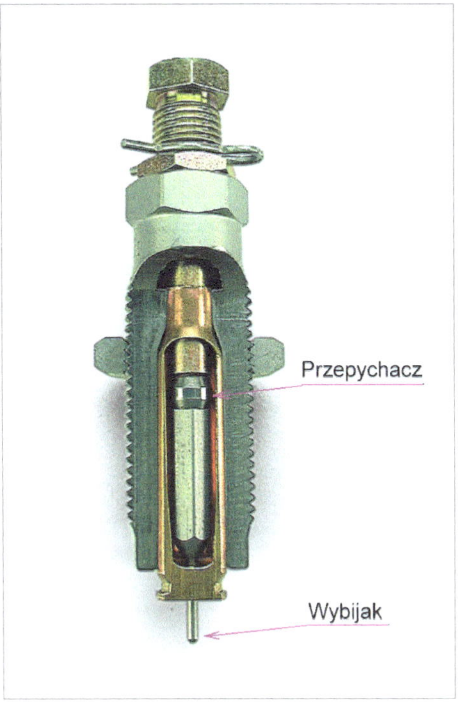

Rys. 9.14. Przekrój przez matrycę kalibrującą do łusek butelkowych firmy Dillon [publikacja za zgodą producenta]

Podczas kalibracji łusek butelkowych może dojść do specyficznego „zgniecenia" łuski w rejonie, w którym szyjka przechodzi w tułów łuski. Powodem takiej deformacji może być zarówno zbytnie rozciągnięcie łuski podczas ostatniego strzału (np. z powodu zbyt luźnego zamka albo zbyt luźnej komory nabojowej), jak i niewłaściwa regulacja matrycy. Aby wyeliminować ten problem można spróbować lekko wykręcić matrycę (np. 1/8–1/10 obrotu) tak, aby mniej ściskała ona łuskę. Po wykalibrowaniu jednej lub dwóch łusek, o ile zgniecenia znikną, należy łuski wprowadzić do komory nabojowej i sprawdzić, czy zamek domyka się prawidłowo. Jeśli wszystko jest w porządku można przystąpić do kalibrowania pozostałych łusek. Jeśli jednak łuska nie mieści się w komorze, należy sprawdzić wymiary komory oraz matrycy (najlepiej za pomocą wzorników). Jeśli są one prawidłowe, to przyczyną są zbyt mocno rozciągnięte łuski (np. pochodzące z karabinu maszynowego) i nie należy kontynuować ich ponownej elaboracji.

Po wykalibrowaniu łuskę należy oczyścić ze smaru i szczegółowo obejrzeć, ponieważ zdarza się, że kalibrowanie powoduje pęknięcie łuski, której materiał utracił wymaganą plastyczność na skutek błędów technologicznych lub wielokrotnego kalibrowania. Wykalibrowane i wyczyszczone łuski umieszcza się na tacce.

9.4. Kalibrowanie łusek walcowych i stożkowych

Kalibrowanie łusek walcowych i stożkowych przeprowadza się w dwóch etapach. Pierwszym etapem jest kalibrowanie powierzchni zewnętrznej i wyciśnięcie spłonki. Na rysunku 9.15 przedstawiona jest przykładowa matryca produkcji Dillon służąca do tego celu. Kalibrowanie rozpoczyna się zawsze od kalibrowania powierzchni zewnętrznej! Łuski walcowe i stożkowe nie wymagają smarowania, o ile będą kalibrowane w matrycach wykonanych z węglików (ang. *hard metal*).

Rys. 9.15. Przekrój przez matrycę kalibrującą do łusek pistoletowych firmy Dillon [publikacja za zgodą producenta]

Po zamontowaniu i wyregulowaniu odpowiedniej matrycy oraz zainstalowaniu stopki wkłada się łuskę do stopki i wykonuje pełen cykl ruchu dźwignią prasy (patrz rys. 9.16). Należy przy tym bacznie zwracać uwagę na to, czy opór dźwigni nie wydaje się zbyt mały albo zbyt duży. Zbyt mały opór oznacza niemal zawsze, że nastąpiło pęknięcie ścianek łuski, podczas gdy opór bardzo duży może być spowodowany nadmiernym rozdęciem łuski, która była wystrzelona w nadwymiarowej komorze albo podlegała nadmiernemu ciśnieniu. Czasem zdarza się również, że wśród elaborowanych łusek znajdzie się łuska innego kalibru. Autorowi kilkakrotnie przydarzyła się próba kalibrowania łusek 9 mm Makarow zaplątanych w partii łusek 9 mm Parabellum. Opór prasy wówczas jest jednak na tyle większy, że bez trudu można odkryć taki przypadek. Jak wynika z powyższego opisu, podczas elaboracji ważne jest zwracanie uwagi na opór stawiany przez dźwignię prasy. Dotyczy to zarówno kalibrowania łuski, wciskania spłonki (o ile wykonywane jest to na prasie), jak i wciskania pocisku. Możliwość oceny siły oporu występującego podczas tych operacji jest niewątpliwą zaletą używania pras klasycznych w stosunku do pras progresywnych, w których taka ocena jest niemal niemożliwa.

Rys. 9.16. Z lewej – kalibrowanie powierzchni zewnętrznej łusek walcowych i stożkowych; z prawej – kalibrowanie wewnętrznej powierzchni w rejonie osadzenia pocisku

Po wykonaniu kalibracji powierzchni zewnętrznej należy zainstalować i wyregulować matrycę do kalibrowania wnętrza łuski w rejonie osadzenia pocisku[43]. Kalibrowanie wewnętrzne jest czynnością bardzo prostą i wymaga jednego ruchu dźwignią. Podobnie jak miało to miejsce w przypadku kalibrowania powierzchni zewnętrznej, należy zwracać uwagę na opór dźwigni. Zbyt mały opór wskazuje na możliwość pęknięcia ścianki łuski albo na zbyt małą grubość ścianek.

[43] Oczywiście w prasach wielogniazdowych można, wręcz należy mieć zainstalowany cały komplet matryc jednocześnie.

10

Trymowanie łusek, załamywanie krawędzi i czyszczenie kieszonki na spłonkę

Długość łuski, szczególnie łuski karabinowej oraz rewolwerowej, w której zastosowane będzie zagniatanie krawędzi łuski na pocisku, ma kluczowy wpływ na głębokość zagniecenia, a w konsekwencji na siłę utrzymującą pocisk w łusce. Niemniej w amunicji karabinowej, nawet jeśli nie zagniata się pocisków, szczególnie jeśli łuski wystrzelone były z innej broni, warto stosować trymowanie długości łuski, co poprawia celność amunicji i zabezpiecza przed problemami z zamykaniem zamka.

Rys. 10.1. Trymowanie długości łuski za pomocą przyrządu z napędem ręcznym

Trymowanie łuski odbywa się na ręcznym lub napędzanym elektrycznie urządzeniu trymującym, które trzeba na początku odpowiednio wyregulować (patrz rys. 10.1). Dokonuje się tego zwykle przez przemieszczanie (obracanie) specjalnego zderzaka kontrolującego głębokość wysuwania frezu trymującego. Należy tak długo regulować położenie tego zderzaka, aż długość łuski po trymowaniu będzie zgodna ze specyfikacją. Długości kilku popularnych w Polsce łusek podane są w tab. 10.1. Ze względu na pracochłonność zabiegu trymowania zazwyczaj nie przeprowadza się go dla łusek pistoletowych elaborowanych w dużych ilościach.

Tabela 10.1. Długość nominalna łusek dla kilku popularnych kalibrów[44]

Kaliber	Długość łuski [mm]
.380 ACP	17,27
9 mm Para	19,15
.38 Spec.	29,34
.357 Mag.	32,77
.38 Super	22,86
.40 S&W	21,59
.45 ACP	22,81
.222 Rem.	43,18
.223 Rem.	44,70
6.5 Creedmoor	48,77
7.62×39	38,50
.308 Win. (7.62×51)	51,18
7.62×54R	53,50
.30-06 Springfield	63,35
.408 CheyTac	77,22
.50 BMG	99,06

Trochę inaczej przeprowadza się trymowanie długości łusek za pomocą przyrządu, który przechodzi przez otwór ogniowy łuski. Przyrząd taki zazwyczaj przeznaczony jest do trymowania łusek jednego kalibru i nie wymaga regulacji. Trzeba go włożyć do łuski tak, aby iglica trzpienia wyszła przez otwór ogniowy, a następnie założyć płytkę oporową dociśniętą do stopy łuski. Po wykonaniu tych czynności należy obracać trzpieniem (ręcznie lub za pomocą wkrętarki) tak długo, aż frez przestanie zbierać materiał z krawędzi szyjki łuski (patrz rys. 10.2).

W czasie trymowania należy wyrywkowo sprawdzać długość łusek za pomocą suwmiarki (patrz rys. 10.3) lub specjalnego wzornika. Ponieważ łuska po trymowaniu ma bardzo ostre krawędzie, więc konieczne jest ich załamanie. Wykonuje się to za pomocą ręcznego frezu (patrz rys. 10.4). Zaniechanie tej operacji prowadzi do utrudnionego osadzania pocisków i możliwych zacięć broni.

[44] W niektórych tablicach elaboracyjnych zalecane są nieznacznie inne długości trymowania.

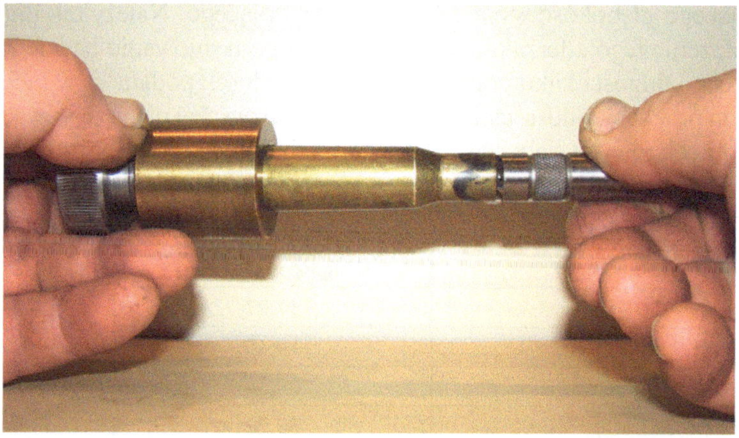

Rys. 10.2. Trymowanie długości łuski za pomocą przyrządu przechodzącego przez otwór ogniowy

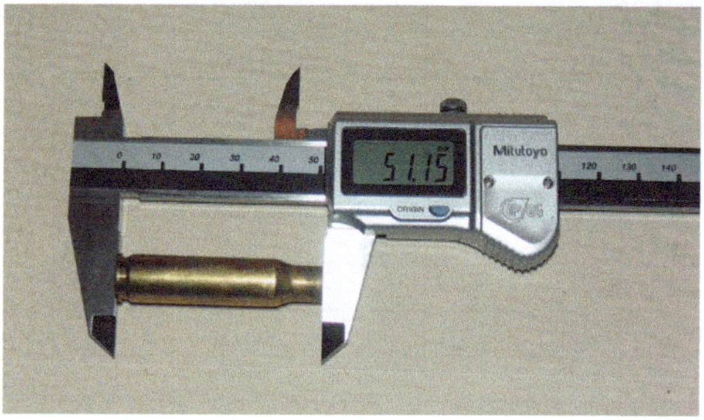

Rys. 10.3. Sprawdzanie długości łuski kal. .308 Winchester za pomocą suwmiarki cyfrowej

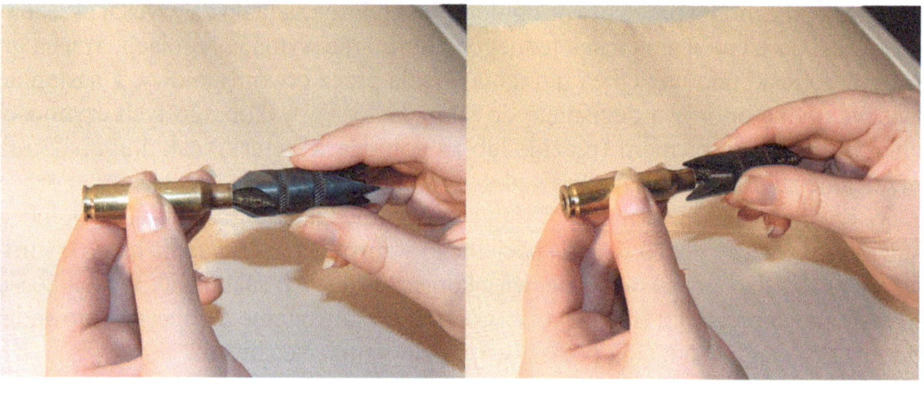

Rys. 10.4. Załamywanie krawędzi wewnętrznych i zewnętrznych

Kolejną ważną czynnością jest oczyszczenie kieszonki na spłonkę. Pomimo że spłonki współcześnie stosowane w nabojach do pistoletów i karabinów nie zawierają rtęci ani innych silnie korodujących substancji, to jednak pozostawiają w kieszonce dość gruby osad. Osad ten utrudnia prawidłowe osadzenie nowej spłonki i może wpływać przez to na jej czułość. Czyszczenie kieszonki przedstawiono na rys. 10.5. Niekiedy przy elaborowaniu ultraprecyzyjnej amunicji normalizuje się również kanał ogniowy. Przeznaczone są do tego specjalne narzędzia, które po wprowadzeniu przez szyjkę łuski pozwalają na wyrównanie krawędzi kanału od strony wnętrza łuski. W opinii autora normalizowanie kanałów ogniowych przy wykorzystywaniu łusek wyprodukowanych przez renomowanych producentów nie daje w większości przypadków zauważalnych efektów. Oczywiście mogą się zdarzyć łuski z błędem fabrycznym, w których otwór ogniowy nie odpowiada standardowi, gdyż został wykonany uszkodzonym narzędziem, ale zostanie to wykryte podczas wyprasowywania spłonki, bo trzpień nie będzie mieścić się w nienormatywnym kanale ogniowym. Osobom, które chcą jednak zająć się sprawdzaniem i ewentualnym normalizowaniem kanałów ogniowych, mogą przydać się informacje o specyfikacji tych kanałów wg SAAMI. I tak kanały ogniowe przy zastosowaniu spłonek dużych (Large Rifle albo Large Pistol) powinny mieć średnicę 0,080″ ± 0,002″ (2,03 ± 0,05 mm), a przy zastosowaniu spłonek małych (Small Rifle albo Small Pistol) 0,076″ ± 0,002″ (1,93 ± 0,05 mm).

Rys. 10.5. Czyszczenie kieszonki na spłonkę

Jeśli elaborowana łuska pochodzi z amunicji wojskowej, to najprawdopodobniej spłonka jest w niej dodatkowo umocowana przez obwodowe albo punktowe zagniecenia. Podczas wyciskania spłonki ulega ona deformacji, natomiast zagnieciony materiał łuski pozostaje na swoim miejscu i efektywnie zmniejsza średnicę kieszonki. Próba wprasowania w nią nowej spłonki kończy się uszkodzeniem spłonki (patrz rys. 10.6), które może nawet spowodować jej inicjację podczas wtłaczania. Łuska ze zgniecioną spłonką nie może być wykorzystana do dalszych etapów elaboracji i powinna być utylizowana. PRÓBY WYBICIA USZKODZONEJ SPŁONKI SĄ BARDZO NIEBEZPIECZNE! Czasem zdarza się, że wtłaczana na siłę spłonka ścina zagniecenie, w wyniku czego powstaje „rogalikowaty" wiórek. Jeśli nie zostanie on usunięty, to przy osadzaniu kolejnej spłonki spowoduje jej poważne uszkodzenie (patrz rys. 10.7).

Aby zabezpieczyć się przed problemem z deformacją spłonki, należy wyeliminować przewężenie kieszonki przez rozwiercenie jej specjalnym przyrządem (patrz rys. 10.8). W opinii autora nawet takie rozwiercenie nie zapewnia uzyskania tak dobrego i powtarzalnego osadzenia nowej spłonki jak w przypadku łusek, które nie miały zagnieceń wokół spłonki. Dlatego podczas elaboracji amunicji precyzyjnej lepiej jest zrezygnować z powtórnego wykorzystywania łusek o wojskowym pochodzeniu.

Rys. 10.6. Z lewej: zgniecenie spłonki spowodowane jej wciśnięciem do nierozwierconej kieszonki; z prawej: prawidłowo osadzona spłonka

Rys. 10.7. Z lewej: spłonka uszkodzona przez wiórki; z prawej: prawidłowo osadzona spłonka

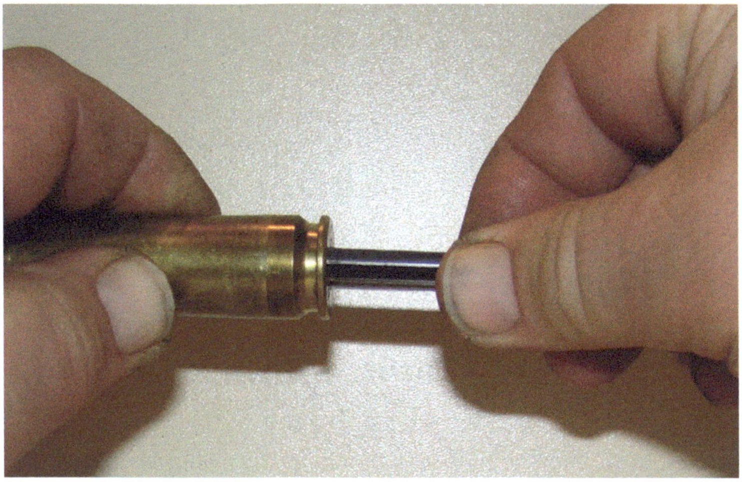

Rys. 10.8. Rozwiercanie kieszonki na spłonkę

11

Wciskanie spłonek

Spłonki można wciskać do łuski za pomocą prasy elaboracyjnej albo za pomocą specjalnego ręcznego przyrządu. Pierwszą czynnością, jaką trzeba wykonać, jest zainstalowanie odpowiedniej dla wielkości spłonek przystawki. W prasie elaboracyjnej trzeba zazwyczaj odkręcić wkręt blokujący i wstawić kołek o odpowiedniej średnicy oraz sprężynkę i tulejkę prowadzącą (patrz rys. 11.1). W przyrządzie ręcznym trzeba wymienić całą głowiczkę i popychacz. Szczegóły postępowania mogą być odmienne dla urządzeń pochodzących od różnych producentów.

UWAGA!
PODCZAS WCISKANIA SPŁONEK NALEŻY OBOWIĄZKOWO ZAKŁADAĆ OKULARY OCHRONNE.

W prasie elaboracyjnej po założeniu końcówki odpowiedniej wielkości trzeba płytkę z popychaczem spłonki umieścić tak, aby popychacz znalazł się w otworze stopki. Przed rozpoczęciem wprasowywania spłonek warto jest opróżnić pojemnik na zużyte spłonki. Ułatwi to znacznie odnalezienie spłonki, jeśli przypadkowo wypadnie ona z rąk.

Dalsza kolejność czynności jest następująca. Wsypujemy odpowiednią liczbę spłonek do specjalnej tacki. Ruchem kolistym potrząsamy tacką tak długo, aż wszystkie spłonki poodwracają się w odpowiedni sposób[45] (patrz rys. 11.2). Następnie bierzemy po jednej spłonce, wkładamy ją do otworu w stopce, tak jak to przedstawiono na rys. 11.3, wkładamy łuskę do stopki i podnosimy do góry dźwignię prasy tak długo, aż wyczujemy znaczny wzrost oporu. Na zakończenie wyjmujemy łuskę ze stopki i palcem sprawdzamy, czy powierzchnia spłonki jest poniżej tylnej powierzchni łuski. **SPŁONKA NIE MOŻE W NAJMNIEJSZYM NAWET STOPNIU WYSTAWAĆ Z ŁUSKI!**

[45] Tacka posiada specjalnie rowkowaną powierzchnię, która przy odpowiednim, kolistym ruchu powoduje odwracanie się spłonek we właściwą stronę.

Rys. 11.1. Wymienna przystawka do wciskania spłonek w prasie elaboracyjnej. Na końcu przystawki widoczne sprężynka, kołek, tulejka prowadząca i wkręt blokujący

Rys. 11.2. Spłonki na tacce przygotowane do wciskania

Trochę inaczej odbywa się wciskanie spłonek do łusek o kal. .50 BMG. Proces ten zostanie omówiony na przykładzie prasy firmy LEE, model Classic Cast Press .50 BMG. Do tłoka prasy należy wmontować specjalny trzpień do wciskania

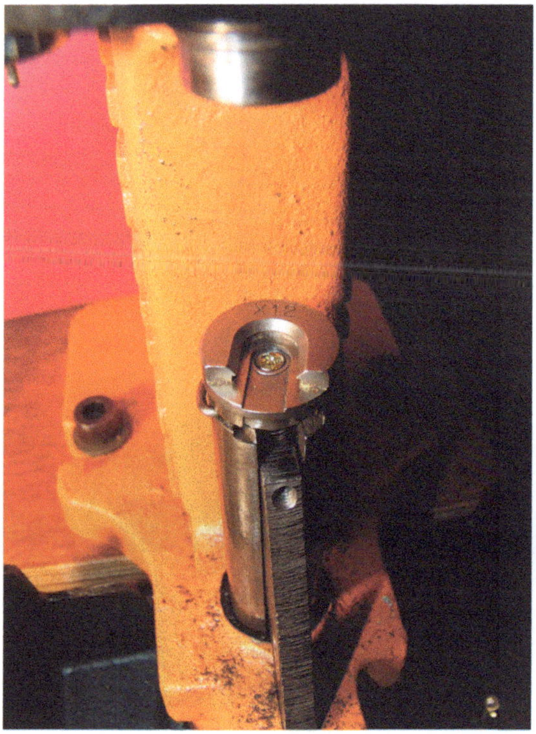

Rys. 11.3. Spłonka przygotowana do wciśnięcia w prasie elaboracyjnej

płonek, a zamiast matrycy kalibracyjnej w górnej części prasy należy zamontować do tego przystosowaną stopkę (patrz rys. 11.4). Po włożeniu spłonki do zagłębienia w trzpieniu oraz łuski do stopki można rozpocząć wciskanie spłonki przez podniesienie tłoka za pomocą dźwigni. **UWAGA! Spłonki .50 BMG mają bardzo dużą energię i osadzanie ich bez okularów ochronnych jest szczególnie niebezpieczne!** Wielu reloaderów preferuje wciskanie spłonek w specjalnych ręcznych przyrządach zapewniających lepsze wyczucie siły osadzającej spłonkę w kieszonce. Przy korzystaniu z takiego przyrządu należy najpierw zainstalować główiczkę dostosowaną do wielkości spłonek wraz z odpowiadającą naszemu kalibrowi stopką. Kolejną czynnością jest wsypanie spłonek do dyskowego zasobnika (o ile nasz przyrząd jest w niego wyposażony). Spłonki muszą być ustawione w ten sposób, aby ich część wewnętrzna skierowana była ku górze (patrz rys. 11.5). Odpowiednie pochylenie przyrządu powoduje, że spłonki kolejno wsuwają się do kanału prowadzącego i mogą być osadzane w kieszonkach łusek.

Przyrząd pokazany na rys. 11.5 dobrze nadaje się do szybkiej produkcji dużej ilości amunicji pistoletowej, ale jest zbyt mało precyzyjny, aby zadowolić wymagających reloaderów przygotowujących amunicję karabinową, gdyż ze względu na prostą konstrukcję, daje tylko niewielkie wyczucie przebiegu osadzania spłonki.

Rys. 11.4. Prasa LEE przygotowana do osadzania spłonek w łuskach kal. .50 BMG

Rys. 11.5. Wciskanie spłonek w przyrządzie ręcznym

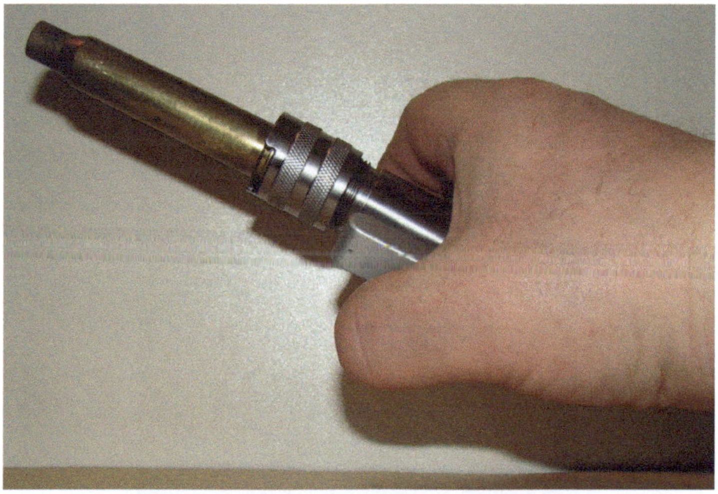

Rys. 11.6. Osadzanie spłonki za pomocą przyrządu Sinclair

Pod względem precyzji i możliwości wyczucia oporu spłonki, bezkonkurencyjny jest przyrząd produkowany przez firmę Sinclair. W przyrządzie tym co prawda każdą spłonkę trzeba indywidualnie umieszczać w zagłębieniu tłoka, ale świetne wykonanie przyrządu, który jest całkowicie metalowy i ma bardzo dobrze dobrane przełożenie dźwigni naciskowej, pozwala w pełni „wyczuć" proces osadzania spłonki. Podczas pierwszej fazy wciskania spłonki opór powinien być nieznaczny (ale zawsze taki sam dla każdej kolejnej łuski), aby po dojściu kowadełka do dna kieszonki wyraźnie wzrosnąć. Ten wzrost oporu spowodowany jest wciskaniem kowadełka do miseczki spłonki. Kowadełko musi być wciśnięte o kilka dziesiątych części milimetra, aż do chwili, gdy miseczka również oprze się o dno kieszonki. Ten moment odczuwalny jest jako skokowy wzrost oporu dźwigni przyrządu i powinien spowodować, że reloader zaprzestaje nacisku. Po wyjęciu łuski z przyrządu należy – podobnie jak przy używaniu do osadzania spłonek przystawek w prasie – sprawdzić palcem, czy spłonka jest zagłębiona w stosunku do stopy łuski. Obecnie coraz więcej producentów stosuje podobne rozwiązanie w urządzeniach do wciskania spłonek, co firma Sinclair. Trzeba jednak pamiętać, że niektóre z nich (np. K+M), podobnie jak urządzenie firmy Sinclair, wymagają stosowania specjalnych stopek do przytrzymywania łuski, gdyż stopki stosowane w prasach elaboracyjnych do nich nie pasują. Firma K+M produkuje również urządzenie wyposażone w czujnik zegarowy umożliwiający pomiar głębokości osadzania spłonki (patrz rys. 11.7).

Jeśli przy osadzaniu wystąpią nadmierne opory, to nie należy ich pokonywać, gdyż może nastąpić detonacja spłonki. Po prostu łuskę z nieprawidłowo osadzoną spłonką należy zutylizować. Czasem spłonka utknie w źle wyczyszczonej kieszonce w takiej pozycji, że nie można wyjąć łuski z przyrządu (dotyczy to zarówno przystawek do

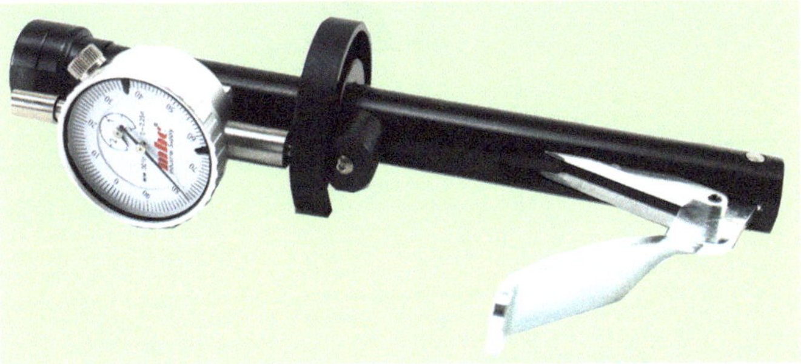

Rys. 11.7. Urządzenie firmy K+M z pomiarem głębokości osadzenia spłonki

pras elaboracyjnych, jak i przyrządów ręcznych). W takiej sytuacji należy skierować wylot łuski w bezpieczną stronę (**PAMIĘTAJMY RÓWNIEŻ O OKULARACH OCHRONNYCH!**) i podjąć próbę siłowego dopchnięcia spłonki na tyle głęboko, aby dało się wyjąć łuskę. Przy takim działaniu znacznie wzrasta niebezpieczeństwo detonacji spłonki, na które trzeba być przygotowanym. Oczywiście łuska ze spłonką musi być zutylizowana, nawet jeśli wydaje się nam, że spłonka została wprasowana dostatecznie głęboko, gdyż najprawdopodobniej nastąpiło uszkodzenie wewnętrzne spłonki i znacznie zmieniła się jej czułość. I w podobnej sytuacji: jeśli opór przy wciskaniu spłonki był zbyt mały, należy łuskę odrzucić. Dobrym zwyczajem jest zgniatanie szyjek łusek wadliwych za pomocą płaskich szczypiec, co zapobiega omyłkowemu wykorzystaniu takich łusek.

UWAGA!

W ŻADNYM PRZYPADKU NIE WOLNO WYPRASOWYWAĆ SPŁONEK, KTÓRE NIE SĄ ZDETONOWANE.

12

Ważenie łusek

Ważenie łusek jest sposobem na wyselekcjonowanie grupy łusek o bardzo zbliżonej objętości wewnętrznej. Co prawda objętość łusek można mierzyć przez napełnianie ich wodą, ale z uwagi na powstawanie wklęsłego lub wypukłego menisku[46] metoda ta jest bardzo trudna do przeprowadzenia. Łatwiej jest zważyć łuskę. Łuski o mniejszej masie będą miały większą objętość wewnętrzną, a łuski o masie większej będą miały objętość mniejszą. Podczas testu, któremu poddano 200 łusek kal. 7 BR, stwierdzono [5], że ich masa zawierała się pomiędzy 125 gr (8,10 g) a 129 gr (8,36 g). Biorąc pod uwagę masę właściwą mosiądzu wynoszącą 8,4 g cm^3, możemy łatwo obliczyć, że łuski cięższe mają objętość o 0,03 cm^3 mniejszą od łusek lekkich. Efektywna pojemność łusek kal. 7 BR wynosi około 2,3 cm^3, czyli różnica spowodowana niejednakową masą łusek wynosi około 1,4%. Tak pozornie mała różnica objętości wpłynie jednak poważnie na ciśnienie maksymalne (w łusce o mniejszej objętości wewnętrznej będzie ono o 100 barów wyższe) i na prędkość pocisku (o 4 m/s większa). Dla osoby dążącej do uzyskania maksymalnie precyzyjnej amunicji jest to nie do przyjęcia. Również przy elaboracji zbliżonej do maksymalnego ciśnienia dopuszczalnego niekontrolowany wzrost ciśnienia o 100 barów (atmosfer) może być niebezpieczny. Przy porównaniu łusek pochodzących od różnych producentów różnice w ich objętości są znacznie większe niż w powyższym przykładzie.

Ważenie łusek najwygodniej wykonywać na wadze elektronicznej. Zakłada się, że selekcja powinna być wykonywana z dokładnością do 0,05 g. Zazwyczaj jedynie sporadycznie spotyka się łuski o najmniejszej i największej masie, a większość łusek wykazuje masę zbliżoną do średniej. Łusek najlżejszych i najcięższych nie warto więc elaborować, bo trudno będzie zebrać ich dostateczną ilość. Mogą one jednak być wykorzystane do ustawiania matryc.

---

[46] Menisk jest to powierzchnia oddzielająca od siebie gaz i ciecz. Menisk przybiera kształt płaskiej powierzchni, wycinka sfery lub hiperboloidy.

Łuski mogą być ważone zarówno bezpośrednio po trymowaniu ich długości, jak i dopiero po wciśnięciu spłonek. Nie ma to większego znaczenia, gdyż ewentualne różnice w masie spłonek są pomijalnie małe. Ponieważ jednak musimy się liczyć z tym, że w wyniku ważenia część łusek zostanie odrzucona, rozsądne wydaje się dokonywanie ważenia przed wciśnięciem spłonek, aby uniknąć problemu z neutralizacją spłonek przed zezłomowaniem łusek. Spłonka traktowana jest jako istotna część amunicji i nie wolno aktywnej spłonki wyrzucać przed jej zneutralizowaniem.

13

Napełnianie prochem

Napełnianie prochem to czynność wymagająca największego skupienia i koncentracji. Błędy popełnione w czasie napełniania łusek prochem nie tylko znacznie pogorszą jakość elaborowanej amunicji, ale mogą zagrozić broni i strzelcowi.

Przed rozpoczęciem napełniania łusek prochem należy bezwzględnie sprawdzić w tabelach lub notatkach rodzaj prochu i jego naważkę. **NIE WOLNO POLEGAĆ NA PAMIĘCI!** Następnie należy wyjąć z pojemnika magazynowego właściwy rodzaj prochu i ustawić go w pobliżu stanowiska do elaboracji. Trzeba pamiętać, że pochodzące od jednego producenta opakowania z prochem, mimo odmiennych parametrów, różnią się od siebie bardzo nieznacznie. Zazwyczaj jedynym wyróżnikiem jest nazwa (lub numer) prochu zapisany stosunkowo niewielkimi literami, tak więc bardzo łatwo o popełnienie pomyłki. Lepiej więc sprawdzić trzy razy, czego używamy, niż zaryzykować poważny wypadek!

NA STANOWISKU NIE MOGĄ ZNAJDOWAĆ SIĘ JEDNOCZEŚNIE PROCHY RÓŻNEGO TYPU!

Przed przystąpieniem do napełniania łusek prochem należy również wykalibrować wagę, a jeśli stosowane jest objętościowe urządzenie dozujące – trzeba ustawić i sprawdzić wielkość uzyskiwanej naważki prochu.

Nawet jeśli przy elaboracji będziemy korzystać z metody objętościowej, to i tak potrzebna będzie prawidłowo wykalibrowana waga pozwalająca na wstępne, a następnie wyrywkowe sprawdzanie naważki prochu. Zarówno waga szalkowa, jak i elektroniczna powinna być umieszczona na stabilnym, poziomym podłożu, z dala od urządzeń powodujących drgania lub wytwarzających silne pola elektromagnetyczne. Należy również pamiętać o tym, że na precyzyjne instrumenty pomiarowe oddziałują pola elektrostatyczne, więc trzeba zachować możliwie dużą odległość od materiałów łatwo elektryzujących się, takich jak styropian czy tkaniny z włókien sztucznych.

Kalibrację wagi szalkowej przeprowadza się w następujący sposób. Wszystkie ciężarki ustawia się w położeniu „0" (zazwyczaj jest to najdalsze położenie w prawo), na szalce umieszcza się pustą miseczkę pomiarową i sprawdza się, czy szalka nie ociera się o korpus wagi. Jeśli znacznik na końcu szalki nie pokrywa się ze znacznikiem na obudowie, to pokręcając śrubą regulacyjną, na której spoczywa waga, należy doprowadzić do pokrycia się znaczników (patrz rys. 13.1). Po uzyskaniu tego stanu należy delikatnie zakołysać szalką, sprawdzając, czy swobodnie się przemieszcza. Na końcu szalki znajduje się hamulec elektrowirowy (miedziana blaszka umieszczona w polu magnetycznym), który tłumi oscylacje, więc ruch szalki powinien szybko zaniknąć, a szalka powinna ponownie ustawić się w pozycji zerowej. Po wyzerowaniu dobrze jest wykonać sprawdzenie wagi przez zważenie odważnika o znanym ciężarze.

Rys. 13.1. Zerowanie wagi szalkowej; strzałka wskazuje śrubę regulacyjną

Zerowanie i kalibracja wag elektronicznych powinny odbywać się zgodnie z instrukcją obsługi, gdyż różne wagi mają różne procedury postępowania. Obowiązuje jednak zasada, że przed każdym użyciem najpierw należy wyzerować wagę, a następnie zważyć ciężarek kontrolny. Waga elektroniczna powinna być włączona kilka, a najlepiej kilkanaście minut przed rozpoczęciem ważenia, co pozwala na jej „wygrzanie". Podczas dłuższych sesji elaboracyjnych warto jest od czasu do czasu ponawiać zerowanie wagi.

Wagi elektroniczne i szalkowe różnią się pod względem wykonywania pomiarów tym, że waga elektroniczna podaje nam na wyświetlaczu ciężar ładunku, a wagę szalkową ustawiamy na wymagany ciężar i sprawdzamy, czy ładunek go osiągnął. Odczytywanie wyniku z wagi elektronicznej jest banalnie proste i nie trzeba go omawiać. Niestety ustawianie wagi szalkowej nie jest już takie proste.

Ustawianie wagi szalkowej wymaga przesunięcia dwóch lub trzech odważników w zależności od konstrukcji wagi. Ustawiony ciężar jest sumą odczytów wynikających z położenia wszystkich odważników. Różne wagi mają różne działki elementarne i ich interpretacja może niekiedy budzić wątpliwości. Najprościej jest, jeśli działki elementarne są w systemie dziesiętnym. Na przykład największy ciężarek zmienia ustawienie o 10 granów przy przesunięciu na kolejny ząbek, średni o 1 gran, a najmniejszy o 0,1 grana. Niestety niektóre wagi, szczególnie pochodzące z USA, ale wykonane w systemie metrycznym, są bardziej skomplikowane. I tak waga przedstawiona na rys. 13.2 ma działkę elementarną dla dużego odważnika wynoszącą 0,25 g, a dla małego odważnika 0,005 g. W konsekwencji ustawienie ciężaru 2,365 g wymaga nastawienia odważników, tak jak to pokazano na rysunku.

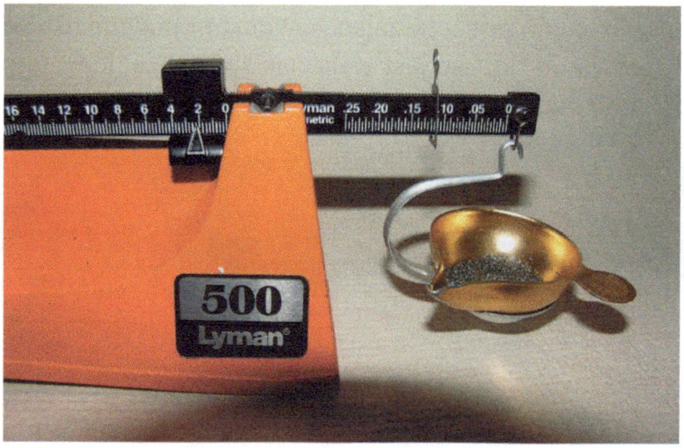

Rys. 13.2. Szalka wagi Lyman 500 z obciążnikami ustawionymi na 2,365 g (duży ciężarek ustawiony na 2,20 g, a mały na 0,115 g, co łącznie daje 2,365 g)

Niektóre wagi mają duży odważnik przesuwany z zęba na ząb, a mały umieszczony na gwintowanym pręcie, którego przesunięcie następuje w wyniku obracania. W opinii autora jest to lepsze rozwiązanie, gdyż znacznie ogranicza możliwość przypadkowego przeregulowania wagi. Być może wyda się to przesadną ostrożnością, ale korzystając z wagi szalkowej, warto mieć pod ręką prostą i tanią wagę elektroniczną dla zgrubnego sprawdzenia, czy uzyskiwane na wadze szalkowej wyniki nie są obarczone jakimś dużym błędem. Tanie domowe wagi elektroniczne nie są wystarczająco dokładne i stabilne, aby stanowić podstawowe narzędzie w elaboracji, ale mogą pełnić pewne funkcje kontrolne, a poza tym doskonale nadają się do ważenia łusek i pocisków.

Zdecydowanie największy komfort pracy można uzyskać, stosując elektroniczną wagę z automatycznym urządzeniem dozującym. W zależności od producenta można taki zestaw zaprogramować tak, aby automatycznie odważał zadaną naważkę prochu oraz aby przechowywał w pamięci wartości naważek, które często używamy. Korzystając z elektronicznego urządzenia dozującego, należy bardzo poważnie podchodzić do jego właściwej eksploatacji. Po pierwsze, urządzenie musi być czyszczone po każdej sesji elaboracyjnej oraz gdy w czasie jednej sesji wytwarzamy naboje elaborowane różnymi prochami. Opróżniając zasobnik z prochu, trzeba uwzględnić, że pewna ilość prochu znajduje się również w rurce transportowej (patrz rys. 13.3) i trzeba ją usunąć, ustawiając rurkę w położeniu, w którym otwór znajduje się na dole, a cała waga przechylona jest ku tyłowi, aby umożliwić przemieszczenie się prochu w rurce transportowej.

Ponieważ do opróżnienia zasobnika przeznaczony jest zawór znajdujący się na jego dnie (patrz rys. 13.4), więc po usunięciu prochu trzeba pamiętać o jego zamknięciu, aby uniknąć rozsypania prochu przy kolejnym napełnianiu zasobnika.

Rys. 13.3. Wnętrze zasobnika na proch. Strzałka wskazuje rurkę transportową, którą należy ustawić tak, aby otwór znajdował się w dolnym położeniu i przez pochylenie urządzenia wysypać proch, który w niej pozostał

Rys. 13.4. Zawór do usuwania prochu z zasobnika

Automatyczne urządzenia dozujące są wyposażone w odważniki kontrolne, które należy okresowo wykorzystywać do sprawdzania kalibracji lub ewentualnie do rekalibracji urządzenia, o ile producent przewidział taką procedurę. Niestety z nieznanych autorowi powodów odważniki te mają stosunkowo dużą masę (dla urządzenia RCBS ChargeMaster 1500 są to dwa ciężarki o masie po 50 g), pozwalając sprawdzić kalibrację w zakresie, który daleko wykracza poza wartość naważek prochowych nawet dla największych kalibrów, takich jak .50 BMG. Dlatego warto zaopatrzyć się w odważniki znacznie mniejsze (np. dla amunicji pistoletowej o masie 1 g, a dla amunicji karabinowej 5 g) i cyklicznie sprawdzać z ich pomocą dokładność dozowania ładunków w interesującym nas zakresie. Należy pamiętać, że postępowanie takie nie tylko zwiększa nasze bezpieczeństwo, ale również gwarantuje lepszą jakość elaborowanej przez nas amunicji.

Jeśli odmierzanie naważki prochu ma odbywać się metodą objętościową, to dozownik musi być właściwie wyregulowany. Dla każdego rodzaju prochu i dla każdej naważki trzeba dokonać nowej regulacji, gdyż prochy charakteryzują się różną gęstością zasypową. W niektórych dozownikach regulacja polega na wymianie bębna z kieszonką do odmierzania ładunku. Nie jest to jednak rozwiązanie praktyczne dla reloaderów lubiących eksperymentować z różnymi ładunkami, gdyż jakakolwiek zmiana naważki lub prochu wymaga zakupu albo wykonania nowego bębna. Lepszym rozwiązaniem jest zastosowanie dozownika regulowanego z ruchomym tłokiem ograniczającym głębokość kieszonki. Tak długo należy regulować śrubę regulacyjną tłoka, aż uzyskana zostanie prawidłowa naważka. Następnie należy tłok zablokować przeciwnakrętką i odmierzyć dziesięć ładunków, wsypując je razem do miseczki. Ostateczna weryfikacja ustawień polega na zważeniu tych dziesięciu ładunków na wadze szalkowej lub elektronicznej. Uzyskany ciężar powinien być dziesięć razy większy od wymaganego ciężaru pojedynczego ładunku.

Podczas odmierzania prochu metodą objętościową należy bardzo dbać, aby w zasobniku urządzenia znajdowała się zawsze wystarczająca ilość prochu. Powszechnie uważa się, że zasobnik powinien być wypełniony nie mniej niż do 1/4 swojej pojemności. Bęben dozujący należy obracać dość energicznie, tak aby zarówno w górnym, jak i dolnym położeniu obrót kończył się lekkim uderzeniem o zderzak. Ułatwia to ułożenie się prochu w kieszonce oraz zupełne jej opróżnienie. Przy napełnianiu łusek o dużej pojemności trzeba koniecznie zapewnić dostatecznie długi czas na napełnienie się kieszonki prochem i na przesypanie prochu do łuski. Zbyt szybkie manipulowanie bębnem może spowodować dla łusek o dużej pojemności niejednakowe naważenia prochu. Trzeba również zwrócić uwagę, czy w dozowniku zainstalowana jest właściwa końcówka zasypowa dostosowana do kalibru łuski. Często w komplecie są dwie końcówki: mniejsza do kal. .22 i większa do kalibrów większych.

Podczas napełniania łusek metodą objętościową należy od czasu do czasu kontrolować uzyskiwaną naważkę za pomocą wagi. W zależności od kształtu ziaren prochu metoda objętościowa charakteryzuje się większą lub mniejszą dokładnością.

Najlepiej nadaje się ona do prochów o małych ziarnach, np. VihtaVuori 3N37 lub 3N38. Prochy o ziarnach dużych, takie jak N170 czy 24N41, sprawiają więcej kłopotu przy odmierzaniu objętościowym, gdyż cylinder dozownika rozłamuje ziarna blokujące jego ruch. Napełnianie metodą objętościową polecane jest głównie przy elaboracji dużej ilości amunicji.

Często korzystając z prostej wagi szalkowej zamiast klasycznej metody wagowej, stosuje się metodę hybrydową objętościowo-wagową, która przez wiele osób uważana jest za dokładniejszą. Najbardziej efektywnym sposobem przygotowania naważki prochu metodą wagową jest wykorzystanie w charakterze urządzeń pomocniczych dozownika objętościowego i dosypywacza, tak jak to przedstawiono na rys. 13.5. Dozownik należy w takim przypadku wyregulować tak, aby przygotowywał ładunek o około 0,05 g mniejszy od założonego, a ostateczne wyregulowanie ładunku należy wykonać dosypywaczem już na szalce wagi, ponieważ dosypywacz umożliwia praktycznie dodawanie pojedynczych ziaren prochu.

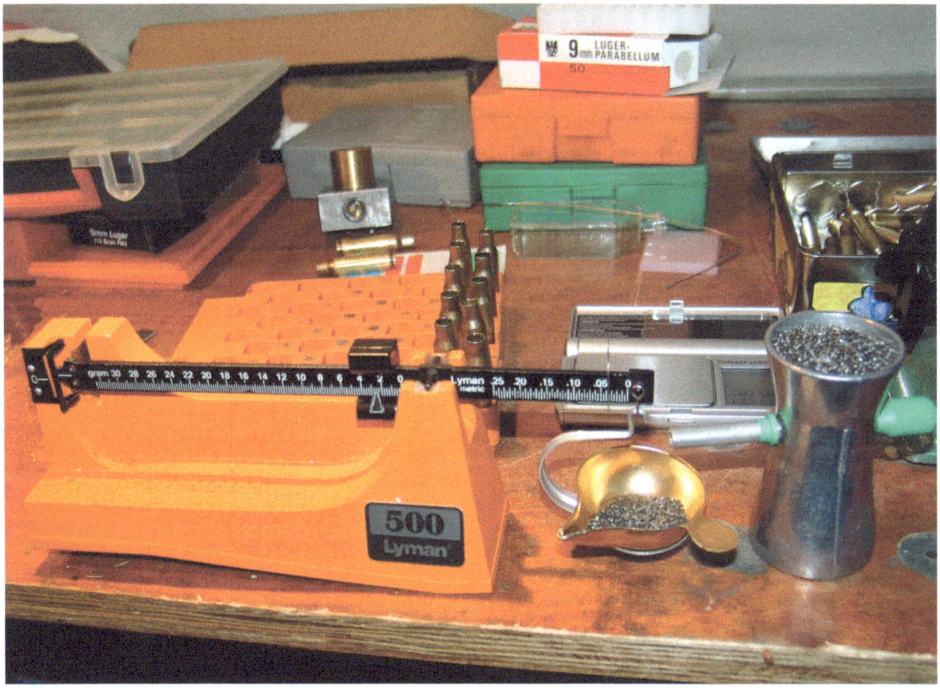

Rys. 13.5. Dozowanie prochu metodą wagową

Niezależnie od zastosowanej metody dozowania prochu, przed przystąpieniem do wciskania pocisków należy dokonać wizualnego sprawdzenia, czy we wszystkich napełnionych łuskach poziom prochu jest jednakowy (patrz rys. 13.6). Takie sprawdzenie pozwala na wykrycie dużych błędów, o ile zostały popełnione. Należy pamiętać, że w niektórych nabojach pistoletowych i rewolwerowych pojemność łuski umożliwia wsypanie podwójnej naważki prochu (ang. *double charge*), a taki błąd zawsze kończy się tragicznie.

Rys. 13.6. Wizualne sprawdzanie poziomu prochu w łuskach

W sporadycznych przypadkach możliwa jest sytuacja, gdy objętość swobodnie nasypywanego prochu przekracza efektywną objętość wewnętrzną łuski (jest to tzw. ładunek skompresowany). W takiej sytuacji pojawia się problem z wsypaniem prochu i wciśnięciem pocisku. Można go rozwiązać, stosując długie rurki (20–25 cm), przez które proch wsypywany jest powoli do łuski. Ziarenka prochu nabierają dużej prędkości i ściślej układają się wewnątrz łuski. Podczas wsypywania można również lekko opukiwać łuskę, co ułatwia zagęszczenie ziaren prochu. Ładunki silnie skompresowane utrudniają elaborację amunicji i należy ich unikać. W tablicach elaboracyjnych umieszcza się odpowiednią informację, jeśli ładunek jest skompresowany. Jeśli takiej informacji nie ma, a mamy wrażenie, że prochu jest za dużo, to koniecznie trzeba sprawdzić, czy wszystko jest prawidłowo wykonane. Sprawdzeniu powinien podlegać rodzaj prochu, jego nominalna ilość oraz prawidłowość działania urządzeń dozujących. Problem może również wystąpić z powodu ciała obcego, które dostało się do łuski, albo omyłkowego napełnienia łuski innego kalibru (np. .38 Special zamiast .357 Magnum czy .222 Remington zamiast .223 Remington). W żadnym przypadku nie można poprzestać na stwierdzeniu: „Skoro tak jest, to widocznie tak ma być". Rysunki 4.12 i 4.13 to nie efekt pracy grafika komputerowego, ale efekt dużego błędu w odmierzaniu ładunku prochowego.

14

Osadzanie pocisku

14.1. Sposoby osadzania pocisków

Osadzanie pocisków jest w zasadzie ostatnim etapem scalania naboju. Etap ten wpływa w bardzo istotny sposób na finalny efekt elaboracji. Pocisk musi być centrycznie osadzony na ściśle określonej głębokości, a osadzenie musi pewnie utrzymywać pocisk w niezmienionym położeniu zarówno podczas odrzutu występującego przy wystrzeliwaniu poprzedzających pocisków, jak i przy operacjach związanych z wprowadzaniem naboju do komory.

Powszechnie stosuje się trzy sposoby ustalania pocisków (patrz rys. 14.1 i 14.2). Pierwszy, najbardziej rozpowszechniony sposób, to wciśnięcie pocisku do szyjki łuski o średnicy wewnętrznej mniejszej o kilka setnych części milimetra od zewnętrznej średnicy części prowadzącej pocisku. W takim przypadku osadzenie wykorzystuje jedynie siły tarcia między łuską a pociskiem, powstałe dzięki wystąpieniu zacisku. Zaletą tej metody jest jej prostota i dobra powtarzalność parametrów osadzenia pocisku.

W wielu przypadkach siła tarcia nie zapewnia jednak wystarczająco mocnego ustalenia pocisku w łusce. Problemy z ustaleniem pojawiają się szczególnie

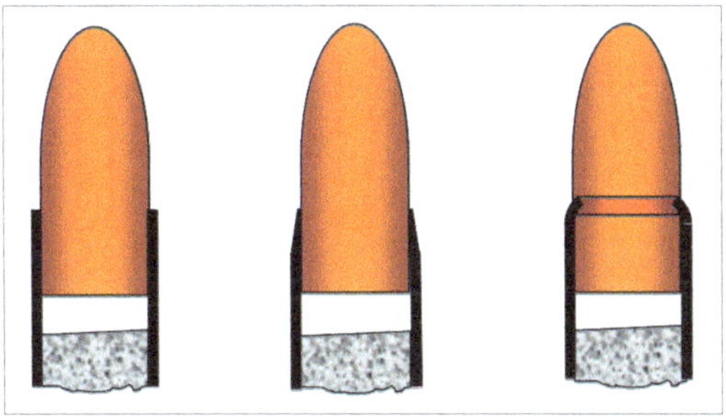

Rys. 14.1. Trzy sposoby osadzania pocisków – od lewej: osadzenie normalne przez wcisk w szyjkę łuski, osadzenie z zagnieceniem stożkowym, osadzenie z zagnieceniem zawijanym

Rys. 14.2. Różne rodzaje osadzenia pocisków – od lewej: nabój .408 CheyTac bez zacisku, .50 BMG z zaciskiem fabrycznym, .38 Super Automatic z zaciskiem stożkowym i .357 Magnum z zawijaniem krawędzi

w karabinach o dużym odrzucie, w rewolwerach typu Magnum oraz w samopowtarzalnej i samoczynnej broni wojskowej. Duży odrzut broni powoduje przemieszczanie się pocisków w łuskach nabojów znajdujących się w magazynkach czy bębnach nabojowych. W magazynkach pojawia się tendencja do wbijania pocisku w głąb łuski na skutek uderzeń o przednią ściankę magazynka cofającego się razem z bronią pod wpływem odrzutu. W bębnach rewolwerów natomiast pociski mają tendencję do wysuwania się z łuski, gdyż podczas silnego odrzutu na pociski oddziałuje duża siła będąca iloczynem ich masy i przyspieszenia liniowego broni. W tym przypadku zachodzi zjawisko zbliżone do tego, które wykorzystuje się w młotkach dynamicznych[47] do rozcalania amunicji. W przypadku broni wojskowej dochodzi jeszcze niebezpieczeństwo wbicia pocisku do łuski podczas nieostrożnego transportu, usuwania zacięcia broni, uderzeń, drgań itd. W takich przypadkach łuska musi być odpowiednio zagnieciona wokół pocisku, co powoduje, że pocisk ustalany jest nie tylko przez powiększoną siłę tarcia, ale również przez połączenie kształtowe.

W amunicji strzeleckiej korzysta się z dwóch metod zaciskania łusek na pocisku. Pierwsza metoda wytwarza zacisk stożkowy (ang. *taper crimp*). Zacisk stożkowy może być stosowany zarówno w łuskach, których osadzanie w komorze bazuje zarówno na przedniej krawędzi szyjki łuski (np. naboje kal. 9 mm Parabellum), jak i w łuskach ustalanych w inny sposób (np. na kryzie – kal. .38 Special). Lekki zacisk stożkowy może być wykonany na pociskach nieposiadających specjalnego rowka (tzw. kanelura). Zacisk stożkowy wykonuje się zazwyczaj w osobnej matrycy, często posiadającej rozprężne elementy (patrz rys. 14.3). Zapobiega to deformacjom pocisku, gdyż zaciskanie podczas osadzania (w jednej matrycy) oznacza, że krawędź łuski jest obciskana na pocisku w trakcie jego przesuwania, co uszkadza powierzchnię prowadzącą pocisku. Przy klasycznym zacisku stożkowym krawędź łuski przybiera lekko stożkowy kształt, od którego wzięła się nazwa tego typu zacisku. Czasem jednak, szczególnie w amunicji wojskowej, zgniecenie ma kształt walcowy, co niekiedy nazywane jest zaciskiem fabrycznym (ang. *factory crimp*).

[47] Młotki dynamiczne niezbyt poprawnie nazywane są powszechnie młotkami kinematycznymi.

Rys. 14.3. Matryca do zaciskania krawędzi szyjki łuski kal. .50 BMG

Druga metoda zacisku to zawijanie krawędzi łuski (ang. *roll crimp*). Wykonanie zacisku tą metodą możliwe jest w tej samej operacji co wprasowywanie pocisku, ale musi on posiadać rowek – kanelur. Metody zawijania nie można stosować w nabojach wykorzystujących przednią krawędź łuski do ustalania w komorze nabojowej.

W amunicji produkowanej fabrycznie bywają wykorzystywane jeszcze inne metody zapobiegające przemieszczaniu się pocisków. Mogą to być albo obwodowe przetłoczenia tułowia łuski w rejonie dna pocisku, które uniemożliwiają nadmierne wbicie się pocisku w głąb łuski albo punktowe zagniecenia (patrz rys. 14.4).

Rys. 14.4. Obwodowe przetłoczenia ustalające i zapunktowania utrzymujące pociski we właściwej pozycji. Od lewej: nabój pistoletowy kal. .45 ACP, nabój rewolwerowy kal. .38 Special z pociskiem WC i silny nabój pistoletowy 7.62×25 produkcji wojskowej zapunktowany w rejonie szyjki

W czasie strzału ciśnienie gazów prochowych powoduje niemal całkowite wyeliminowanie przetłoczenia, w związku z czym nie można go wykorzystać podczas powtórnej elaboracji. Co więcej, łuski, które fabrycznie miały przetłoczenie, nie powinny być powtórnie elaborowane, gdyż są osłabione w rejonie, w którym wykonano to przetłoczenie.

14.2. Regulacja matryc do osadzania pocisków bez zagniecenia

Regulacja matryc, które nie mają zagniatać łusek, jest bardzo prosta. Pierwszą czynnością jest wkręcenie matrycy do prasy elaboracyjnej na taką głębokość, aby przy ustawieniu tłoka w górnym położeniu łuska wchodziła niemal do końca matrycy (patrz rys. 14.5). Jeśli matryca przystosowana jest konstrukcyjnie do zagniatania łuski, to prawidłowe ustawienie wymaga, żeby łuska nie doszła tak głęboko, by rozpoczęło się zagniatanie. W matrycach nieprzystosowanych do zagniatania można ustawić matrycę tak, aby następował lekki kontakt dołu matrycy ze stopką łuski.

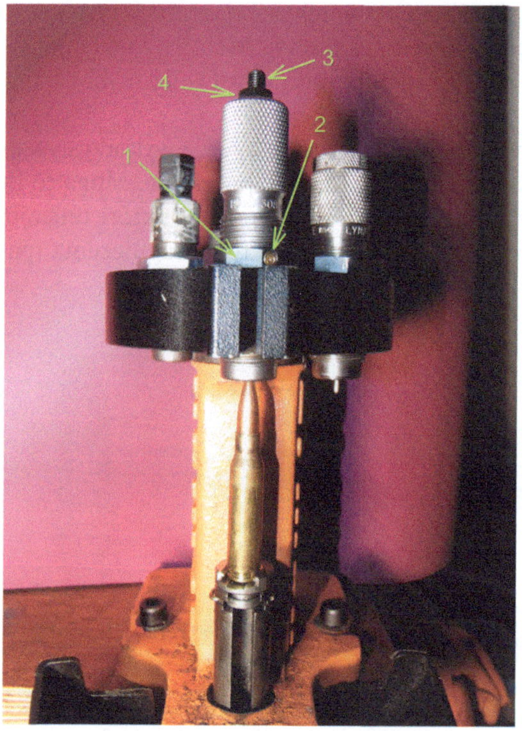

Rys. 14.5. Regulacja matrycy do osadzania pocisku bez zagniecenia

Po zaciśnięciu nakrętki regulacyjnej *1* i zabezpieczeniu jej wkrętem *2* przystępuje się do regulacji trzpienia wciskającego pocisk do łuski, oznaczonego Na rysunku numerem *3*. W tym celu należy do stopki włożyć łuskę (bez prochu i spłonki, ale wykalibrowaną), a do łuski pocisk oraz wykręcić trzpień na tyle, aby przy pierwszej próbie pocisk był osadzony zbyt płytko! Następnie należy podnieść tłok prasy do górnego oporu i opuścić w dół. Po wyjęciu naboju należy zmierzyć jego długość. Najlepiej kontrolę długości oprzeć na krawędzi styku pocisku z gwintem lufy (patrz podrozdział 5.4), jeśli taka optymalna długość została określona dla danej broni. Można również oprzeć się na długości całkowitej (OAL). Ze względu na nadmierne wykręcenie trzpienia *3* pierwsza próba powinna doprowadzić do powstania naboju zbyt długiego. Jeśli tak się stało, to nabój może być wykorzystany do dalszej regulacji matrycy. Korekcji dokonuje się przez odpowiednio głębokie wkręcanie trzpienia. W matrycach ze śrubą mikrometryczną można łatwo określić i zrealizować korekcję zapewniającą już przy drugiej próbie uzyskanie oczekiwanego rezultatu. Przy braku śruby mikrometrycznej należy dokręcać trzpień tak długo, aż uda się uzyskać wymaganą długość naboju. Po zakończeniu regulacji należy zacisnąć nakrętkę blokującą *4* i powtórnie sprawdzić poprawność regulacji.

14.3. Regulacja matryc do osadzania pocisków z zagnieceniem

Regulację matrycy, która ma zagniatać łuski w końcowej fazie osadzania pocisku, wykonuje się w podobny sposób, jak to opisano powyżej, z tym że stopień zagniecenia ustala się przez głębokość wkręcenia matrycy do prasy. Zamiast więc ustawić matrycę tak, aby łuska nie dochodziła do przewężenia w matrycy powodującej zagniecenie, matrycę wkręca się na tyle głęboko, aby na samym końcu ruchu tłoka prasy w górę zwężenie matrycy zacisnęło krawędź szyjki łuski. Głębsze wkręcenie matrycy zwiększa nacisk, a płytsze go zmniejsza. Po uzyskaniu wymaganego zagniecenia przystępuje się do regulacji trzpienia w sposób opisany w podrozdziale 14.2. Regulacja powinna być dokonana na naboju bez spłonki i prochu, który następnie powinien być zutylizowany.

14.4. Osadzanie pocisków

Przebieg osadzania pocisku zależy od typu zastosowanej matrycy. W większości przypadków matryca będzie miała klasyczną budowę i pocisk trzeba będzie palcami wsuwać do szyjki łuski włożonej do stopki prasy. Następnie przy ruchu tłoka w górę należy palcami utrzymywać pocisk i pozwolić mu na wejście do matrycy. Po wprasowaniu pocisku na około połowę głębokości dobrze jest opuścić tłok i palcami obrócić łuskę wzdłuż jej osi symetrii o około pół obrotu. Następnie należy zrealizować pełen cykl ruchu tłoka prasy. Obracanie naboju przed pełnym osadzeniem pocisku ma za zadanie polepszyć wycentrowanie pocisku w łusce.

Trochę inaczej odbywa się osadzanie pocisku na matrycy precyzyjnej. Większość dobrych matryc precyzyjnych oprócz mikrometrycznej regulacji posiada również specjalną tulejkę prowadzącą łuskę w matrycy niemal bez luzów. W matrycach tych pocisk wkłada się do okienka w górnej części matrycy dopiero po wprowadzeniu łuski z prochem do tulejki. Następuje to w końcowej fazie ruchu dźwigni napędzającej tłok prasy elaboracyjnej (patrz rys. 14.6).

Rys. 14.6. Osadzanie pocisku w klasycznej matrycy mikrometrycznej; strzałka wskazuje na suwliwą tulejkę prowadzącą, która zapewnia prawidłowe ustawienie łuski względem matrycy

Po osadzaniu pocisku nabój jest praktycznie gotowy. Należy jeszcze wyrywkowo posprawdzać długość całkowitą nabojów (patrz rys. 14.7) albo długość do krawędzi styku pocisku z gwintem przewodu lufy.

Proces elaboracji kończy pakowanie nabojów do pudełek i ich oznaczanie. Dobra praktyka elaboracyjna wymaga, aby pudełka były oznaczone w sposób umożliwiający jednoznaczną identyfikację nabojów, ich ładunku prochowego i pocisków.

Bardzo ważne jest również oznaczenie, ile razy łuski w tej partii nabojów były już elaborowane. Dobrym zwyczajem jest również prowadzenie dziennika, w którym umieszcza się najważniejsze informacje o elaborowanych partiach nabojów.

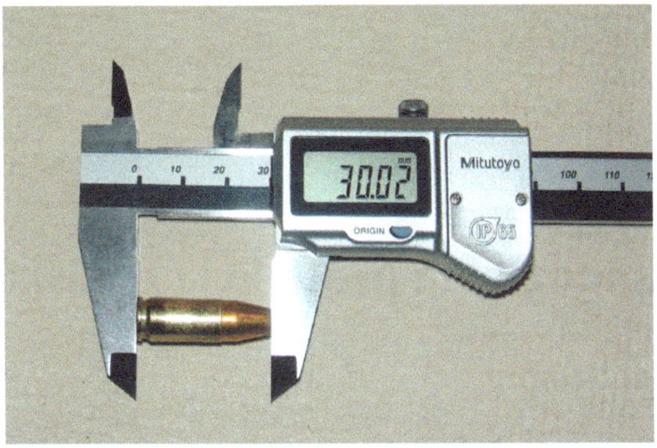

Rys. 14.7. Kontrolny pomiar długości całkowitej naboju

15

Samodzielna produkcja pocisków

15.1. Uwagi ogólne

Samodzielna produkcja pocisków ołowianych jest możliwa do przeprowadzenia w warunkach domowych, a raczej garażowych i prowadzi do pewnych, niezbyt co prawda dużych oszczędności, w przypadku znacznego zapotrzebowania na pociski do broni krótkiej. W USA jest również popularne wykonywanie pocisków do broni długiej, ale dotyczy to głównie historycznych kalibrów.

Pociski ołowiane bez płaszcza nie mogą być wystrzeliwane z dużymi prędkościami, nie współpracują dobrze z lufami poligonalnymi, powodują podczas strzelania wytwarzanie dużej ilości dymu i mają tendencję do pozostawiania w lufie cząstek ołowiu. Niemniej wiele osób zwraca uwagę na aspekt ekonomiczny (pomimo że obecnie oszczędności związane z produkcją pocisków nie są już duże), a dla innych odlewanie pocisków jest rytuałem związanym z uprawianiem hobby, jakim jest strzelectwo.

Pociski ołowiane wykonywane są dwoma metodami: przez tradycyjne odlewanie oraz przez wyciskanie na prasie. W warunkach amatorskich stosowana jest niemal wyłącznie metoda odlewnicza, gdyż wyciskanie wymaga bardziej skomplikowanych urządzeń oraz bardzo jednorodnego materiału o ściśle określonej twardości i kształcie.

Jednym z parametrów decydujących o jakości pocisków odlewanych jest twardość stopu ołowiu wykorzystanego do ich wytworzenia. Pociski do broni ładowanej odprzodkowo powinny być bardzo miękkie, aby łatwo mogły ulec odkształceniu podczas wprowadzania do przewodu lufy. Pociski pistoletowe powinny być twardsze, pociski do rewolwerów typu Magnum jeszcze twardsze, a pociski karabinowe najtwardsze.

Dobrze dobrany stop ołowiu powinien umożliwić nieznaczne spęczenie pocisku pod wpływem gazów prochowych, co ułatwia uszczelnienie przewodu lufy.

Zarówno pociski zbyt miękkie, jak i zbyt twarde powodują przedmuchy[48], co w konsekwencji zmniejsza celność i prowadzi do bardzo dużego zaołowienia przewodu lufy.

Ze względu na wymagania odnośnie do twardości czysty ołów jako bardzo miękki nie nadaje się do produkcji pocisków do współczesnej broni palnej. Konieczne jest więc stosowanie stopów z metalami zapewniającymi wyraźne podniesienie twardości. Takimi metalami są np. antymon i arsen. Dla uzyskania lepszej lejności metalu oraz zmniejszenia napięcia powierzchniowego do stopów ołowiu dodaje się również niewielkie ilości cyny. Pociski ze stopu ołowiu z antymonem mogą być hartowane przez gwałtowne ochłodzenie w wodzie.

UWAGA!

Ze względu na toksyczne dodatki (takie jak stront) stosowane w stopach ołowiu wykorzystywanych w akumulatorach kwasowych nie należy używać ich do odlewania pocisków!

UWAGA!

Odlewania pocisków nie należy wykonywać w kuchni, gdyż opary i pył ołowiu są bardzo szkodliwe i mogą przedostać się do żywności.

Dla stopu 95% ołowiu, 4,5% antymonu, 0,4% cyny i 0,1% arsenu[49] pociski odlane i wychłodzone w powietrzu uzyskują twardość około 12 HB[50], co umożliwia ich stosowanie przy prędkościach nieprzekraczających 300 m/s. Hartowanie w wodzie z temperatury 215°C umożliwia uzyskanie twardości około 16 HB, co wystarcza dla pocisków o prędkości do 420 m/s, a hartowanie z temperatury 225°C nadaje pociskowi twardość około 20 HB, wymaganą przy pociskach o prędkości do około 500 m/s [6].

Ze względu na to, że obróbka plastyczna (zgniot) powoduje zmniejszanie twardości ołowiu[51], kalibrowanie średnicy zewnętrznej powinno odbywać się przed hartowaniem pocisków, a nie po nim.

---

[48] Jeśli pocisk jest zbyt miękki, to nie wytrzymuje ciśnienia gazów, które go deformują i przepływają pomiędzy pociskiem a ściankami przewodu lufy, powodując zwykle nadtopienia. Jeśli pocisk jest zbyt twardy, to nie wypełnia prawidłowo bruzd gwintu, pozostawiając szczeliny, przez które wypływają gazy prochowe, powodując również jego nadtopienie.

[49] Skład chemiczny tego stopu jest zbliżony, przynajmniej teoretycznie, do składu dobrej jakości klasycznych ciężarków do wyważania kół samochodowych. Ciężarki przyklejane do kół (przeznaczone do obręczy aluminiowych) są wykonane z niemal czystego ołowiu i mają niedostateczną twardość.

[50] HB – skala twardości Brinella.

[51] Jest to zjawisko przebiegające odwrotnie niż dla stali, która pod wpływem zgniotu ulega utwardzeniu.

15.2. Odlewanie

Pierwszym etapem odlewania jest właściwe przygotowanie stopu ołowiu. Wbrew pozorom nie jest to sprawa prosta, gdyż zazwyczaj reloader nie dysponuje materiałem wsadowym przygotowanym w hucie metali kolorowych i musi sam przygotować odpowiedni stop. Co ważniejsze, dla zapewnienia jednorodności pocisków musi być utrzymany stały, optymalny skład tego stopu. Oznacza to, że trzeba stopić jednocześnie cały ładunek ołowiu, jaki ma być wykorzystany do produkcji pocisków. Trzeba przy tym zaznaczyć, że o ile ołów pochodzący z ciężarków do wyważania kół będzie miał prawdopodobnie około 4–5% antymonu, to już ołów odzyskany z kulochwytów może mieć zupełnie inny skład, bo może pochodzić z pocisków wyciskanych lub płaszczowych. Stopy drukarskie, które już niemal zupełnie wyszły z obiegu mają zazwyczaj sporą zawartość antymonu i cyny i mogą być użyte do uszlachetniania ołowiu.

Tak więc przygotowanie materiału powinno odbywać się w dużych piecach, czyli warto powierzyć to zadanie warsztatowi mającemu profesjonalne piece do topienia metali. Przed ostatecznym odlaniem gąsek dobrze jest dokonać małego odlewu próbnego i ocenić lejność stopu oraz jego twardość. Daje to możliwość ingerencji w skład stopu przez dodanie stopu bogatego w antymon (jeśli nasz stop był zbyt miękki) lub cyny, jeśli wystąpił nadmierny menisk albo stop wykazywał zbyt małą lejność. Korekta w późniejszym okresie wymagać będzie bowiem powtórnego przetopienia całego wsadu, a to zadanie czaso- i energochłonne.

W zależności od posiadanego pieca, który ma posłużyć do bieżącego topienia ołowiu, trzeba wykonać mniejsze lub większe gąski. Wielkość gąski musi bowiem umożliwiać jej włożenie do kadzi, w której ołów będzie stopiony (patrz rys. 15.1).

Następnym etapem po roztopieniu ołowiu jest dodanie niewielkiej ilości topnika[52] i zamieszanie roztopionego metalu stalową łyżką. Topnik powoduje oczyszczenie

Rys. 15.1. Topienie gąsek ze stopu ołowiu w piecu odlewniczym

Źródło: autor zdjęcia: Bruce Lane.

[52] Topnik (odtleniacz) to substancja chemiczna umożliwiająca oczyszczenie topionego metalu. Jako topnik stosuje się często kalafonię lub chlorek amonu.

stopu z tlenków i powstanie na jego powierzchni szarobrązowego kożucha. Kożuch ten należy starannie zebrać i zabezpieczyć, gdyż jest bardzo toksyczny. Zdejmowanie wytrąceń z powierzchni stopu przedstawiono na rys. 15.2. Po zebraniu zanieczyszczeń stop ołowiu jest gotów do odlewania.

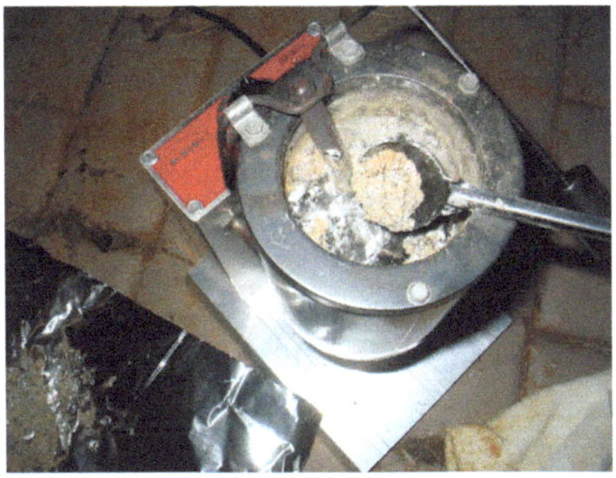

Rys. 15.2. Usuwanie zanieczyszczeń z powierzchni stopu po odtlenieniu topnikiem

Źródło: autor zdjęcia: Bruce Lane.

Forma odlewnicza przed rozpoczęciem odlewania musi być bardzo starannie oczyszczona i odtłuszczona. Należy ją również okopcić sadzą, która zapobiega przywieraniu odlanych pocisków do ścianek formy.

Przed odlaniem pierwszych pocisków forma musi być podgrzana. Dokonuje się tego przez zanurzenie na około pół minuty końca starannie zamkniętej i ściśniętej formy w roztopionym ołowiu. Po uzyskaniu przez formę właściwej temperatury można przystąpić do odlewania pocisków. Zamkniętą formę należy ustawić pod otworem spustowym kadzi z roztopionym ołowiem i otworzyć zawór. Ponieważ zazwyczaj formy mają kilka gniazd, więc każde gniazdo należy kolejno napełniać roztopionym ołowiem (patrz rys. 15.3).

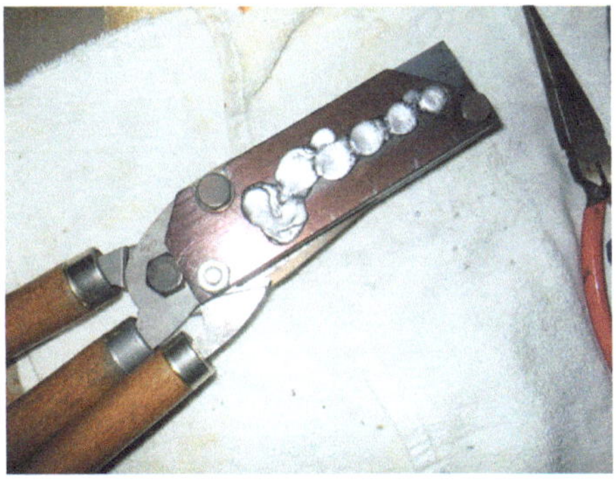

Rys. 15.3. Wlewanie ołowiu do formy

Źródło: autor zdjęcia: Bruce Lane.

Po kilku–kilkunastu sekundach ołów w formie powinien zastygnąć, co objawia się zmianą powierzchni metalu z błyszczącej na matową oraz powstaniem małego zaklęśnięcia w nadlewku. Gdy to nastąpi, należy energicznie odsunąć rączkę połączoną z płytką odcinającą nadlewki lub uderzyć drewnianym młotkiem w dźwigienkę połączoną z tą płytką. Po odcięciu nadlewków można otworzyć formę i wytrząsnąć pociski na grubą, miękką szmatę. Ponieważ pociski są jeszcze stosunkowo miękkie, nie należy upuszczać ich z dużej wysokości.

Zamiast wytrząsać pociski na suchą szmatę można zanurzać je w wodzie, co spowoduje ich utwardzenie. Na dnie naczynia z wodą należy jednak również umieścić szmatę, co zapobiegnie uszkodzeniom pocisków (patrz rys. 15.5).

UWAGA!

Nie wolno dopuścić, aby kropelki wody dostały się na gorącą formę lub do kadzi z roztopionym ołowiem, gdyż powoduje to gwałtowne, wręcz wybuchowe odparowanie wody i wyrzucanie gorącego, roztopionego ołowiu.

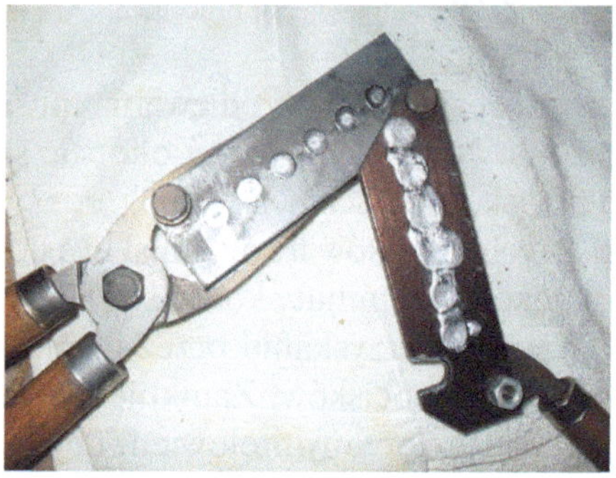

Rys. 15.4. Odcinanie nadlewków
Źródło: autor zdjęcia: Bruce Lane.

Rys. 15.5. Zanurzanie gorących pocisków w wodzie w celu ich utwardzenia
Źródło: autor zdjęcia: Bruce Lane.

Odcięte nadlewki oraz ewentualnie również uszkodzone pociski można ostrożnie włożyć do kadzi za pomocą szczypiec lub łopatki. Trzeba to wykonywać bardzo ostrożnie, aby uniknąć pryskania roztopionego ołowiu.

15.3. Kalibrowanie i smarowanie

Prawidłowo odlane pociski mogą być zasadniczo używane bez kalibrowania. Niemniej w przypadku gdy amunicja ma być bardzo celna, dobrze jest wykalibrować pociski, przepychając je przez specjalną tulejkę kalibracyjną. Pocisk umieszcza się na trzpieniu, który podnoszony jest do góry podczas pociągania dźwigni. Po przejściu przez tulejkę kalibracyjną pocisk wpada do zasobnika w górnej części przyrządu.

Rys. 15.6. Kalibrowanie pocisków
Źródło: autor zdjęcia: Bruce Lane.

Pociski ołowiane wymagają pokrycia smarem zabezpieczającym przed osadzaniem się ołowiu w przewodzie lufy. Są trzy podstawowe metody smarowania pocisków. Pierwsza polega na wykorzystaniu urządzenia, które jednocześnie kalibruje i smaruje pociski, wciskając smar na bazie wosku w obwodowe rowki znajdujące się w części prowadzącej pocisku. Urządzenie takie przedstawiono na rys. 15.7. Pociski przeznaczone do smarowania tą metodą powinny mieć jeden lub kilka stosunkowo głębokich rowków smarowych, takich, jakie mają pociski przedstawione na tym rysunku.

Druga metoda polega na pokryciu pocisków specjalnym płynnym smarem (patrz rys. 15.8). Pociski umieszcza się w naczyniu, a następnie dodaje niewielką ilość płynnego smaru (najpopularniejszym smarem tego typu jest Liquid Alox firmy Lee). Następnie przez około minutę potrząsa się i obraca naczyniem, aby równomiernie rozprowadzić smar po powierzchni pocisków. Po zakończeniu pokrywania smarem pociski wysypuje się na szmatę i pozostawia przez kilkanaście godzin dla wyschnięcia smaru. Metoda ta jest dość prosta i szybka, jednak pociski na całej powierzchni pokryte są smarem, który po wyschnięciu jest co prawda bardzo gęsty, ale i tak lepi się przy dotyku. Najlepiej stosować tę metodę do pocisków posiadających liczne, bardzo płytkie rowki (patrz rys. 15.8) lub kieszonki (patrz rys. 2.33).

Rys. 15.7. Urządzenie Lube-A-Matic firmy RCBS kalibrujące i smarujące pociski oraz kilka przykładowych pocisków przeznaczonych do smarowania za pomocą twardego smaru opartego na wosku. Na powierzchniach prowadzących pocisków widoczne są głębokie rowki do magazynowania smaru. Płytsze, trójkątne rowki widoczne w górnej części niektórych pocisków służą do zagniatania górnej krawędzi łuski

Źródło: zdjęcia pocisków: Rick Kelter.

Rys. 15.8. Pokrywanie pocisków smarem

Źródło: autor zdjęcia: Bruce Lane.

Trzecia metoda polega na roztopieniu w płytkiej wanience smaru woskowego i zanurzeniu w nim pocisków aż do poziomu rowków. Po zastygnięciu wosku oczyszcza się jego nadmiar, pozostawiając go jedynie w rowkach. Oczyszczenie pocisku ze smaru można wykonać za pomocą łuski odpowiedniego kalibru, która po wsunięciu na pocisk zbiera z niego nadmiar smaru. Co prawda metoda ta nie wymaga inwestycji sprzętowych, ale jest bardzo pracochłonna.

16

Tabele elaboracyjne

Poniższe tabele zawierają informacje dotyczące naważek prochu dla wybranych kalibrów. Są one zaczerpnięte z poradników VihtaVuori i Lapua za zgodą tych firm. Zarówno autorzy tych danych, jak i autor książki, który je zebrał, oraz wydawnictwo nie ponoszą odpowiedzialności za ewentualne skutki wynikłe z wykorzystania tych danych. Dane dotyczą konkretnych pocisków, prochów i spłonek oraz uzyskane były w warunkach laboratoryjnych przy strzelaniu z luf wzorcowych. Po zmianie któregoś z komponentów mogą wytworzyć się warunki zagrażające broni i strzelcowi. Praktycznie wszyscy producenci prochu i wielu producentów pocisków zapewniają wolny dostęp w internecie do tabel balistycznych opartych na produkowanych przez nich wyrobach i w opinii autora są to najlepsze źródła wiadomości dla reloaderów rozpoczynających elaborację. Dla bardziej zaawansowanych reloaderów, którzy chcą uzyskać bardzo precyzyjną amunicję, tablice elaboracyjne mogą okazać się niewystarczające i wtedy należy rozważyć zakup specjalistycznego oprogramowania, np. QuickLoad. Trzeba jednak pamiętać, że nawet najlepszy program do prowadzenia obliczeń związanych z balistyką wewnętrzną może zawieść, jeśli wprowadzimy do niego błędne dane. Pomyłka w wyborze prochu, masy pocisku, głębokości osadzenia może doprowadzić do tego, że powstanie nabój niebezpieczny dla broni i strzelającego. Dlatego konieczna jest bardzo duża ostrożność i tzw. zdrowy rozsądek. Jeśli jakiś wynik wyda się nam dziwny lub niespodziewany, lepiej przeanalizować wszystkie możliwe powody takiej sytuacji, niż ochoczo przystąpić do realizacji naszego „Wunderwaffe".

16.1. Kaliber 9 mm Parabellum (Luger; 9×19)

Nabój kal. 9 mm Parabellum (9×19) powstał w Niemczech w 1902 r. Jest to najbardziej rozpowszechniony w Europie nabój pistoletowy, stosowany zarówno przez wojsko, policję, jak i użytkowników cywilnych. Nabój nie jest uważany za szczególnie celny, ale dość łatwo go elaborować w warunkach amatorskich.

Od pewnego czasu nabój ten wykorzystywany jest w IPSC w pistoletach dywizji OPEN, w klasie sprzętowej MAJOR. Ładowanie amunicji 9 mm Parabellum spełniającej wymogi klasy MAJOR jest bardzo trudne i ryzykowne z uwagi na małą pojemność łuski. Należy je pozostawić jedynie bardzo doświadczonym reloaderom!

Maksymalna średnica pocisku: 9,03 mm
Maksymalna długość całkowita (OAL): 29,69 mm
Maksymalna długość łuski: 19,15 mm
Maksymalne ciśnienie według CIP: 235 MPa (265,5 MPa dla P+ wg SAAMI)

Tabela 16.1. Dane dla długości lufy 4"; spłonki Small Pistol, łuski trymowane na 19,00 mm

Pocisk				Proch, typ	Naważka minimalna		Naważka maksymalna		Źródło/uwagi
masa [g]	masa [gr]	typ	OAL		masa [g]	prędkość [m/s]	masa [g]	prędkość [m/s]	
7,5	115	Rainier RN	29,0	Viht. N320	0,25	326	0,28	347	[4]
				Viht. N330	0,30	342	0,33	361	[4]
				Viht. 3N37	0,39	364	0,42	383	[4]
8,0	124	Intercast LSWC	29,0	Viht. N320	0,24	327	0,27	343	[4]
				Viht. N330	0,28	345	0,31	358	[4]
				Viht. 3N37	0,35	352	0,38	371	[4]
8,0	124	Lapua FMJ-RN	29,0	Viht. N320	0,22	290	0,26	326	[4]
				Viht. N330	0,28	315	0,32	359	[4]
				Viht. 3N37	0,34	336	0,40	379	[4]
9,5	147	Hornady HP/XTP	29,0	Viht. 3N37	0,30	298	0,33	321	[4]
				Viht. 3N38	0,41	357	0,45	368	[4]*

* Ładunki spełniają wymagania poziomu MAJOR w klasie OPEN IPSC (faktor powyżej 160).

16.2. Kaliber .38 Special

Nabój rewolwerowy kal. .38 Special powstał w USA w 1902 r. Jest to prawdopodobnie najbardziej popularny nabój rewolwerowy, stosowany zarówno przez policję, jak i użytkowników cywilnych. Nabój jest uważany za bardzo celny i dość łatwo go elaborować w warunkach amatorskich. Podczas elaboracji trzeba bardzo uważać, aby nie wsypać podwójnej naważki prochu, gdyż objętość łuski jest na tyle duża, że jest to fizycznie możliwe, szczególnie przy stosowaniu szybkich prochów.

Maksymalna średnica pocisku: 9,12 mm
Maksymalna długość całkowita (OAL): 39,37 mm

Maksymalna długość łuski: 29,34 mm
Maksymalne ciśnienie według CIP: 150 MPa

UWAGA!
Przytoczone dane dotyczą nowoczesnej broni spełniającej wymagania SAAMI P+ i tylko w takiej broni mogą być wykorzystywane naboje elaborowane według poniższej tabeli. W broni niecertyfikowanej dla amunicji P+ wolno używać tylko naważki minimalne opisane w tabeli. Oczywiście naboje kalibru .38 Special mogą być stosowane również w rewolwerach kalibru .357 Magnum, ale trzeba się liczyć z ich mniejszą celnością.

Tabela 16.2. Dane dla długości lufy 6,5"; spłonki Small Pistol, łuski trymowane na 29,10 mm

Pocisk				Proch, typ	Naważka minimalna		Naważka maksymalna		Źródło/uwagi
masa [g]	masa [gr]	typ	OAL		masa [g]	prędkość [m/s]	masa [g]	prędkość [m/s]	
8,0	124	Intercast LSWC	36,5	Viht. N320	0,29	310	0,34	353	[8]
				Viht. N340	0,37	324	0,42	367	[8]
				Viht. 3N37	0,41	329	0,46	367	[8]
9,6	148	SAKO LWC (Wadcutter)	30,0	Viht. N320	0,20	237	0,23	267	[8]*
				Viht. N330	0,22	239	0,25	277	[8]*
				Viht. N350	0,27	255	0,30	294	[8]*
10,2	158	Speer HP	36,5	Viht. N320	0,25	218	0,30	272	[8]
				Viht. N340	0,32	241	0,37	300	[8]
				Viht. 3N37	0,38	259	0,43	305	[8]
10,4	160	Intercast LFN	37,5	Viht. N340	0,33	297	0,38	338	[8]
				Viht. 3N37	0,35	277	0,40	324	[8]

* Ładunki przeznaczone do strzelań sportowych na 25 m.

16.3. Kaliber .357 Magnum

Nabój rewolwerowy kal. .357 Magnum powstał w USA w 1935 r. Przez długi okres był to najpotężniejszy nabój przeznaczony do broni krótkiej, głównie do rewolwerów. Jest on powszechnie używany przez policję w USA oraz licznych użytkowników cywilnych. Nabój jest uważany za bardzo celny i dość łatwo go elaborować w warunkach amatorskich. Typową spłonką do nabojów kal. .357 Magnum jest spłonka Small Pistol Magnum, ale przy zastosowaniu wolnych prochów, takich jak N110, lepiej jest używać spłonki Small Rifle.

Maksymalna średnica pocisku: 9,12 mm
Maksymalna długość całkowita (OAL): 40,39 mm
Maksymalna długość łuski: 32,77 mm
Maksymalne ciśnienie według CIP: 300 MPa

Tabela 16.3. Dane dla długości lufy 7"; spłonki Small Pistol, łuski trymowane na 32,60 mm

Pocisk				**Proch, typ**	**Naważka minimalna**		**Naważka maksymalna**		**Źródło/uwagi**
masa [g]	**masa [gr]**	**typ**	**OAL**		**masa [g]**	**prędkość [m/s]**	**masa [g]**	**prędkość [m/s]**	
8,1	125	Hornady FP/XTP	40,0	Viht. N310	0,39	371	0,42	391	[8]
				Viht. N340	0,56	440	0,60	462	[8]
				Viht. N110	1,09	488	1,19**	540	[8]*
10,2	158	Speer HP	40,0	Viht. N320	0,40	335	0,43	354	[8]
				Viht. 3N37	0,53	377	0,57	398	[8]
				Viht. N350	0,54	385	0,58	400	[8]
11,7	180	Speer TMJ	42,6	Viht. N340	0,45	321	0,48	341	[8]***
				Viht. N350	0,47	325	0,51	351	[8]***
				Viht. N110	0,82	382	0,91**	425	[8]***
13,0	200	Speer TMJ	43,1	Viht. 3N37	0,46	297	0,50	317	[8]***
				Viht. N110	0,79	362	0,83	382	[8]***

* Amunicja o bardzo dużej zdolności obalającej.
** Ładunek skompresowany.
*** Naboje przekraczają długość maksymalną wg SAAMI.

16.4. Kaliber .40 S&W

Nabój pistoletowy kal. .40 S&W powstał w USA w 1990 r. z inspiracji FBI. Jakkolwiek taki rodowód wskazuje jednoznacznie na jego bojowy charakter (nabój miał stanowić alternatywę dla kal. 9 mm Parabellum uznawanego w USA jako zbyt słaby), to jednak szybko zyskał on uznanie wśród zawodników IPSC.

Maksymalna średnica pocisku: 10,17 mm
Maksymalna długość całkowita (OAL): 28,83 mm

Maksymalna długość łuski: 21,59 mm
Maksymalne ciśnienie według CIP: 225 MPa

Tabela 16.4. Dane dla długości lufy 5,5"; spłonki Small Pistol, łuski trymowane na 21,40 mm

Pocisk				Proch, typ	Naważka minimalna		Naważka maksymalna		Źródło/uwagi
masa		typ	OAL		masa [g]	prędkość [m/s]	masa [g]	prędkość [m/s]	
[g]	[gr]								
10,0	155	Rainier FP	28,6	Viht. N320	0,34	331	0,35	340	[4]
				Viht. N330	0,39	344	0,40	354	[4]
				Viht. N340	0,41	352	0,43	364	[4]
11,7	180	Speer HP	28,6	Viht. N340	0,35	305	0,37	316	[4]
				Viht. 3N37	0,38	303	0,40	315	[4]
				Viht. N350	0,38	319	0,40	329	[4]
11,7	180	Fiocchi LTC	28,6	Viht. N320	0,23	269	0,26	295	[4]
				Viht. N340	0,30	289	0,34	315	[4]
				Viht. 3N37	0,35	289	0,39	320	[4]
13,0	200	Speer TMJ	28,6	Viht. N340	0,30	267	0,32	277	[4]
				Viht. 3N37	0,33	265	0,35	277	[4]
				Viht. N350	0,34	272	0,36	282	[4]
				Viht. 3N38	0,45	304	0,47	316	[4]

16.5. Kaliber .222 Remington

Nabój karabinowy kal. .222 Remington powstał w USA w 1950 r. Zyskał on bardzo duże powodzenie wśród myśliwych i sportowców ze względu na swoją ponadprzeciętną celność. Pomimo powstania naboju .223 Remington, który jest od niego silniejszy, nabój kal. .222 Remington nadal cieszy się dużym powodzeniem i jest chętnie elaborowany, gdyż na rynku znajduje się bardzo dużo różnorodnych pocisków o średnicy 5,70 mm (0,224"), które nadają się zarówno do elaborowania nabojów kal. .222, jak i .223.

Maksymalna średnica pocisku: 5,70 mm
Maksymalna długość całkowita (OAL): 54,10 mm
Maksymalna długość łuski: 43,18 mm
Maksymalne ciśnienie według CIP: 370 MPa

Tabela 16.5. Dane dla długości lufy 23"; spłonki Small Rifle, łuski trymowane na 43,00 mm

Pocisk				Proch, typ	Naważka minimalna		Naważka maksymalna		Źródło/uwagi
masa		typ	OAL		masa [g]	prędkość [m/s]	masa [g]	prędkość [m/s]	
[g]	[gr]								
3,2	50	Hornady SXSP	53,8	Viht. N120	1,21	876	1,30	942	[4]
				Viht. N130	1,33	889	1,43	958	[4]
				Viht. N133	1,44	905	1,55	980	[4]
3,4	52	Sierra MK HPBT	54,0	Viht. N130	1,27	864	1,39	922	[4]
				Viht. N133	1,39	867	1,50	915	[4]
				Viht. N135	1,49	891	1,60	944	[4]
3,6	55	Lapua FMJ	53,9	Viht. N120	1,15	837	1,25	911	[4]
				Viht. N130	1,25	865	1,36	938	[4]
				Viht. N133	1,31	850	1,34	908	[4]
3,9	60	Hornady HP	54,0 53,8 54,0	Viht. N120	1,11	779	1,23	850	[4]
				Viht. N130	1,25	805	1,37	877	[4]
				Viht. N133	1,35	820	1,46	892	[4]
				Viht. N135	1,40	836	1,52*	868	[4]

* Ładunek skompresowany.

16.6. Kaliber .223 Remington (5.56×45)

Nabój karabinowy kal. .223 Remington powstał w USA w 1964 r. jako nabój przeznaczony do karabinu ArmaLite AR-15. Nabój ten z małymi modyfikacjami został przyjęty przez NATO i występuje pod nazwą 5.56×45 NATO. Pomimo że naboje kal. .223 i 5.56×45 są niemal identyczne, to występują pewne różnice w tolerancjach wymiarowych, mogące powodować trudności z zastosowaniem amunicji wojskowej w karabinach sportowych o ciasnych komorach. Łuski amunicji wojskowej mają większą grubość ścianek i nie powinny być używane zamiennie z łuskami kal. .223, gdyż przy tej samej naważce prochowej i tym samym pocisku powstaje w nich wyższe ciśnienie.

Maksymalna średnica pocisku: **5,70 mm**
Maksymalna długość całkowita (OAL): **57,40 mm**
Maksymalna długość łuski: **44,70 mm**
Maksymalne ciśnienie według CIP: **430 MPa dla kal. .223**
405 MPa dla kal. 5.56×45

Tabela 16.6. Dane dla długości lufy 25″; spłonki Small Rifle, łuski trymowane na 44,50 mm

Pocisk				Proch, typ	Naważka minimalna		Naważka maksymalna		Źródło/uwagi
masa [g]	masa [gr]	typ	OAL		masa [g]	prędkość [m/s]	masa [g]	prędkość [m/s]	
3,3	51	Lapua HPCE	57,0	Viht. N120	1,23	909	1,37	991	[4]
				Viht. N130	1,35	930	1,51	1018	[4]
				Viht. N133	1,45	943	1,61*	1033	[4]
3,4	52	Sierra MK HPBT	57,0	Viht. N130	1,37	936	1,54	1028	[4]
				Viht. N133	1,46	948	1,62	1033	[4]
				Viht. N135	1,54	808	1,66**	1039	[4]
3,6	55	Lapua FMJ	57,0	Viht. N120	1,21	876	1,35	953	[4]
				Viht. N530	1,51	931	1,64	1015	[4]
				Viht. N140	1,61	917	1,77**	1004	[4]
4,5	69	Lapua Scenar	57,4	Viht. N530	1,37	809	1,47	869	[4]
				Viht. N133	1,31	789	1,42	849	[4]
				Viht. N140	1,48	823	1,60	879	[4]
				Viht. N540	1,50	807	1,65	895	[4]
4,9	75***	Hornady BTHP	57,4	Viht. N540	1,50	773	1,67	863	[4]

* Ładunek szczególnie celny.
** Ładunek skompresowany.
*** Wymagany skok gwintu 7″.

16.7. Kaliber .308 Winchester (7.62×51)

Nabój karabinowy kal. .308 Winchester powstał w USA w 1952 r. i jest obecnie najbardziej popularnym nabojem karabinowym. Nabój ten z małymi modyfikacjami został przyjęty przez NATO i występuje pod nazwą 7.62×51 NATO. Pomimo że naboje .308 i 7.62×51 są niemal identyczne, to występują pewne różnice w tolerancjach wymiarowych oraz w dopuszczalnym ciśnieniu maksymalnym. Jako zasadę można przyjąć, że dobrej jakości naboje kal. 7.62×51 dobrze pasują do komór karabinów przystosowanych do amunicji kal. .308, ale nie na odwrót. Amunicja kal. .308 może generować wyższe ciśnienia niż ciśnienia dopuszczalne dla kal. 7.62×51! Łuski amunicji wojskowej mają również większą grubość ścianek i nie powinny być używane zamiennie z łuskami kal. .308, gdyż przy tej samej naważce prochowej i tym samym pocisku powstaje w nich wyższe ciśnienie.

Maksymalna średnica pocisku: **7,85 mm**
Maksymalna długość całkowita (OAL): **71,12 mm**
Maksymalna długość łuski: **51,18 mm**
Maksymalne ciśnienie według CIP: **415 MPa dla kal. .308**
380 MPa dla kal. 7.62×51

Tabela 16.7. Dane dla długości lufy 24″; spłonki Large Rifle, łuski trymowane na 51,00 mm

Pocisk				Proch, typ	Naważka minimalna		Naważka maksymalna		Źródło/uwagi
masa [g]	masa [gr]	typ	OAL		masa [g]	prędkość [m/s]	masa [g]	prędkość [m/s]	
9,7	*150	Lapua Mega	71,0	Viht. N135	2,05	664	2,55	789	[4]
				Viht. N140	2,09	653	2,67	791	[4]
				Viht. N540	2,26	671	2,80	803	[4]
10,0	*155	Sierra MK HPBT	71,0	Viht. N135	2,28	712	2,68	815	[4]
				Viht. N140	2,40	717	2,86	827	[4]
				Viht. N150	2,63	752	3,01	850	[4]
10,9	*168	Sierra MK HPBT	71,0	Viht. N140	2,35	685	2,78	780	[4]
				Viht. N150	2,50	707	2,88	804	[4]
				Viht. N550	2,70	725	3,06	832	[4]
11,7	*180	Lapua Naturalis	68,1	Viht. N140	2,60	707	2,84	772	[4]
				Viht. N540	2,63	703	2,90	769	[4]
				Viht. N150	2,75	727	2,95	778	[4]
				Viht. N550	2,84	716	3,13	791	[4]
13,0	200*	Speer SP	71,0	Viht. N140	2,28	609	2,67	712	[4]

* Wymagany skok gwintu 10″.

16.8. Kaliber 7.62×53R (7.62×54R)

Nabój karabinowy kal. 7.62×54R powstał w Rosji w 1891 r. i pomimo że od jego skonstruowania minęło prawie 120 lat jest nadal stosowany w broni wojskowej. Co ciekawsze, obecnie amunicja ta używana jest przede wszystkim w broni samopowtarzalnej i automatycznej (np. SWD i PK), podczas gdy konstrukcja łuski (wystająca kryza) jest zdecydowanie nieoptymalna dla takich zastosowań. Fińska wersja naboju występuje pod nazwą 7.62×53R. Zasadniczo oba kalibry są w pełni zamienne, jakkolwiek w nabojach 7.62×53R używa się pociski o średnicy mniejszej o 0,025 mm niż w wersji 7.62×54R.

Maksymalna średnica pocisku: 7,85 mm (7.62×54R)
Maksymalna długość całkowita (OAL): 77,00 mm
Maksymalna długość łuski: 53,50 mm
Maksymalne ciśnienie według CIP: 390 MPa

Tabela 16.8. Dane dla długości lufy 26″; spłonki Large Rifle, łuski trymowane na 53,30 mm

Pocisk				Proch, typ	Naważka minimalna		Naważka maksymalna		Źródło/uwagi
masa [g]	masa [gr]	typ	OAL		masa [g]	prędkość [m/s]	masa [g]	prędkość [m/s]	
9,7	150	Lapua Mega	70,9	Viht. N133	2,43	727	2,83	826	[4]
				Viht. N135	2,70	761	3,05	851	[4]
				Viht. N140	2,86	774	3,19	862	[4]
10,9	167	Lapua Scenar	75,0	Viht. N140	3,00	784	3,10*	830	[4]
				Viht. N540	2,94	774	3,12	812	[4]
				Viht. N150	3,12	790	3,27	834	[4]
11,7	180	Lapua Naturalis	72,5	Viht. N140	2,80	708	3,07	781	[4]
				Viht. N540	2,85	714	3,10	789	[4]
				Viht. N550	3,10	721	3,40	813	[4]
13,0	200	Lapua FMJBT	76,0	Viht. N140	2,36	635	2,59*	709	[4]
				Viht. N540	2,47	656	2,69	720	[4]
				Viht. N150	2,36	641	2,64	711	[4]
14,3	220	Sierra MK HPBT	77,1	Viht. N550	2,84	675	3,12	753	[4]

* Ładunek szczególnie celny.

16.9. Kaliber .30-06 Springfield

Nabój karabinowy kal. .30-06 powstał w USA w 1906 r. i do 1954 r. był to przepisowy nabój karabinowy w armii Stanów Zjednoczonych. Ze względu na dużą pojemność łuski nabój ten dobrze elaboruje się ciężkimi pociskami (ponad 200 gr) i wolnymi prochami pozwalającymi na uzyskanie dużych prędkości wylotowych.

Maksymalna średnica pocisku: 7,85 mm
Maksymalna długość całkowita (OAL): 84,84 mm
Maksymalna długość łuski: 63,35 mm
Maksymalne ciśnienie według CIP: 405 MPa

Tabela 16.9. Dane dla długości lufy 24"; spłonki Large Rifle, łuski trymowane na 63,10 mm

Pocisk				Proch, typ	Naważka minimalna		Naważka maksymalna		Źródło/uwagi
masa		typ	OAL		masa [g]	prędkość [m/s]	masa [g]	prędkość [m/s]	
[g]	[gr]								
9,7	150	Lapua Mega	82,0	Viht. N135	2,60	711	3,09	835	[4]
				Viht. N140	2,83	732	3,32	857	[4]
				Viht. N540	2,94	742	3,47	893	[4]
10,1	156	Sako SPBT	80,5	Viht. N135	2,97	776	3,29	851	[4]
				Viht. N140	3,10	775	3,42	859	[4]
				Viht. N150	3,18	781	3,53	863	[4]
12,0	185	Lapua Mega	79,5	Viht. N150	2,75	692	3,28	791	[4]
				Viht. N550	3,12	728	3,46	812	[4]
				Viht. N160	3,38	739	3,71	815	[4]
13,0	200	Lapua Mega	79,5	Viht. N150	2,75	692	3,10	747	[4]
				Viht. N550	3,12	730	3,28	767	[4]
				Viht. N160	3,38	739	3,48	763	[4]
14,3	220	Hornady RN	84,0	Viht. N560	3,47	672	3,97	767	[4]

16.10. Kaliber .300 Winchester Magnum

Nabój karabinowy kal. .300 Winchester Magnum powstał w USA w 1963 r. jako uzupełnienie serii nabojów typu Magnum zawierającej kalibry: .264, .338 i .458. Nabój ten zyskał bardzo duże uznanie wśród myśliwych ze względu na swoją celność, energię pocisku i płaski tor lotu. Ze względu na to, że do elaboracji można używać tych samych pocisków, które wykorzystywane są w kalibrach .30–06 i .308, nabój ten jest bardzo często elaborowany amatorsko. Do elaboracji należy stosować prochy o bardzo małej prędkości palenia.

Maksymalna średnica pocisku: 7,85 mm
Maksymalna długość całkowita (OAL): 84,84 mm
Maksymalna długość łuski: 66,55 mm
Maksymalne ciśnienie według CIP: 430 MPa

Tabela 16.10. Dane dla długości lufy 24.5"; spłonki Large Rifle Magnum, łuski trymowane na 66,30 mm

Pocisk				Proch, typ	Naważka minimalna		Naważka maksymalna		Źródło/uwagi
masa		typ	OAL		masa [g]	prędkość [m/s]	masa [g]	prędkość [m/s]	
[g]	[gr]								
11,0	170	Lapua Lock Base	84,8	Viht. N160	4,43	849	4,82	936	[1]
				Viht. N560	4,80	851	5,09	952	[4]
				Viht. N165	4,82	866	5,15*	951	[4]
11,7	180	Nosler Partition	84,8	Viht. N160	4,52	843	4,94	916	[4]
				Viht. N165	4,86	852	5,26	925	[4]
12,0	185	Lapua Scenar	84,8	Viht. N160	4,26	805	4,70	894	[4]
				Viht. N560	4,60	816	5,01	917	[4]
				Viht. N165	4,72	825	5,10*	915	[4]
13,0	200	Lapua Naturalis	84,0	Viht. N560	3,98	745	4,40	819	[4]
				Viht. N165	3,65	703	4,29	800	[4]
				Viht. N170	4,23	728	4,70	810	[4]
14,3	220	Sierra MK HPBT	84,8	Viht. N560	3,40	694	4,12	782	[4]
				Viht. N165	3,27	667	4,24	772	[4]
				Viht. N170	3,65	688	4,31	767	[4]
				Viht. N570	4,23	744	4,88	833	[4]

* Ładunek szczególnie celny.

16.11. Kaliber .338 Lapua Magnum

Nabój karabinowy kal. .338 Lapua Magnum powstał w Finlandii w 1987 r. jako rozwinięcie naboju .338/416 przeznaczonego do karabinów snajperskich. Nabój został zaprojektowany głównie z myślą o zastosowaniu pocisków o masie 250 gr, jakkolwiek w broni posiadającej przewód lufy z gwintem o skoku 10" możliwe jest również używanie pocisków o masie 300 gr. W chwili obecnej nabój .338 Lapua Magnum jest jedynym nabojem kal. .338 będącym na wyposażeniu wojska, w tym również Wojska Polskiego. Śladowe ilości broni tego kalibru znajdują się również w siłach specjalnych polskiej policji.

Maksymalna średnica pocisku: 8,61 mm
Maksymalna długość całkowita (OAL): 93,50 mm
Maksymalna długość łuski: 69,20 mm
Maksymalne ciśnienie według CIP: 420 MPa

Tabela 16.11. Dane dla długości lufy 27,5"; spłonki Large Rifle Magnum, łuski trymowane na 69,0 mm

Pocisk masa [g]	Pocisk masa [gr]	Pocisk typ	Pocisk OAL	Proch, typ	Naważka minimalna masa [g]	Naważka minimalna pręd-kość [m/s]	Naważka maksymalna masa [g]	Naważka maksymalna pręd-kość [m/s]	Źródło/uwagi
13,0	200	Hornady SP	91,0	Viht. N160	5,81	926	6,22	993	[4]
				Viht. N165	6,24	935	6,66	1005	[4]
14,6	225	Hornady SP	91,0	Viht. N160	5,07	830	5,64	900	[4]
				Viht. N560	5,35	865	5,86	934	[4]
				Viht. N165	5,40	839	6,01	915	[4]
				Viht. N170	5,75	847	6,33	917	[4]
15,0	231	Lapua Naturalis	90,5	Viht. N160	4,73	793	5,35	876	[4]
				Viht. N560	5,19	817	5,75	913	[4]
				Viht. N165	5,00	797	5,80	897	[4]
16,2	250	Lapua Lock Base	91,5	Viht. N560	5,05	812	5,56	879	[4]
				Viht. N165	4,85	780	5,74*	886	[4]
				Viht. N570	5,80	821	6,42**	916	[4]
16,2	250	Lapua Scenar	93,5	Viht. N560	4,83	802	5,33	866	[4]
				Viht. N165	4,89	789	5,39	846	[4]
				Viht. N570	5,75	823	6,40**	911	[4]
19,4	300	Sierra MK HPBT	91,5	Viht. N165	4,57	695	5,20	766	[4]
				Viht. N570	5,39	776	5,92	826	[4]
				Viht. 24N41	5,52	735	6,28	809	[4]

* Ładunek szczególnie celny.
** Ładunek skompresowany.

16.12. Kaliber .50 BMG (12.7×99 NATO)

Nabój karabinowy kal. .50 BMG powstał w czasie I wojny światowej w Stanach Zjednoczonych z przeznaczeniem do karabinu maszynowego kal. .50 Browning. Pomimo że jego pierwotnym przeznaczeniem był karabin maszynowy nabój ten jest obecnie szeroko stosowany w karabinach przeznaczonych do niszczenia lekko opancerzonych celów oraz do strzelania na duże i bardzo duże odległości.

Maksymalna średnica pocisku: **13,00 mm**
Maksymalna długość całkowita (OAL): **138,43 mm**

Maksymalna długość łuski: 99,10 mm
Maksymalne ciśnienie według CIP: 370 MPa

Tabela 16.12. Dane dla długości lufy 45″; spłonki CCI35, łuski trymowane na 99,10 mm

Pocisk				Proch, typ	Naważka minimalna		Naważka maksymalna		Źródło/uwagi
masa [g]	masa [gr]	typ	OAL		masa [g]	prędkość [m/s]	masa [g]	prędkość [m/s]	
48,6	750	Hornady A-max	137,5	Viht. 24N41	12,97	764	14,13	843	[12]
				Viht. 20N29	14,59	779	15,97	862	[12]
48,6	750	Lapua Bullex-N	138,0	Viht. 24N41	13,83	798	14,94	865	[12]
				Viht. 20N29	15,57	826	16,58	895	[12]

17

Zakończenie

Samodzielna elaboracja amunicji może być traktowana jako prosty sposób zmniejszenia kosztów uprawiania strzelectwa sportowego, myśliwskiego czy rekreacyjnego. Może być jednak również traktowana jako hobby albo wręcz jako trudne wyzwanie. Jeśli należycie Państwo do tej drugiej grupy, to zapewne nie poprzestaniecie na przeczytaniu tej książki, bo książka ta nie wyczerpuje tematyki reloadingu. Mając opanowane podstawy reloadingu, można zacząć optymalizować amunicję do danego egzemplarza broni i jej zastosowania. Nieocenione są wtedy kontakty z innymi reloaderami w kraju i za granicą. Zawsze jednak pamiętajcie Państwo, że energia zgromadzona w szarych granulkach nazywanych prochem strzelniczym jest ogromna. Dlatego nigdy nie podchodźcie bezkrytycznie do zasłyszanych informacji. Silny ładunek, który jest względnie bezpieczny w ultranowoczesnym egzemplarzu broni kolegi, może rozerwać Waszą broń, okaleczyć Was lub wręcz zabić. Zmieniając cokolwiek w procesie elaboracji, zawsze stosujcie Państwo metodę małych kroków, zaczynając od zmniejszonych naważek prochu, które są powiększane tylko wtedy, gdy nie ma żadnych śladów nadmiernego ciśnienia. Nie wierzcie swojej pamięci, notujcie wszystko i korzystajcie z tych notatek. Traktujcie poważnie nawet najbardziej błahe sygnały o występujących problemach. Nigdy nie korzystajcie z komponentów niewiadomego pochodzenia lub okazyjnie kupionych.

Ponieważ naboje, które będziecie Państwo elaborować, prędzej czy później zostaną załadowane do Waszej broni, więc pozwolę sobie na końcu przypomnieć podstawowe warunki bezpieczeństwa posługiwania się bronią palną. Te wszystkie warunki trzeba spełniać łącznie, bo prędzej czy później okaże się, że człowiek jest istotą omylną.

1. NIGDY NIE WOLNO KIEROWAĆ BRONI W STRONĘ, W KTÓRĄ NIE MOŻNA BEZPIECZNIE ODDAĆ STRZAŁU.
2. ZAWSZE NALEŻY TRAKTOWAĆ BROŃ JAKO GOTOWĄ DO STRZAŁU.

3. PALEC MOŻNA WŁOŻYĆ DO KABŁĄKA SPUSTOWEGO TYLKO WTEDY, GDY BROŃ JEST WYCELOWANA W REJON, W KTÓRY PLANOWANE JEST ODDANIE STRZAŁU, A STRZAŁ TEN MA NASTĄPIĆ NIEBAWEM.

Na zakończenie życzę Państwu wielu sukcesów w samodzielnej elaboracji amunicji i dziękuję za liczne, bardzo pozytywne opinie o książce *Celność broni strzeleckiej* oraz *Balistyka dla snajperów*. Niniejsze wydanie książki *Amunicja i jej elaboracja* jest rozszerzoną i zaktualizowaną wersją poprzednich wydań.

18

Dodatek

Tabela 18.1. Współczynniki balistyczne G1 wybranych pocisków firmy Sierra

Numer kat.	Średnica [cale]	Masa [gr]	Typ pocisku	Współczynniki balistyczne BC w poszczególnych zakresach prędkości [m/s]
POCISKI KARABINOWE				
1450	.224	50	BlitzKing	.248 dla 1000 m/s i powyżej .243 pomiędzy 805 a 1000 m/s .232 pomiędzy 625 a 805 m/s .222 pomiędzy 550 a 625 m/s .203 dla 550 m/s i poniżej
1410	.224	52	Hollow Point Boat Tail MatchKing	.225 dla 855 m/s i powyżej .218 pomiędzy 670 a 855 m/s .212 dla 670 m/s i poniżej
1400	.224	53	Hollow Point MatchKing	.224 dla 855 m/s i powyżej .217 pomiędzy 550 a 855 m/s .209 dla 550 m/s i poniżej
1345	.224	55	Blitz	.237 dla 855 m/s i powyżej .239 pomiędzy 550 a 855 m/s .230 dla 550 m/s i poniżej
1375	.224	60	Hollow Point	.246 dla 855 m/s i powyżej .240 pomiędzy 610 a 855 m/s .246 dla 610 m/s i poniżej
1395	.224	65	Spitzer Boat Tail	.303 dla 840 m/s i powyżej .297 pomiędzy 745 a 840 m/s

Numer kat.	Średnica [cale]	Masa [gr]	Typ pocisku	Współczynniki balistyczne BC w poszczególnych zakresach prędkości [m/s]
1395	.224	65	Spitzer Boat Tail	.293 pomiędzy 655 a 745 m/s .287 pomiędzy 550 a 655 m/s .270 dla 550 m/s i poniżej
1380	.224	69	Hollow Point Boat Tail MatchKing	.301 dla 855 m/s i powyżej .305 pomiędzy 670 a 855 m/s .317 dla 670 m/s i poniżej
9377	.224	77	Hollow Point Boat Tail MatchKing	.372 dla 915 m/s i powyżej .362 pomiędzy 760 a 915 m/s .362 pomiędzy 520 a 760 m/s .343 dla 520 m/s i poniżej
1550	.243	100	Semi Point	.275 dla 855 m/s i powyżej .287 pomiędzy 670 a 855 m/s .317 dla 670 m/s i poniżej
1560	.243	100	Spitzer Boat Tail	.430 dla 855 m/s i powyżej .419 pomiędzy 670 a 855 m/s .397 pomiędzy 520 a 670 m/s .385 dla 520 m/s i poniżej
1570	.243	107	Hollow Point Boat Tail MatchKing	.527 dla 760 m/s i powyżej .522 pomiędzy 550 a 760 m/s .509 pomiędzy 490 a 550 m/s .495 dla 490 m/s i poniżej
9110	.243	115	Hollow Point Boat Tail MatchKing	.553 dla 700 m/s i powyżej .547 pomiędzy 490 a 700 m/s .504 pomiędzy 410 a 490 m/s .465 dla 410 m/s i poniżej
9617	.243	117	BlitzKing	.563 dla 520 m/s i powyżej .534 pomiędzy 425 a 520 m/s .430 dla 425 m/s i poniżej
2190	.308	150	Hollow Point Boat Tail MatchKing	.417 dla 855 m/s i powyżej .397 pomiędzy 550 a 855 m/s .355 dla 550 m/s i poniżej

Numer kat.	Średnica [cale]	Masa [gr]	Typ pocisku	Współczynniki balistyczne BC w poszczególnych zakresach prędkości [m/s]
2155	.308	155	Hollow Point Boat Tail Palma MatchKing	.450 dla 790 m/s i powyżej .443 pomiędzy 550 a 790 m/s .417 dla 550 m/s i poniżej
2140	.308	165	Hollow Point Boat Tail	.363 dla 790 m/s i powyżej .355 pomiędzy 550 a 790 m/s .363 dla 550 m/s i poniżej
2145	.308	165	Spitzer Boat Tail	.404 dla 730 m/s i powyżej .409 pomiędzy 490 a 730 m/s .419 dla 490 m/s i poniżej
2200	.308	168	Hollow Point Boat Tail MatchKing	.462 dla 790 m/s i powyżej .447 pomiędzy 640 a 790 m/s .424 pomiędzy 490 a 640 m/s .405 dla 490 m/s i poniżej
2275	.308	175	Hollow Point Boat Tail MatchKing	.505 dla 855 m/s i powyżej .496 pomiędzy 550 a 855 m/s .485 dla 550 m/s i poniżej
2150	.308	180	Spitzer	.407 dla 790 m/s i powyżej .415 pomiędzy 490 a 790 m/s .414 dla 490 m/s i poniżej
2160	.308	180	Spitzer Boat Tail	.501 dla 820 m/s i powyżej .506 pomiędzy 520 a 820 m/s .505 dla 520 m/s i poniżej
2220	.308	180	Hollow Point Boat Tail MatchKing	.475 dla 855 m/s i powyżej .496 pomiędzy 670 a 855 m/s .494 dla 670 m/s i poniżej
2210	.308	190	Hollow Point Boat Tail MatchKing	.533 dla 640 m/s i powyżej .525 pomiędzy 490 a 640 m/s .515 dla 490 m/s i poniżej
2165	.308	200	Spitzer Boat Tail	.560 dla 790 m/s i powyżej .552 pomiędzy 700 a 790 m/s .555 pomiędzy 580 a 700 m/s .560 dla 580 m/s i poniżej

Numer kat.	Średnica [cale]	Masa [gr]	Typ pocisku	Współczynniki balistyczne BC w poszczególnych zakresach prędkości [m/s]
2230	.308	200	Hollow Point Boat Tail MatchKing	.565 dla 640 m/s i powyżej .560 dla 639 m/s i poniżej
9240	.308	210	Hollow Point Boat Tail MatchKing	.645 dla 550 m/s i powyżej .630 pomiędzy 490 a 550 m/s .600 pomiędzy 425 a 490 m/s .530 dla 425 m/s i poniżej
2610	.338	215	Spitzer Boat Tail	.485 dla 610 m/s i powyżej .473 pomiędzy 490 a 610 m/s .460 dla 490 m/s i poniżej
2600	.338	250	Spitzer Boat Tail	.565 dla 760 m/s i powyżej .563 pomiędzy 610 a 760 m/s .550 pomiędzy 490 a 610 m/s .537 dla 490 m/s i poniżej
2650	.338	250	Hollow Point Boat Tail MatchKing	.587 dla 655 m/s i powyżej .606 pomiędzy 520 a 655 m/s .576 pomiędzy 425 a 520 m/s .484 dla 425 m/s i poniżej
9300	.338	300	Hollow Point Boat Tail MatchKing	.768 dla 700 m/s i powyżej .760 pomiędzy 550 a 700 m/s .750 dla 550 m/s i poniżej
POCISKI PISTOLETOWE I REWOLWEROWE				
8115	.355	115	Full Metal Jacket	.107 dla 365 m/s i powyżej .160 pomiędzy 305 a 365 m/s .124 pomiędzy 245 a 305 m/s .140 dla 245 m/s i poniżej
8120	.355	125	Full Metal Jacket	.115 dla 365 m/s i powyżej .160 pomiędzy 305 a 365 m/s .180 dla 305 m/s i poniżej
8345	.355	130	Full Metal Jacket	.120 dla 365 m/s i powyżej .160 pomiędzy 305 a 365 m/s .180 pomiędzy 245 a 305 m/s .185 dla 245 m/s i poniżej

Numer kat.	Średnica [cale]	Masa [gr]	Typ pocisku	Współczynniki balistyczne BC w poszczególnych zakresach prędkości [m/s]
8310	.357	125	Jacketed Soft Point	.133 dla 395 m/s i powyżej .155 pomiędzy 275 a 395 m/s .140 dla 275 m/s i poniżej
8320	.357	125	Jacketed Hollow Cavity	.133 dla 395 m/s i powyżej .155 pomiędzy 275 a 395 m/s .140 dla 275 m/s i poniżej
8340	.357	158	Jacketed Hollow Cavity	.100 dla 640 m/s i powyżej .124 pomiędzy 505 a 640 m/s .161 pomiędzy 365 a 505 m/s .175 pomiędzy 275 a 365 m/s .125 dla 275 m/s i poniżej
8360	.357	158	Jacketed Soft Point	.100 dla 640 m/s i powyżej .124 pomiędzy 505 a 640 m/s .161 pomiędzy 365 a 505 m/s .175 pomiędzy 275 a 365 m/s .125 dla 275 m/s i poniżej
8350	.357	170	Full Metal Jacket Match	.175 dla 395 m/s i powyżej .285 pomiędzy 275 a 395 m/s .222 dla 275 m/s i poniżej
8370	.357	180	Full Profile Jacket Match	.147 dla 610 m/s i powyżej .171 pomiędzy 490 a 610 m/s .199 pomiędzy 365 a 490 m/s .210 pomiędzy 275 a 365 m/s .165 dla 275 m/s i poniżej
8460	.400	180	Jacketed Hollow Point	.140 dla 350 m/s i powyżej .160 pomiędzy 305 a 350 m/s .170 pomiędzy 260 a 305 m/s .120 dla 260 m/s i poniżej
8480	.400	190	Full Profile Jacket	.190 dla 335 m/s i powyżej .212 pomiędzy 300 a 335 m/s .190 pomiędzy 245 a 300 m/s .195 dla 245 m/s i poniżej

NOTATKI – dane elaboracyjne

Kaliber	Pocisk		Proch		OAL [mm]	Spłonka	Prędkość pocisku [m/s]	Uwagi
	typ	masa	typ	naważka				

NOTATKI – dane elaboracyjne

Kaliber	Pocisk		Proch		OAL [mm]	Spłonka	Prędkość pocisku [m/s]	Uwagi
	typ	masa	typ	naważka				

19

Bibliografia

1. Wiśniewski A., Żurowski W., *Amunicja i pancerze*, Wydawnictwo Politechniki Radomskiej, Radom 2002.
2. Ejsmont J.A., *Celność broni strzeleckiej*, WNT (Pantera Books), Warszawa 2007.
3. www.varmintal.com.
4. *Reloading Manual*, wyd. 4, Nammo Lapua Oy, Finlandia 2006.
5. Brennan D., *Precision Shooting – Reloading Guide*, Precision Shooting, Inc. 2004.
6. www.lasc.us, dostęp: 10.01.2018.
7. www. tacticoolproducts.com, dostęp: 5.02.2008.
8. *Reloading Guide for Centerfire Cartridges*, wyd. 6, VihtaVuori.
9. http://www/6mmbr.com/bulletpointer.html, dostęp: 28.01.2008.
10. Nosler Reloading Guide No. 6., Nosler Inc. Bend, Oregon, USA 2007.
11. Morawski P., *Elaboracja kulowej amunicji myśliwskiej i sportowej*, 2008.
12. *Moment bezwładności – główne osie bezwładności. Energia kinetyczna ruchu obrotowego*, https://www.if.pw.edu.pl/~anadam/WykLadyFO/FoWWW_08.html, dostęp: 10.04.2024.
13. „Wiadomości Techniczne Uzbrojenia. Kwartalnik wydawany przez Departament Uzbrojenia M. S. Wojsk", Zeszyt Nr 40, Warszawa 1938.
14 *Measuring precision*, http://ballistipedia.com/index.php?title=Measuring_Precision#Covering_Circle_Radius_.28CCR.29, dostęp: 10.04.2024.
15. Litz B., *Modern Advancements In Long Range Shooting*, Vol. 3, Applied Ballistics, LLC, Howard City, USA, 2022.